山西省普通高校人文社会科学重点研究基地课题[编号:0505206]成果
国家自然科学基金项目[编号:40771050]阶段成果

兴·县之域

山西兴县县域城镇体系规划

霍耀中　邢超文　刘平则　著

中国林业出版社

山西兴县县域城镇体系规划编委会

主 任：	郭 颖
副主任：	孙善文　白树栋　白永厚

委　员：

霍耀中	邢超文	张其俊	白鹏昊	贾虎信
尹亮旭	刘平则	高海清	张玉儿	王永计
李旭平	王　平	樊尚友	贾炎琼	李　荣
白海泉	白永胜	张改清	王爱明	秦　鑫
武建奎	苏　慧			

图书在版编目（CIP）数据

晋绥风土.上册，兴·县之域：兴县县域城镇体系规划／霍耀中，邢超文，刘平则著.
—北京：中国林业出版社，2008.1
ISBN 978-7-5038-5130-8

Ⅰ.晋…Ⅱ.①霍…②邢…③刘…Ⅲ.城市规划—兴县 Ⅳ.TU984.225.4

中国版本图书馆 CIP 数据核字（2007）第 190199 号

出　版：　中国林业出版社（100009　北京西城区德内大街刘海胡同 7 号）
责任编辑：　刘先银
电　话：　(010)66177226
发　行：　中国林业出版社
印　刷：　北京百善印刷厂
版　次：　2008 年 1 月第 1 版
印　次：　2008 年 1 月第 1 次
开　本：　889mm × 1194mm　1/16
印　张：　7.5
彩　页：　8 页
字　数：　202 千字
印　数：　1～2000 册
定　价：　69.00 元（上下册）

序

兴县地处秦晋交界，黄河之滨，社会历史悠久，革命传统光荣，资源蕴藏丰富。但受多种因素制约，兴县经济一直未能取得突破性的发展，人民生活水平一直在温饱线上徘徊，迄今仍是国家扶贫开发工作重点县。

十六大以来，党中央逐步调整战略部署，确立科学发展的理念，制定了"积极推进西部开发，加快中部地区工业化和城镇化进程，促进东部地区产业结构升级"的区域经济协调发展战略。省委、省政府情系老区，锐意创新，确立了"两区"开发新思路。市委、市政府从吕梁实际出发，提出了实施"三大工程"的战略构想。忻黑线、兴神黄河公路大桥的贯通，也彻底改变了兴县闭塞的区位劣势，使兴县成为了连接中部与西部的重要纽带之一。兴县的发展迎来了前所未有的历史机遇。

着眼于抢抓机遇，加快发展，科学发展，和谐发展，县委、县政府凝心聚智，多方求证，制定了"全力培育煤电铝化材五大主导产业，突出抓好大项目、大城建、大交通、大教育、大环境五大战略重点"的"五五兴县"发展战略。《兴县县域城镇体系规划》就是在"五五兴县"发展战略指导下制定出台的。它是推进"五五兴县"发展战略实施的具体蓝图，也是我们实施"五五兴县"战略的纲领性文件。

《兴县县域城镇体系规划》全面贯彻科学发展的理念，坚持以人为本、因地制宜的原则，以建设小康兴县、和谐兴县为总体目标，以积极有序推进城镇化进程，加快社会主义新农村建设，引导和控制县域城镇体系与乡村居民点合理布局与科学发展为中心，内容囊括经济与社会发展、城镇与乡村开发、基础设施与社会服务设施布局、生态环境与历史文化遗产保护、远期发展思路与近期建设规划诸多方面，是众多领导干部、学者、专家和广大城建工作者心血和汗水的结晶，是立足兴县资源、生态、地形以及经济社会发展现状的创新构想，是实现全县人力资源优化配置、物质资源有效利用、空间开发合理进行、生态环境协调发展的科学选择。

在党的十七大即将召开之际，《兴县县域城镇体系规划》也将正式颁布施行。诚望全县党员干部认真学习、深刻领会《规划》的精神实质，依法维护《规划》的严肃性；诚望广大人民群众能够立足长远，着眼大局，积极支持，密切配合，大力推进《规划》的实施；诚望全县上下能够在《规划》指导下，在以胡锦涛同志为总书记的党中央和各级党委的正确领导下，同心同德，锐意进取，为建设经济繁荣、人民富裕、社会和谐、环境友好的新兴县而奋斗！

中共兴县县委书记　　郭　颖

2007.10

目录

下篇　实施策略

附件规划图

上编

规划纲要

第一章　总　则

第一条　规划目的：为实现全面建设小康社会的总体目标，适应兴县社会经济发展的宏观要求，积极、有序地推进城镇化进程，加快社会主义新农村建设，引导和控制县域城镇体系与乡村居民点合理发展与科学布局，统筹安排县域基础设施和社会服务设施，促进全县人口、经济、资源、环境协调发展和空间资源的合理利用，特编制《兴县县域城镇体系规划（2006～2020）》（以下简称本规划）。

第二条　规划地位：本规划是指导全县各类城镇与乡村居民点发展、区域基础设施与社会服务设施建设以及空间开发建设活动的纲领性文件，适用于兴县行政区域范围。县域内各部门专业规划应与本规划相协调。各城镇、中心村总体规划和独立工业小区、工业据点、交易市场等规划应以本规划为指导。

第三条　规划依据：

（1）《中华人民共和国城市规划法》（1989）

（2）建设部《县域村镇体系规划编制暂行办法》（2006）

（3）山西省建设厅《山西省县域城镇体系规划编制和审批办法》（2003）

（4）《山西省城镇体系规划》（报批稿2004.11）

（5）《兴县县城总体规划》（2000～2020）

（6）《吕梁市国民经济和社会发展第十一个五年规划纲要》（2006）

（7）《兴县国民经济和社会发展第十一个五年规划纲要》（2006）

（8）《兴县土地利用总体规划》

（9）山西省委、省政府《关于加快发展县域经济的若干意见》（2005.6）

（10）国家、省、市其它相关的法规、政策、条例。

第四条　规划的指导思想与原则：

指导思想：

面向全面建设小康社会的基本目标，以科学发展观和"五个统筹"的重要思想为指导，促进工业化、城镇化和农业产业化的协调发展，使经济、社会和环境效益相统一。贯彻集约和节约利用土地的原则，抓住城乡经济结构调整和区域空间结构优化两条主线，突出人口集中、产业集聚、基础设施与社会服务设施共享和空间分区管制的调控思路，体现城镇体系规划的战略性、宏观性和政策性特征，提高针对性和可操作性，构建科学合理的城乡空间体系。

规划原则：

（1）因地制宜的原则

（2）经济发展与城镇化协调的原则

（3）城乡统筹原则

（4）集约和节约利用土地的原则

（5）可持续发展原则

第五条　规划范围

兴县行政辖区范围。

第六条　规划期限：本次城镇体系规划的期限为 2006～2020 年，其中近期为2006～2010 年，远期为 2011～2020 年，部分内容远景展望到 21 世纪中叶。

第二章　县域经济社会发展战略

第七条　区域经济发展战略定位：

以能源、冶金、化工、建材为主导的新型工业化基地，吕梁市重要的林牧业、小杂粮生产基地。

第八条　发展思路：

以科学发展观统领全局，着眼于全面建设小康社会的基本目标，以体制创新与技术进步为动力，以经济结构调整和空间结构调整为主线，坚持"五五兴县战略"，全力培育煤、电、铝、化、材五大主导产业，突出抓好"大项目、大城建、大交通、大教育、大环境"五大发展战略重点，着力构建农业产业化、新型工业化、社会服务现代化与城镇化互动，经济、社会与生态环境协调发展的运行机制，实现经济社会全面、协调、可持续发展。全面加快以扶贫开发为重点的社会主义新农村建设步伐，着力构建经济繁荣、人民富裕、环境友好的新兴县。

第九条　发展重点：

（1）建设循环经济结构，实现可持续发展

（2）提高高效农业比重，加大工业用农副产品的开发

（3）优化工业产业结构和空间布局结构

（4）优化第三产业行业结构，实行第三产业村镇分级布置

第十条　发展目标：

（1）GDP 预期目标

近期（2006－2010 年）GDP 增长率保持在 50％左右，远期（2011－2020 年）保持在 10％左右。

——到 2010 年，GDP 达到 40.5 亿元，人均 GDP 达到 13291 元；

——到 2020 年，GDP 达到 100 亿元，人均 GDP 达到 28043 元。

（2）财政总收入

近期（2006－2010 年）财政总收入增长率保持在 13％左右，远期（2011－2020 年）保持在 9％左右。

——到 2010 年，财政总收入达到 5.68 亿元，占 GDP 比重 14％；

——到 2020 年，财政总收入达到 15 亿元，占 GDP 比重 15％；

第十一条　城乡统筹发展战略：

以构建社会主义和谐社会为目标，坚持以城带乡，以工促农的原则，重点实施三大体系建设，一是城乡一体化经济发展，立足区位、传统和特色优势，纵深推进农业产业化经营；二是城乡一体化的规划建设，加快城镇和农村的基础设施建设，初步形成"县城－中心镇－一般镇－中心村"的村镇体系；三是城乡一体化的社会进步，加大农村文化、教育、卫生及其他公益事业的投入，逐步建立农村农民最低生活保障制度，实现工业与农业，城市与农村

的协调发展。

第三章 县域经济布局规划

第一节 农业空间布局

第十二条 农业种植业

形成年产4000万公斤的豆类产业，年产值达到1亿元。围绕谷子、糜粟、莜麦的规模种植，形成年产3000万公斤的小杂粮产业，年产值达到6000万元。围绕葵花、胡麻、黄芥进行规模种植，形成年产5000万公斤的油料产业，年产值达到1亿元。

在忻黑线、苛大线、沿黄公路沿线形成3条经济作物种植带，在县城和魏家滩镇瓦塘建设2个花卉苗圃生产基地；在县城、蔡家崖镇、廿里铺镇、康宁镇、魏家滩镇瓦塘、蔡家会镇建设6个蔬菜生产基地；蔡家崖镇、康宁镇、廿里铺镇建设3个瓜类生产基地；在蔡家崖镇、交楼申镇建设2个药材生产基地。

第十三条 林业

在林业生产上，通过沿黄红枣全覆盖工程，近期使红枣经济林总面积达到30万亩，年产红枣2500万公斤。通过对苹果、梨等传统鲜果的品种改良，使年产量达到1000万公斤。

防护林：结合境内山地丘陵绿化建设，重点加强蔚汾河、岚漪河两岸林带，忻黑线、苛大线、沿黄公路沿线林带和农田林网的建设和维护；此外，结合苛瓦铁路建设铁路沿线防护林带。

经济林：中部地区以针叶树和仁用杏为主种植防护林，西部黄河沿岸地区以红枣柠条种植为主的生态经济林板块。

特种用途林：规划形成沿蔚汾河、岚漪河、黄河东岸3条风景林带，风景林主要结合城镇、农业生态观光区和交通结点（桥梁）周围分布；此外结合风景名胜和革命纪念地建设适当规模的风景林区。

用材林：主要结合农田防护林网和公路防护林带布置。

第十四条 畜牧业

畜牧业区内布局基本思路是丘陵山区重点发展养牛、养羊、养鸡；平川地区重点发展圈养奶牛和猪。传统圈养养殖小区以近中心村和城镇布置为主；绿色放养养殖小区主要结合牧草区、林区、风景区分布，重点在县城、廿里铺镇2个城镇各建设一个大型奶畜和禽蛋养殖基地，并配备相应的加工工业。

围绕绒山羊、"四黄牛"和瘦肉型猪的养殖，近期形成年产肉品1000万公斤的畜牧产业。

第十五条 渔业

依托现有水库布置，重点建设天古崖水库、东方红水库、阳坡水库三处水产养殖基地。

第十六条 工矿区设施农业

在工矿区规划综合设施园艺农业园区，充分利用工矿企业的资金流和能量流，在提升兴县农业档次的同时，拓展工矿企业经营范围，实现农工间的循环经济。

第十七条　地方特色农业

规划建立孟家坪镇葵花加工基地，分别在县城、魏家滩镇瓦塘、蔡家会镇、罗峪口镇、康宁镇、交楼申镇建设 6 个小杂粮加工基地。其中精加工 3 个，粗加工 3 个。在蔡家崖镇建设一个现代化农副产品交易市场。

第二节　工业空间布局

第十八条　矿产资源采掘业

本着保护地下水资源、建立煤炭储备的目的，规划期内煤炭采掘业主要布置在兴县县域低山区，禁止在西部、中部平川丘陵布置矿产资源采掘点。

第十九条　北川循环经济综合示范基地

（1）指导思想和目标

以科学发展观为指导，坚持资源综合开发、生态环境建设、老区脱贫致富协调发展的原则；以科技创新、体制创新为动力，扩大开放、创新机制，营造外部资本、技术与当地优势资源优化对接的环境；以市场为导向，以铝材深加工系列产品和烯烃高端产品为龙头，以工业区能、水、渣循环利用方式构建生态产业链条，创建国家级工业循环经济示范基地，力争把"基地"建成全省"两区"开发的样板和资源型产业结构调整的示范区。

目标：力争用 5～8 年左右，建成国家级工业循环经济示范——以采掘为基础、以铝材深加工产品和煤化工烯烃系列产品为龙头、以煤电铝化材为主导产业、以生态产业链模式构建的大型综合工业生产基地。

产业规模目标　形成年产 3000 万吨煤炭、80 万吨氧化铝、30 万吨电解铝、2670 兆瓦发电机组、60 万吨烯烃系列产品、300 万吨水泥、3 万吨镁合金、20 万吨铝材的大型工业基地，估算项目区总投资 362 亿元，达产后年销售总收入达到 305 亿元。

循环经济目标　创新大型煤、铝共生矿开采工艺，使其成为共生矿建设的样板。实现精煤外输，可燃煤矸石和洗煤、矿井瓦斯气就地利用，"三废"最大限度转化为生产原料和污染物"零"排放目标，基地单位工业增加综合能耗、综合水耗和主要污染物放强度均达到国内同行业先进水平。

老区脱贫目标　每年上缴 31 亿元税费，每年提供 6000 多个直接就业岗位，提供约 4 万多个间接就业岗位。逐步提升老区干部群众的竞争意识、对外开放意识和商品经济意识，结合移民搬迁开发推进城镇化水平。

区域带动目标　以铝材深加工系列产品和烯烃系列产品为主导产业，改变矿区单纯输出矿产品的开发模式，成为我省老区乃至全国资源综合开发的示范基地，成为我省最大的铝材深加工生产基地和烯烃产业链扩散的龙头。

（2）主要建设项目

工业区内的项目及附属工程分两期建设，2006 年 10 月至 2008 年底为一期，2009～2013 年为二期。

（3）项目建设布局

在兴县北部，沿岚漪河南岸——东起魏家滩，西至裴家川口距黄河口 5 公里，以原魏家滩、瓦塘两镇为中心，建立 15 公里"兴县循环经济综合示范基地"。在煤铝开采矿区，庙沟东河滩建设大型煤铝综合开采矿井——斜沟煤矿，并配套建设选煤厂；紧邻斜沟矿井和洗煤厂，在皇家沟附近新建煤矸石和中煤电厂；距黄河 5 公里外，任家湾附近新建大型氧化铝厂及电解铝厂；在原瓦塘镇附近的龙儿会新建煤化工厂，生产低碳烯烃；在魏家滩和瓦塘之间，电厂西侧附近建设新型建材厂，生产水泥和烧结砖。

表 3－01 一期主要建设项目

序 号	项 目	规模和内容	用地（公顷）
工业园区	煤 矿	1500 万吨煤矿及配套选煤厂	40
	电 厂	2×135 兆瓦煤矸石发电 2×600 兆瓦中煤发电	200
	铝工业	80 万吨氧化铝及配套矿区	100
	建 材	80 万吨废渣原料水泥，12000 万块煤矸石烧结砖	16.67
	镁合金	3 万吨镁合金厂迁址重建和技术改造	
附属工程	铁 路	岢岚至瓦塘 58.45 公里	
	公 路	兴县至魏家滩 60 公里和铝土矿区至任家湾公路	
	电 网	110kV 变电站 1 座，110kV 输电线路 2×40 公里	
	供 水	水库加固和黄河提水工程	

表 3－02 二期主要建设项目

序 号	项 目	规模和内容
工业园区	煤 矿	1500 万吨煤矿及配套选煤厂
	铝加工	30 万吨电解铝，20 万吨铝材深加工
	水 泥	220 万吨废渣原料水泥
	煤化工	60 万吨烯烃产品
附属工程	铁 路	岢兴铁路 60.8 公里
	公 路	铝土矿区公路改造
	电 网	110kV 输电线路 2×40 公里（续建）

第二十条 规划确定县城城西近城工业区为兴县外向型工业区；大型工业项目可以以据点式开发模式布置其中，远期可依需要在公路通道地区新建工业小区；此外，较小规模的农副产口加工工业可以以据点式开发模式近中心村布置。

第二十一条 规划确定对县域城镇中已有的近城焦化、冶金、建材等重污染进行严格控制，并考虑在中远期搬迁至北川循环经济综合示范基地。

第三节 第三产业空间布局

第二十二条 （1）交通运输、仓储、邮电通讯业

在县城规划 1 个长途客运站，此外结合县城及北川循环经济综合示范基地在蔡家崖镇、甘

里铺镇建立两个货运仓储基地，主要承担北川循环经济综合示范基地及忻黑线上大型工业项目提供原料供给和产品储备的作用。

（2）批发、零售、贸易、餐饮业

在县城和魏家滩镇规划2个区域性综合物资集散市场，在蔡家崖镇和康宁镇规划2个农业专业性市场，在县城和交楼申镇结合旅游景点规划2个较大型的旅游民俗文化市场。

（3）农林牧渔服务业、房地产业、卫生体育社会福利事业和教育文化广播电视事业等4个行业主要依乡镇——中心村驻地布局。

第四节　旅游业空间布局

第二十三条　景区规划

（一）全县规划4个旅游景区

（1）黑茶山森林旅游景区

（2）两山一洞自然生态旅游景区

（3）革命传统教育基地景区

（4）黄河黄土风情游景区

（二）景点规划

确定8个旅游景点。分别是"四八"烈士纪念馆、晋绥革命纪念馆、晋绥解放区烈士陵园、石楼山、石猴山、仙人洞、沿黄景观、森林公园。

（三）旅游服务基地规划

确定兴县3级旅游服务基地网络；旅游服务中枢城镇——旅游服务城镇——旅游服务基地村。

（1）旅游服务中枢城镇

确定旅游服务中枢城镇为县城，是全县旅游业发展的组织中枢，统筹着全县的旅游线路的组织，承担着较高等级的旅游服务职能和管理职能。

（2）旅游服务城镇

确定交楼申镇、蔡家崖镇、罗峪口镇3个城镇为县内旅游服务城镇，承担着县内东部地区旅游资源的开发保护以及管理职能，并为周边旅游景点的景区提供一般档次的服务职能。

（3）旅游服务基地村

规划确定的旅游服务基地村，为城镇之外规划旅游景点景区主要分布村庄，主要承担着旅游景点景区协作管理、保护和开发职能，为旅游产品开发生产和具体实施者。

（四）旅游线路组织

（1）区域旅游线路的衔接

从旅游区位来看，兴县位于吕梁市黄河黄土风情旅游消费客源地的延伸区位，兴县旅游线路规划应做好与之的衔接问题，发挥规模效应。结合岢大线、忻黑线省道建设改造，加强省道沿线各城镇静态交通和旅游服务设施建设。

强化吕梁市域范围内旅游线路的组织的合理化，加强兴县—临县—佳县—方山县景区旅游线路的组织。

（2）县域内旅游线路组织

以忻黑线、岢大线省道为主轴将兴县各旅游景区和旅游景点贯穿起来，组织区域旅游网络。

北部以蔡家崖镇的晋绥边区革命纪念馆，胡家沟明代砖塔和蔚汾镇晋绥解放区烈士陵园为对象组织旅游线路、旅游产业节点以及旅游综合服务中枢。

东部以石楼山、石猴山、仙人洞旅游景区、黑茶山革命纪念地森林景区两个旅游区为对象组织区域内的旅游线路、旅游产业节点以及旅游综合服务中枢，并积极建设交楼申——东会旅游联系公路网络的建设。

（五）旅游开发时序

（1）近期开发

近期旅游发展必须首先打破交通瓶颈，修建交楼申——东会和裴家川口——罗峪口——临县碛口沿黄公路等旅游公路，同时提高景区内公路等级。

近期旅游区开发的重点是完善两馆一园，开发两山一洞旅游区，包括各项硬件服务设施的建设，县城及各乡集镇要结合小城镇建设完善各项旅游服务功能，积极开拓兴县特色旅游农牧林项目。

（2）远期发展

远期，县域内各类旅游资源都得到较高程度的开发，各旅游区内形成比较完善的发展系统，旅游区之间形成相互带动、相互促进、协调配合、发挥整体效应的良性循环局面。以县城为中心的旅游网络逐步成熟化。

第四章 城镇发展总体布局

第一节 总体布局

第二十四条 发展策略

（1）多元投资

规划期内，建立城镇、景区（点）、工业区3大实体建设投资的多渠道融资体制，积极引导民营资本投资。

（2）调整行政区划，增加城镇发展腹地

近期至2010年之前行政区划调整需完成三大任务：①蔡家崖乡撤乡建镇；②建设蔡家崖新区；③瓦塘镇与魏家滩镇合并为魏家滩镇。

远期至2020年之前须彻底完成撤并镇和撤并乡建镇两大任务：①固贤乡并入康宁镇，赵家坪乡并入罗峪口镇；②圪垯上乡撤乡建大峪口镇，奥家湾乡、恶虎滩乡合并为廿里铺镇，东会乡与交楼申乡合并为交楼申镇，孟家坪乡与贺家会乡合并为孟家坪镇。

（3）经济引导

2015年之前，完成3大产业的村镇集中：一、完成高效设施农业、畜牧养殖小区的村镇集中；二、全部完成县域北川循环经济综合示范基地基础设施配套建设，完成近城近风景区重污染企业的技术改造或搬迁，至2020年实现主要轻工业向近城工业区、重工业企业向北川循环经济综合示范基地工业走廊的集中。三、近期完成县城长途客运站、蔡家崖镇和廿里铺镇2大区域性货运仓储基地和2条公交系统的建设，实现市场商贸设施的城镇——中心村集中。

（4）基础设施建设

至2020年，完成全部城镇、中心村、风景旅游区、独立工矿区路、水、电、暖、电信等主要基础设施配套建设。

（5）社会服务设施集中

至2015年，完成县域初高中的十镇集中和迁并村小学的撤销工作。

（6）制度创新

完成城镇户籍制度改革，积极引导农业人口向城镇转移。近期2010年，确定迁并村撤并方案，完成中心村和城镇驻地为迁并村人口预留住房用地的土地范围划建和土地补偿计划。

第二十五条　总人口预测

规划近期（2010年）县域总人口为30.47万人；远期（2020年）县域总人口为35.66万人。

分乡镇人口预测详见表4—01。

表4—01　兴县分乡镇总人口预测表（2020年）

名　称	总人口（人）	占全县人口比重	土地面积（平方千米）	人口密度（人/平方千米）
县城（蔚汾镇）	94263	26.4	233	403.9
蔡家崖镇	54280	15.2	166.67	325.7
魏家滩镇	79609	22.4	420.8	189.2
大峪口镇	15200	4.4	122.4	124.2
廿里铺镇	22593	6.4	248.6	90.9
交楼申镇	25593	7.3	345.6	73.9
康宁镇	12090	3.6	361.1	33.5
罗峪口镇	11887	3.5	337	35.3
蔡家会镇	19616	5.5	330.6	59.3
孟家坪镇	22139	6.3	406.8	54.4
合　计	356600	100	3165	112.7

第二十六条　城镇化水平预测

2010年，城镇化水平40％～43％，城镇人口为12.6万人左右。

2020年，城镇化水平50％～53％，城镇人口为18.4万人左右。

第二十七条　城镇体系等级结构

规划确定兴县城镇体系等级结构分为3个等级：县城——中心镇——一般镇。

Ⅰ级：县城（蔚汾镇）。

Ⅱ级：中心镇——包括蔡家崖镇、魏家滩镇、罗峪口镇、廿里铺镇、康宁镇五个中心镇。

Ⅲ级：一般镇——即大峪口镇、蔡家会镇、交楼申镇、孟家坪镇。

第二十八条　城镇体系职能结构规划

根据各城镇的区位条件、资源状况、经济发展及其区域意义，划分兴县城镇为综合型、工贸型、交通型、旅游型、工业型、农贸型职能类型，详见表4－02。

表4－02　兴县城镇体系职能结构规划表

职能等级	职能类型	城镇名称	主导职能
Ⅰ县城	综合型	蔚汾镇	全县政治、经济、文化中心，商贸物流业为主的经济增长极核
Ⅱ中心镇	旅游工贸型	蔡家崖镇	县域西部重要的商型流通基地，以红色旅游、交通、农副产品加工为主的城镇。
Ⅱ中心镇	综合型	魏家滩镇	县域内瓦塘、魏家滩工业走廊发展轴上的中心城镇，能源、冶金、化工、建材为主的重要工业基地及交通生活服务型城镇
Ⅱ中心镇	工业交通型	廿里铺镇	县域东部重要的煤电化工生产基地，以交通、高效设施农业、畜牧业为主的城镇
Ⅱ中心镇	旅游交通型	罗峪口镇	县域西南部黄河沿线重要的商贸流通城镇
Ⅱ中心镇	工贸型	康宁镇	县域南部片区的中心城镇，重要的县级商贸流通基地
Ⅲ一般镇	农贸型	大峪口镇	县域西南部黄河沿线重要商贸流通城镇，以高效农业、农副产品加工业为主的城镇
Ⅲ一般镇	农贸型	蔡家会镇	县域西南部重要的商贸流通城镇，以发展农副产品加工业为主
Ⅲ一般镇	旅游农贸型	交楼申镇	以旅游业、高效农业，农副产品加工，畜牧业为主的城镇
Ⅲ一般镇	农贸型	孟家坪镇	以高效农业、农副产品加工业为主的城镇

第二十九条　城镇体系规模结构规划

表4－03　兴县城镇等级规模结构规划表

等级	规模（万人）	2010年		2020年	
		城镇数量（个）	城镇名称及规模（万人）	城镇数量（个）	城镇名称及规模（万人）
Ⅰ	>5.0	2	蔚汾镇（7）蔡家崖镇（1.7）	2	蔚汾镇（7）蔡家崖镇（4）
Ⅱ	1.0－5.0	1 魏家滩镇	瓦塘（1.8）魏家滩（0.4）	1 魏家滩镇	瓦塘（3）魏家滩（1）
Ⅲ	0.4－1.0	7	廿里铺镇（0.3）、康宁镇（0.3）、蔡家会镇（0.2）、罗峪口镇（0.3）、交楼申镇（0.2）、大峪口镇（0.2）、孟家坪镇（0.2）	7	廿里铺镇（0.6）、康宁镇（0.6）、蔡家会镇（0.4）、罗峪口镇（0.6）、交楼申镇（0.4）、大峪口镇（0.4）孟家坪镇（0.4）

第三十条　城镇体系空间结构

规划形成"1主5次6中、1圈4轴"的向心放射状的城镇空间格局。

（1）由规划期末的县城（蔚汾镇）、蔡家崖镇及魏家滩镇、罗峪口镇、廿里铺镇、康宁镇组成县域重点发展的6个主次城镇增长极核，在县域工业产业发展和升级中承担着重要作用。

其中，由县城（蔚汾镇）和位于蔡家崖镇的新区为县域城镇主增长极核，为县域轻工业发展的推动基地，魏家滩镇为县域北部次一级增长极核，为煤电铝重工业大型化发展的推动基地。罗峪口镇、廿里铺镇为县域西部东部次一级城镇增长极核，康宁镇为县域南部的次一级增长极核。

（2）1 圈指兴县以县城为中心由 6 个城镇构成的近圆形城镇分布带。

4 轴分别指忻黑线、苛大线、裴家川口沿苛大线到魏家滩沿线、沿黄公路为区域重要的交通通道地区，亦是县域 4 大重要的产业布局走廊。

第二节　城镇建设要点

第三十一条　县城

城镇性质：兴县县城是县域政治、经济、文化、旅游中心，是交通便利、环境优美的宜居城镇。

城镇规模：2010 年和 2020 年人口规模分别为 8.7 万人和 11 万人，城镇建设用地规模分别为 957 公顷和 1210 公顷。

确定兴县城市用地以向西发展为主，在原县城西约 10 公里建蔡家崖新区。确定城市空间结构为县城与蔡家崖新区、新旧两个中心的城市组团结构。

第三十二条　魏家滩镇

城镇性质：由瓦塘镇与魏家滩镇合并而成，是北川循环经济综合示范基地发展轴上的中心城镇，能源、冶金、化工、建材为主的重要工业基地及交通生活服务基地。

城镇规模：2010 年和 2020 年城镇人口规模分别为 2.2 万人和 4.0 万人，城镇建设用地规模为 264 公顷和 480 公顷

苛大线公路和岚漪河谷呈带状布局，规划城镇以向西、东发展为主，基地布局在循环经济走廊沿线布置，工业与城镇之间要建设绿化隔离带。此外应积极构建解决苛大线公路、苛瓦铁路的过境问题。

第三十三条　蔡家崖镇

由高家村镇与蔡家崖乡合并而成，是县域西部的中心城镇，重要的县级商贸流通基地，以交通、旅游、农副产品加工为主的城镇。

城镇规模：2010 年和 2020 年城镇人口规模分别为 1.7 万人和 4.0 万人，城镇建设用地规模分别为 204 公顷和 480 公顷。

确定城镇以向东发展为主，东侧紧邻县城将新建蔡家崖新区，是该地区发展的重要增长极核。

第三十四条　廿里铺镇

由奥家湾乡与恶虎滩乡合并而成，是县域东部重要的煤、电、化、工生产基地，以交通、高效设施农业、蓄牧业为主的城镇。

城镇规模：2010 年和 2020 年城镇人口规模分别为 0.3 万人和和 0.6 万人，城镇建设用地规模分别为 36 公顷和 72 公顷。

廿里铺镇位于原恶虎滩乡和奥家湾乡之间，与县城距离适中，选定廿里铺做为东部新兴发展的中心城镇。

第三十五条　康宁镇

由固贤乡并入康宁镇组成，是县域南部的中心城镇，重要的县级商贸流通基地。

城镇规模：2010 年和 2020 年城镇人口规模分别为 0.3 万人和 0.6 万人，城镇建设用地规模为 36 公顷和 72 公顷。

康宁镇位处岢大线的通道位置，是县域南部重要的中心城镇，将是南部发展的增长极核。

第三十六条 交楼申镇

由原交楼申乡和东会乡合并而成，是县域东南部以旅游业、高效农业、农副产品加工、蓄牧业为主的城镇。

城镇规模：2010 年和 2020 年城镇人口规模分别为 0.2 万人和 0.4 万人，城镇建设用地规模为 24 公顷和 48 公顷。

第三十七条 罗峪口镇

由赵家坪乡并入罗峪口镇组成，是县域西南部黄河沿线重要的商贸流通城镇。

城镇规模：2010 年和 2020 年城镇人口规模分别为 0.3 万人和 0.6 万人，城镇建设用地规模为 36 公顷和 72 公顷。

第三十八条 蔡家会镇

是县域西南部的商贸流通城镇，以发展农副产品加工业为主。

城镇规模：2010 年和 2020 年城镇人口规模分别为 0.2 万人和 0.4 万人，城镇建设用地规模为 24 公顷和 48 公顷。

第三十九条 孟家坪镇

由贺家会乡和孟家坪乡合并而成，是县域西南部以高效农业、农副产品加工业为主的城镇。

城镇规模：2010 年和 2020 年城镇人口规模分别为 0.2 万人和 0.4 万人，城镇建设用地规模为 24 公顷和 48 公顷。

第四十条 大峪口镇

由圪垯上乡迁至大峪口而来，是县域西南部黄河沿线的商贸流通城镇，以高效农业、农副产品加工业为主的城镇。

城镇规模：2010 年和 2020 年城镇人口规模分别为 0.2 万人和 0.4 万人，城镇建设用地规模为 24 公顷和 48 公顷。

第五章　建设社会主义新农村

第一节　新农村建设的总体思路

第四十一条 坚持统筹城乡经济社会发展的基本方略，在积极稳妥地推进城镇化的同时，按照生产发展、生活宽裕、乡风文明、村容整洁、管理民主的要求，扎实稳步推进新农村建设。

第四十二条 选择 5 个示范村、20 个试点村、100 个治理村。按照党中央国务院推进新农村建设的若干意见，进行水电路基础设施、种养加工业配置和文化、休闲发展，力保示范村建设成为首批小康村，试点村农民人均收入达到 3000 元。

第四十三条　加强农村基础设施建设

建设农民最急需的生产生活设施。实施农村饮水安全工程。加强农村公路建设，实现全县所有乡镇通油（水泥）路，具备条件的建制村通公路，健全农村公路管护体系。发展农村沼气、秸秆发电、小水电、太阳能、风能等可再生能源，完善农村电网。建立电信普遍服务基金，加强农村信息网络建设，发展农村邮政和电信，实现村村通电话、乡乡能上网。按照节约土地、设施配套、节能环保、突出特色的原则，做好乡村建设规划，引导农民合理建设住宅，保护有特色的农村建筑风貌。

第四十四条　加强农村环境保护

综合治理土壤污染。防治农药、化肥和农膜源污染，加强规模化养殖场污染治理。推进农村生活垃圾和污水处理，改善环境卫生和村容村貌。禁止工业固体废物、危险废物、城镇垃圾及其他污染物向农村转移。

第四十五条　积极发展农村公益事业

加强以乡镇卫生院为重点的农村卫生基础设施建设，健全农村三级卫生服务和医疗救助体系。建设农村药品供应网和监督网。完善农村计划生育服务体系。

普及和巩固农村九年制义务教育。将农村义务教育全面纳入公共财政保障范围，构建农村义务教育经费保障机制。全面实施农村中小学远程教育。

第四十六条　发展农村社会保障，增加农业和农村投入

探索建立与农村经济发展水平相适应、与其他保障措施相配套的农村养老保险制度。基本建立新型农村合作医疗制度。有条件的地方要建立农村最低生活保障制度。完善农村"五保户"供养、特困户生活补助、灾民救助等社会救助体系。

新增教育、卫生、文化财政支出主要用于农村，地方各级政府基础设施建设投资的重点要放在农业和农村。改革政府支农投资管理方式，整合支农投资，提高资金使用效率。鼓励、支持金融组织增加对农业和农村的投入，积极发展小额信贷，引导社会资金投向农业和农村。

第四十七条　新农村建设发展模式

城镇带动型：对地处城镇边缘以及中心镇和其他一般镇的"城中村""镇中村"，按照城镇化标准加强基础设施建设，提升工业园区和经济功能区水平，扩大就业，增强经济实力。通过撤村建居，推进城市化进程。

中心村聚集型：对地处城镇外围、自然环境有利生产生活、产业基础较好、集体经济实力较强的村庄，在完成村庄环境综合整治的基础上，突出基础设施建设、公共事业建设和农民生产生活条件改善，按照新农村建设标准，规划建设农业功能区、工业功能区、居住功能区、文教娱乐功能区等新型农村社区，使之成为社会主义新农村示范村。

特色开发型：对地处生态涵养区、风景区等的村庄，本着保护、开发并重的原则，充分利用自然与人文资源，坚持生态优先，做好历史遗址村、革命传统村、生态村、文化村、农家乐村、传统民居村的建设规划以及保护有特色的民居旧宅，形成一批文化特色村。

环境整治型：对那些区位偏僻、村民居住分散、村集体经济基础薄弱、农户不富裕的不宜撤并、规划保留的行政村，重点实施饮水安全、危旧房加固和道路硬化、厕所改造、垃圾清运、排水治污、绿化美化等，加强村庄整治，彻底改变村庄"脏、乱、差"面貌。

迁村并点型：对处于矿山采空区、山体滑坡等地质灾害易发区，以及山区交通极为不便、生产生活条件恶劣的自然村，整建制向城区、小城镇或中心村搬迁。

第四十八条　新农村建设重点工程

大型粮棉油生产基地和优质小杂粮产业工程：在粮食主产区，集中连片建设高产稳产大型商品粮生产基地、优质棉基地、优质油基地，实施良种繁育，病虫害防治和农机装备推进等项目。

沃土工程：对增产潜力大的中低产田加大耕地质量建设力度，配套建设不同类型的土肥新技术集成转化示范基地，使项目实施区的中低产耕地基础地力提高一个等级。

植保工程：完成县级基层站，建设一批生态和畜牧控灾示范基地，农药安全测试评价中心和生物技术测试区域中心。

种养业良种工程：建设农作物种质资源库，农作物改良中心，良种繁育基地，畜禽水产良种场。

动物防疫体系：建设和完善动物疫病监测预警、预防控制、检疫监督、兽药质量监察及残留监控、防疫技术支撑、防疫物质保障六大系统。

农产品质量安全检验检测体系：建设完善兴县农产品检测站。

农村饮水安全：解决农村居民饮用高氟水、高砷水、苦咸水、污染水、微生物超标等水质不达标及局部地区严重缺水问题。

农村公路：新建和改造农村公路，实现所有具备条件的乡镇和行政村通公路。

农村沼气：建设以沼气、改圈、改厕、改厨为基本内容的农村户用沼气以及部分规模化畜禽养殖场和养殖小区大中型沼气工程。

送电到村和绿色能源县工程：建成绿色能源示范村，利用电网延伸、风力发电、小水电、太阳能发电等。

农村医疗卫生服务体系：以乡镇卫生院为重点、同步建设县综合医院、妇幼保健机构、县中医院。

农村计划生育服务体系：以县乡镇计划生育技术服务站为重点，建设县级服务站、中心乡镇服务站、流动服务车等。

农村劳动力转移就业：加强农村劳动力技能培训，就业服务和维权服务能力建设，为外出务工农民免费提供法律政策咨询、就业信息、就业指导和职业介绍。

第二节 乡村居民点重组规划

第四十九条 "近城入城"乡村居民点规划

规划确定兴县规划期末将纳入到城镇之内的"城中村"详见表5—01。

表5—01 兴县2020年10镇入城行政村情况表

名称	数量（个）	行政村名称	并入城镇
县城（蔚汾镇）	7	西关村、东关村、郭家峁、石盘头、下李家湾、上李家湾、圪洞	县城
蔡家崖镇	3	蔡家崖村、北坡村、刘家梁村	蔡家崖镇
魏家滩镇	5	沙沟庙、瓦塘村、黄家沟、马子寨、店上	魏家滩镇
廿里铺镇	1	廿里铺村	廿里铺镇
康宁镇	4	康宁村、寨牛湾、张家崖、李家湾	康宁镇
罗峪口镇	1	罗峪口村	罗峪口镇

续表

名称	数量（个）	行政村名称	并入城镇
大峪口镇	1	大峪口村	大峪口镇
蔡家会镇	2	柳林、唐堂宇	蔡家会镇
孟家坪镇	3	孟家坪村、孟家坡、尹家里	孟家坪镇
交楼申镇	2	交楼申村、崖窑上	交楼申镇
合　计	29		

第五十条　2020年农村地区乡村居民点规划

规划至2020年，兴县完成对10镇中29个"城中村"和137个撤并行政村的撤并，详见表5－02。

表5－02　兴县2020年10镇行政村撤并表

名称	撤并数量（个）	撤并行政村
县城（蔚汾镇）	15	后发达、河儿上、枣林、上李家湾、孔家沟、赤涧、康家沟、杨塔、松石、官庄、下马家、紫沟梁、孟家沟、宋家塔、艾雨头
蔡家崖镇	27	刘家渠、北坡、木栏岗、旭谷、五龙堂、池家梁、张家岔、北查沟、继家岔、李家山、阎家山、白家梁、胡家山、焉头、弓家山、任家湾、西吉、北西洼、石阴村、王家塔、寨滩上、桑娥、唐家吉、东峁、沙焉、花元沟、宋家山
魏家滩镇	22	张家塌、常申、上虎梁、南堡、山庄、杨塔上、对宝、刘家圪塌、麻塌塔、东磁窑洞、马家沟、贝塔、薛家沟、王家畔、北梁、吕家沟、天洼、马家湾、苏家吉、尹家峁、孟家洼、高家洼
廿里铺镇	16	吕家庄、斜拖山、炭烟沟、王家崖、孙家窑、石畔、阳塔、杏树塔、唐吉吉、安乐沟、阳会崖、郭家圪塌、李家庄、康家沟、庄儿上、王家沟
康宁镇	18	苇子沟、赵家沟、前红月、后红月、丰世沟、交家湾、穆家焉、乌门、薛家沟、杨家圪台、永顺、郑家岔、王家沟、福胜、田家会、曲亭、贾家沟、进德
罗峪口镇	5	崖头吉、芦子坡、王家洼、大里山、吴儿申
大峪口镇	3	杨角角、牛家川、河上
蔡家会镇	2	彩地峁、孙家畔
孟家坪镇	12	山头、有仁、冯家圪台、小善畔、碱滩坪、殿峁上、子方头、岔上、寨洼、大军地、马圈沟、冯家峁
交楼申镇	17	新舍窠、陈家圪台、白家坪、大坪上、奥家滩、井沟渠、向阳、马家梁、木窑、王家庄、乔家沟、宜宜沟、王家坡、阳崖、庄上、安乐沟、兴盛湾
合计	137	

第五十一条　乡村居民点撤并安排

撤村并点规划在全县总体协调的基础上，以10镇为执行主体分城镇实施，本着先山区丘陵后平川、先小村后大村的原则分阶段实施。规划要求各乡镇在规划期内每年必须完成至少2

－3个行政村的撤并任务。

第三节 中心村规划

第五十二条 中心村选择和布局

规划共确定了81个中心村，分乡镇中心村情况详见表5－03。

表5－03 兴县2020年10镇中心村规划表

名称	中心村数量（个）	中心村名称
县城（蔚汾镇）	9	雅儿窝、乔家沟、石盘头、肖家洼、树林、东坡、关家崖、程家沟、刘家圪台
蔡家崖镇	9	张家湾、碧村、黑峪口、巡检司、高家沟、杨家坡、杨家坪、贺家沟、碾子
魏家滩镇	13	瓦塘、裴家川口、后南会、郑家塔、武家塔、石佛子、黄家沟、紫家里、木崖头、高家崖、庙井、王家畔、郝家沟
廿里铺镇	5	沟前门、窑儿湾、奥家湾、刘家湾、恶虎滩
康宁镇	12	曹家坡、胡家庄、花子、新庄、乔子头、刘家曲、刘家庄、阎罗坪、固贤、吴城、窑儿上、甄家庄
罗峪口镇	7	东豆宇、史家山、大坪塌、李家梁、阎家塔、宋家塔、赵家坪
蔡家会镇	6	柳林、沈家里、庄头、谷渠、圪台上、坡上
大峪口镇	3	圪垯上、芦山塌、募强
交楼申镇	7	冯家沟、阳塌则、康家庄、孙家崖、东会、寨上、姚家沟
孟家坪镇	10	横城、胡家塔、李家坪、坡底、王家塔、成家山、贺会、安月、枣林坡、东吴家沟
合 计	81	

第五十三条 中心村建设规划

中心村建设目标：人口规模达到1000人以上，农业经济发展活跃，加工工业有所起步。公路、电力、电讯、给水等基础设施配套齐全，并建有中心小学、医疗室、文化体育活动场所等社会服务设施。村庄建设需经过一定的规划，道路畅通，住宅新颖，有一定面积的公共绿地，村庄面貌良好，居民生活环境得到显著改善，逐步形成新的生活观念和生活习惯。中心村人均建设用地控制在120～150平方米。

第四节 基层村布局规划

第五十四条 基层村布局：规划将县域基层村分为积极发展、控制发展、迁撤并村3种类型进行调整。

积极发展的基层村 46 个，是重点建设的基层村，为新农村建设的治理村，乡村居民点，建设用地安排向这类村庄倾斜，积极促进人口集聚和村庄规模扩大，加强村庄综合环境整治与基础设施、与公共服务设施建设，与中心村共同构成县域村庄建设的重点。

控制发展的基层村 79 个，以内涵发展为主，不再安排乡村居民点建设用地，适当加强村庄环境综合整治与基础设施、公共服务设施建设，改善居住生活环境。

实施迁并的村庄共 137 个。城镇村庄布局调整数量表见 5—04。

表5—04　兴县各城镇村庄布局调整数量汇总表

名　称	城中村	中心村	积极发展村庄	控制发展村庄	撤并村庄
县城（蔚汾镇）	7	9	4	12	15
蔡家崖镇	3	9	6	13	27
魏家滩镇	5	13	5	8	22
廿里铺镇	1	5	7	10	16
康宁镇	4	12	3	11	18
罗峪口镇	1	7	7	3	5
大峪口镇	1	3	2	2	3
蔡家会镇	2	6	2	2	2
交楼申镇	3	7	5	7	17
孟家坪镇	2	10	5	11	12
合　计	29	81	46	79	137

第六章　基础设施规划

第一节　交通规划

第五十五条　对外交通公路规划

岢岚—裴家川口高速公路：

东与忻保高速相连，西与神木县的神延高速连接，全长 75 公里。与魏家滩工业区的发展同期建设。

忻黑高速公路：

与神延高速、大运高速相连接。全长 281 公里，其中兴县段 53 公里。建成后将成为兴县与外界联系的主要通道，对加速兴县经济腾飞将起到极大的推动作用。

省道忻黑线：

东起忻州，途经静乐、岚县西至兴县蔡家崖镇黑峪口村。规划期内公路等级提升为一级。

省道岢大线：北起岢岚县城，经兴县、临县，南至方山县大武镇。规划期内改建瓦塘—白文段 65 公里，公路等级提升为一级。

沿黄公路：兴县境内北起保德冯家川，南至大峪口镇。近期内全部完成93公里的建设，公路等级均为二级。规划期内沿黄公路将在全省贯通。

打通瓦塘—西梁（保德）、交楼申—普明（岚县）、东会—马坊（方山）、贺家会—白文（临县）、蔡家会—开化（临县）等几个公路出县口。

第五十六条 县域内部交通公路

以县城为中心，沟通魏家滩镇、康宁镇、交楼申镇等主要乡镇。

规划县级交通路线有：

——杨家坪—裴家川口二级公路，全长17公里。

——石佛则—白家沟—杨家坪—石盘头二级公路，全长60公里。

——木崖头、关家崖—二十里铺—交楼申—东会二级公路，全长110公里。

——圪洞—肖家洼—红月—刘家庄二级公路，全长30公里。

——曹罗线二级公路。

——枣林坡—蔡家会—圪垯上二级公路。

——圪垯上—大峪口二级公路。

——旅游路线：在修建或改建县级道路的同时，重点新修和完善县城至各旅游景点的旅游公路。

第五十七条 乡、村公路规划

专用线：

——新建郝家沟—白家沟二级公路专用线10公里。

——新建固贤—花子村10公里一级专用线。

第五十八条 铁路线规划

规划修建以下铁路线：

——岢瓦铁路：东起苛岚，境内修至瓦塘远景向西延伸接至神木，全长56千米。

——岚原铁路：起点为蔚汾镇原家坪村，向东伸至岚县，接入太古岚铁路，全长70公里。

——原神铁路：起点为蔚汾镇原家坪村，向西伸至神木接入神延铁路（神木—延安），全长80公里。

——临兴（临县—兴县）铁路，起点为蔚汾镇原家坪村，向南经临县接入中卫铁路（太原—宁夏中卫），全长70公里。

——原魏铁路：由原家坪至魏家滩，接入岢瓦铁路，全长40公里。

第五十九条 航运交通规划

在沿黄93公里的水域线上，修建后南会、裴家川口、黑峪口、黄家洼、罗峪口、牛家川、大峪口等7个标准化渡口码头。

第二节 给水工程

第六十条 水源规划

规划水源由地表水、地下水、污水回用和黄河水组成

（1）地表水：水源来自天古崖、明通沟、阁老湾、阳湾则等主要水库及一些小型蓄水工程供给，分引水和提升两种方式，供水量4000万立方米；

（2）地下水：浅层地下水与深层地下水组成，供水量2000万立方米；

（3）污水处理后回用：用于工业，供水量800万立方米；

（4）黄河水：近期是沿黄地区枣树灌溉，远期工业用水引用黄河水。

第六十一条　水源保护

规划水厂采用地下水，一级保护区内的水质标准不得低于国家规定的Ⅱ类标准，二级保护区的水质标准不得低于国家规定的Ⅲ类标准。

第六十二条　供水系统规划

兴县的供水系统分片考虑，县城、蔡家崖镇、甘里铺镇、康宁镇采用统一供水，镇区建水厂向镇中心和附近中心村及基层供水，其他乡镇和中心村根据实际情况采用统一供水或自然取水。

第三节　排水工程

第六十三条　规划目标

至 2010 年，在兴县县城和污染较严重的城镇建设污水处理厂，污水处理厂应布置在附近水体的下游并与居住区保持一定距离。污水处理深度达到二级。

至 2020 年，普遍将各中心镇及新工业所在城镇污水收集处理，污水处理深度达到二级。

第六十四条　污水治理工程

（1）排水体制

规划县城、蔡家崖镇、魏家滩镇北川循环经济综合示范基地采用雨污分流制，其它各镇随着新区的建设逐步改造成分流制，较小的城镇可采用截流式合流制只铺设一套排水系统，雨水通过沟渠分散排放。

（2）污水处理厂规划

在县城西侧选址建设一座小型污水处理厂，处理县城及附近的生活污水及部分工业污水；配套新型住宅区及中心镇建设，修建一些成套的污水处理装置，逐步完善成为污水处理厂。

（3）配套煤、电、铝、化、材主导产业的实施，同步配置专门的污水处理设施，对不同水质采用不同的处理设施；随着规模的扩大化，发展为集中的污水处理厂。

第四节　供热工程

第六十五条　规划在魏家滩镇北川循环经济综合示范基地建设 2×135 兆瓦煤矸石发电厂和两个 2×600 兆瓦中煤发电厂，该电厂可向周边居住区集中供热，实现热电联产。供热系统采用二级网系统。

在各乡镇建立区域性锅炉房，取代现状小型土锅炉，基本满足居民及公共建筑供热需求。

第五节　燃气工程

第六十六条　气源规划

陕京Ⅱ线天然气管道从兴县境内通过，远期将作为兴县县城的主要气源。兴县县域将主要采用沼气和天然气，液化石油气将作为补充。

第六十七条　燃气系统

（1）燃气

根据需要新建陕京Ⅱ线配套线路截断阀室三座，清管站一座。

（2）石油气

在规划设有液化石油气的区域内，液化石油气站的选址必须符合相关规范，严格执行防火规范所规定的内容。

第六节　电力工程

第六十八条　县域用电量预测

预测至 2010 年，全县综合用电量为 23204.6kW.H；至 2020 年全县综合用电量为 46672.8kW.H。

第六十九条　电力规划

规划新建 2×135 兆瓦煤矸石发电和两个 2×600 兆瓦中煤发电机组。规划期内，新建的瓦塘 220kV 站与现状 110kV 蔡家崖站作为电源点。规划新建 1 个 220kV 变电站和 4 个 35kV 变电站。

第七节　电讯工程

第七十条　电信规划

各乡镇及县城逐步将电信架空线改造成地埋电信光缆，农话线路全部并入市话网，乡镇支局的中继线换成大容量的光缆线路，并联成环网，中国移动、中国联通继续加大覆盖率，加强信号质量。

第七十一条　邮政规划

逐步完善邮政分支机构，在各乡镇结合公共设施的建设，布置新的邮政支局（所）。积极开办邮政电子商务业务，提高服务质量和投递时效，以适应不同层次、不同用户的需要。

第七十二条　广播电视规划

以提高覆盖率、改善收听收视效果、提高制作水平、建设现代化多功能传播体系为目标，做到广播电视双入户的高科技网络。

第八节　环卫设施

第七十三条　在新建、扩建的居住区设置垃圾站，垃圾站的服务半径不超过 0.8 千米；城区每 2 平方千米设置垃圾中转站 1 座；城镇主要干道每隔 800 米设置公共厕所 1 座，人流较集中地带按每 500 米 1 座设置。

规划期内，县城内保留现状垃圾填埋场，另新增垃圾填埋场 1 个、小型垃圾中转站 2 个、粪便无害化处理站 1 个、生活垃圾处理厂 1 个；其它城镇各新建垃圾填埋场 1 个、小型垃圾中转站 1 个、粪便无害化处理站 1 个、生活垃圾处理厂 1 个；在交楼申镇新建死禽处理厂 1 个。

第九节　综合防灾

第七十四条　防洪规划

根据镇区所处地理位置及可能造成的危害程度，考虑蔚汾河、岚漪河按 50 年一遇洪水设防，100 年一遇洪峰流量校核，南川河、石楼河、湫水河等按 20 年一遇设防，50 年一遇洪峰流量校核。

第七十五条 消防规划

建立完善消防安全体制，合理安排消防站布局，提高人们消防意识，建立消防法制，完善消防设施。

建立县域范围内的消防通信中心和指挥中心。

各乡镇建立消防科。

第七十六条 抗震规划

一般建筑按 6 度设防，重要建筑提高一度设防。

第七十七条 人防规划

按照"全面规划，重点建设，长期坚守，平战结合、质量第一"的方针，建立人防工程。

第七章 社会服务设施规划

第一节 教育事业发展规划

第七十八条 职业教育

至 2020 年，在县城集中布置职业教育和成人教育设施，新建卫校、体校，新建教师进修校，各乡镇建立科技推广站。

第七十九条 高中

规划确定在县城布置 3 所高中，在魏家滩镇布置 1 所高中，其他乡镇禁止布置高中。

第八十条 初中

规划确定至 2020 年完成对现有 10 镇的乡镇驻地之外初中的撤并，均就近迁并至所在乡镇驻地。初中学校应加强校舍建设，普及乡镇驻地外学生寄宿制。保留现状县城初中。含蔡家崖共 7 所撤并为 2 所初中。

第八十一条 小学

规划确定至 2020 年，迁并所有的不完全小学和单人校；10 镇驻地之外的农村地区小学数量缩减至 84～127 所左右，分乡镇农村地区规划小学数量详见表 7－01；10 个城镇驻地中，县城按城镇人口 1 万～1.5 万人设立 1 所小学，其他城镇按 1 万～1.2 万人设立 1 所小学，所有中心村必须配备完全小学。

表 7－01 2020 年兴县分乡镇驻地以外小学人数预测表

名称	2020 年总人口（万人）	城镇驻地人口（万人）	城镇驻地之外人口（万人）	城镇以外小学生人数（人）	农村地区需要单轨完全小学数量（个）
县城（蔚汾镇）	9.43	7	2.43	3159	12－15
蔡家崖镇	6.95	4	2.95	3835	14－19

续表

名称	2020年总人口（万人）	城镇驻地人口（万人）	城镇驻地之外人口（万人）	城镇以外小学生人数（人）	农村地区需要单轨完全小学数量（个）
魏家滩镇	7.96	4	3.96	5148	19－27
大峪口镇	0.94	0.4	0.54	702	3－4
廿里铺镇	2.26	0.6	1.86	2418	9－13
交楼申镇	2.56	0.4	2.16	2808	10－16
康宁镇	1.21	0.6	0.61	793	3－4
罗峪口镇	1.19	0.4	0.79	1027	4－6
蔡家会镇	1.02	0.4	0.62	806	3－4
孟家坪镇	2.21	0.4	1.81	2353	9－13
合　计	35.7	18.4	17.3	22711	86－121

注：标准单轨完全小学学生人数取 $45\times6=270$ 人。但考虑到小学服务半径等因素，对需要单轨完全小学数量进行1.5倍率的修正。

第二节　科技、文化事业发展规划

第八十二条　县城

对现有文化馆、图书馆、博物馆、影院修缮和完善，重点在县城新城新建图书馆、文化馆、博物馆、影剧院。在居住区内配套完善文化活动室、科技站、小型图书室等设施。

第八十三条　建制镇

鼓励文化市场的发展，普及科技、文化知识、合理布局科技、文化经营场所，在小城镇规划时应重视科技文化设施的建设。近期应设置科技开发推广咨询机构，配套文化馆、俱乐部等设施；远期兴建中型综合科技文化活动中心（科普、图书俱乐部）等。

第八十四条　中心村

广泛开展农村文化活动，保留各村的传统文化和民间艺术，保留农村的传统节日。规划近期兴建文化室，拥有一定数量的公共图书；为农民提供一定的文化娱乐活动场地。远期对文化室进行扩建增加服务内容；丰富农民的精神文化生活。

第三节　体育事业发展规划

第八十五条　县城

在蔡家崖新区规划建设一座体育中心，包括田径场、体育馆、游泳馆和健身房，要求现代化水平较高，配置一批先进的运动器材。对现有的体育设施进行维护和完善。各居住片区配备一定规模的体育运动器材。

第八十六条　建制镇

规划在其它城镇结合学校体育场地建灯光球场、活动室等。

第八十七条　中心村

结合村文化室建设文体活动室。

第四节　医疗卫生事业发展规划

第八十八条　县城 建制镇

近期（2010 年），在医疗机构数量不增加的基础上，提高医疗机构等级，提高千人拥有医护人员数和千人拥有床位数。

远期（2020 年）根据城镇体系发展需要，在县城扩建现状兴县人民医院为综合性医院，在蔡家崖新区新建 1 所综合性医院。其余乡镇以现有卫生院为基础，加强各乡镇现有医疗机构的建设和服务水平。目标达到每千人拥有医护人员 4 人，每千人拥有医院床位数 3.5 张。

第八十九条　中心村

村卫生室与中心村规模相配合，远期 2020 年在保证每村有一所卫生室的基础上，以中心村为基点，提高医疗水平和设施水平，为农村地区居民的健康作出坚实的保障。

第五节　商业、市场规划

第九十条　集市庙会引导规划

以县城蔚汾镇、蔡家崖镇和康宁镇 3 个城镇为结点组织集市的网络，确定县城 10 天逢 3 集；康宁镇每 10 天逢 2 集；其他建制镇每 10 天逢 1 集，个别建制镇在集市制度成熟后可考虑发展为每 10 天逢 2 集。

第九十一条　商业市场设施规划

规划建设专业性市场：县城蔚汾镇农副产品批发市场、畜产品交易市场、粮油蔬菜市场；县城蔡家崖镇蔬菜产品交易市场、康宁镇瓜果蔬菜农产品交易市场。

第六节　社会福利事业规划

第九十二条　以 10 镇为依托，构建县城—建制镇 2 级社会福利设施网络。规划至 2020 年全县 10 镇均需配置社会福利院、敬老院和社会救助站等社会福利设施。

第八章　生态环境保护规划

第一节　生态保护规划

第九十三条　生态保护的方针

坚持保护环境的基本国策，推行可持续发展战略，贯彻经济建设、城乡建设、环境建设同步规划、同步实施、同步发展的方针，促进经济体制和经济增长方式的转变，实现经济效益、社会效益、环境效益统一。将生态环境整治融入经济社会发展中，实施"生产过程控制与末端治理相结合"、"开发与治理相结合"、"集中治理与分散治理相结合"的对策。

第九十四条　生态保护的目标

2020年，全县环境污染和生态恶化将得到有效控制，环境质量进一步改善。饮用水源保护区水质不得低于国家规定的《GB3838-1988地面水环境质量标准》Ⅱ类标准，并须符合国家规定的《GB5749-1985生活饮用水卫生标准》工农业生产水质达到《GB3838-1988地面水环境质量标准》类；大气环境质量和噪声环境质量进一步提高，基本实现人口、资源、环境与经济社会的可持续发展。

第九十五条　生态保护措施

搞好大环境绿化，加强全县低山、丘陵和河流沿岸绿化。大力发展生态林、经济林；平川区建设农田防护林带，沿主要交通干线及河流两侧建设宽度不等的绿化带；加强村镇内部绿化，尤其是县城等重点城镇绿化。

第二节　环境保护规划

第九十六条　规划目标

从大气环境的角度对兴县经济的可持续发展做必要的规范性要求，以从根本上改变"先污染后治理"的传统发展模式，在按期达到国家大气质量控制目标的前提下实现区域经济发展与环境保护的协调统一。

第九十七条　规划的指导思想

在社会、经济可持续发展战略思想的指导下，坚持清洁生产和发展生态型产业的方针，贯彻区域污染总量控制与浓度控制相结合的原则，为全县整体发展创造条件。

第九十八条　空气污染控制措施

按环境功能及各乡镇生态建设要求、调整产业布局。推行清洁生产，控制产生污染的环节。县城建成区周围禁止建设高污染企业，已有的高污染企业应搬迁或改产。扩大烟尘控制面积、积极发展集中供热、集中供气等，使用煤气化炉灶，控制面源污染。

第九十九条　水污染控制措施

建设污水处理设施。对已有污染企业与新建企业要加强管理，减少废水排放量，做到循环利用与达标排放；在建与新建锅炉采用湿式除尘系统，应建沉淀池，做到除尘废水闭路循环；严禁在河道、水库附近倾倒和堆积各种固体污染物，严禁建污染企业。

第一百条　固体废弃物环境规划

1. 规划目标

以兴县的实际情况为基点，规划近期（至2010年）内各类污染源固废处置率达100％。规划远期（至2020年），全县固废污染源排放各项指标均达到国家规定标准。

2. 固体废弃物污染控制措施

搞好固体废弃物的综合利用与资源化、无害化处理，基本消除固体废弃物污染。加强垃圾管理，推行垃圾分类，消除白色污染；积极建设符合要求的固体垃圾处置厂。

第一百零一条　噪声污染规定

制定规范措施，控制城镇交通噪声污染，通过城镇的各种机动车辆严禁鸣笛；加强对交通、建筑施工作业、工业噪声和商业娱乐场所等噪声源的监测与管理，确保区域环境噪声质量。

第九章　历史文化遗产保护规划

第一百零二条　保护规划的指导思想

指导思想：

（1）重点保护"两馆一园"，划定保护区范围，提出保护措施。

（2）通过历史遗产的保护来改善兴县形象，增强兴县魅力，提高兴县城市吸引力和竞争力。

（3）协调保护历史遗产和发展旅游产业的关系，以旅游促进保护。

第一百零三条　保护原则

（1）整体性原则

（2）保护和利用相结合的原则

（3）保护和发展相协调的原则

（4）可操作性原则

第一百零四条　保护的层次

（1）县域内历史文化保护区。

（2）传统民居及古村落历史文化保护区：在传统民居集中的古村落划定历史文化保护区。

（3）文物古迹保护区：主要是县域范围内文物古迹及其所处环境的统称。

第一百零五条　保护规划的重点

主要控制地下文物的保护、历史文化村落的保护、"两馆一园"革命历史文化保护区的保护、文物古迹的保护。

1. 地下文物的保护

对城镇建设的重点区域和重要拓展方向的确定应避开地下文物分布区。将保护区域分为一般控制区和重点控制区。在这些区域内进行基本建设时要特别注意严格报批制度。在条件成熟的情况下，可依据《中华人民共和国文物保护法》和《中华人民共和国文物保护法实施细则》对地下文物实施保护和试挖掘。

2. 历史文化村落的保护

历史文化遗存富集的古城镇、古村落应控制建设、保留特色、发扬光大。确定它们的保护范围、层次、界线和面积；对建筑进行保护整治；在保持原有历史风貌的前提下，对街巷的空间尺度、街巷立面和铺地形式提出保护整治要求；针对核心保护区内重点地段和空间节点采取具体保护整治措施。

3. "两馆一园"革命历史文化保护区的保护

（1）加大宣传力度，提升文化品位。打造红色旅游融资平台，推动红色旅游发展。

（2）处理好保护与利用的关系，充分利用保护区内的建筑和设施，使保护区与城镇功能发展相适应。

（3）进行历史文化保护区内房屋产权制度的改革，明确保护与利用的合理关系。

（4）调整历史文化保护区的用地结构，减少居住用地，增加三产用地。

（5）保护空间视廊。

（6）加强对古树、名木的保护。

4. 文物保护单位的保护

全县范围内，文物保护单位共计41处，其中国家级文物保护单位2处，省级文物保护单位6处，县级文物保护单位16处。按照《中华人民共和国文物保护法》进行严格保护。

第十章　区域空间管制规划

第一节　区域管制区划与管制规则

第一百零六条　区域管制区划

将全县空间划分为适宜建设区、限制建设区和禁止建设区3种空间开发管制地域。

第一百零七条　适宜建设区

主要包括乡镇驻地、中心村、独立工业小区由总体规划确定的规划用地，以及规划兴县工业走廊中的独立工业据点。管制要求为：

强化城镇综合功能和聚集效益，加快人口向城镇的聚集。规划合理的城镇空间形态和结构，统一规划城镇各项基础设施，改善和提高环境质量，强化和完善城镇的功能。加强城镇土地资源的合理利用，高效利用建设用地。

严格实施村镇总体规划、控制性详细规划。一切建设用地和建设活动必须遵守和服从规划，各项建设必须依法办理"一书两证"。

对于历史文化保护区，坚持开发与保护相结合，保持原有风貌和环境，严禁随意拆建。

集中或独立布局的工业小区、工业据点和养殖园区，应明确划定其用地界线、用地性质，统一规划、集中建设。独立布置的工业小区、工业据点和养殖园区不能布局生活服务区，配套居住小区与生活服务设施应集中到城镇建成区统一布局。

村镇建设、产业布局应注意协调用地形态与对外交通干线的关系，避免村镇、产业沿区域性交通干线线状布局和跨越交通干线布局，交通干线两侧应留出一定宽度的绿化带。

第一百零八条　限制建设区

本类区域主要分布于全县中心村、乡镇驻地、独立工业小区、工业走廊以外的地域，是以农业为主的低密度开发区域。应以提高农牧业的综合效益为核心，控制非农类型用地，特别是工业企业、农村居民点的数量和用地规模，用地保持以自然环境和绿色植被为主的特征。管制要求为：

严格保护基本农田，保护区具体范围由《兴县基本农田保护规划》确定。区内用地应按照基本农田保护条例对耕地实行严格的保护措施，严格控制非农业建设用地占用。

严格控制乡村建设用地总量，各项建设用地控制在区内总用地的2%以下，严格控制农民宅基地建设规模，人均建设用地控制在150平方米以下。

以因地制宜的"迁村并点"等方式提高乡村建设用地利用效率和乡村建设的质量，控制村庄零散建筑的数量，引导"民宅进区"。固化村民宅基地，每户只能拥有一处宅基地。引导零散工业点向工业区转移，统一规划建设新村，对原村庄进行土地整理。

第一百零九条 禁止建设区

本区域包括：水源地保护区、生态敏感区、人文与自然景观保护区3类区域。

（1）水源地保护区

规划禁止各类污染源进入水源地保护区和排放污染物；鼓励在区内进行植树种草，以净化环境、涵养水源；严格控制水源地保护区的开发强度，禁止建设油库、墓地、垃圾场等；严禁在水源地保护区及其附近地区进行矿产开采、搞地下建筑，以防地质构造和生态植被遭到破坏。水源地保护区内应按规定设置一级保护区。

（2）生态敏感区

主要包括自然风景旅游区之外的所有山地生态地区。应大力实施退耕还林还草工程，全面恢复更新林草地；重点区域设置围栏封育，25度以上的山坡严禁任何开发活动；大力进行植树造林，严禁乱砍滥伐森林和放牧，不断提高绿化覆盖率；积极推进生态移民，减少区内居民点数量，实现人口外迁，降低人类活动的干扰，保护和恢复自然生态。

（3）人文与自然景观保护区

主要包括规划4个旅游景区和8个旅游景点控制区域。正确处理好资源保护与旅游开发的关系，遵循"适度开发"的原则，合理规划旅游业发展规模；严格控制开发建设活动，降低开发建设强度，禁止建设与资源保护和旅游事业无关的项目；保护区内影响人文和自然景观的建筑与用地应调整到其它适宜的区域，保护区周边的建设项目应与区内整体景观相协调。

第二节 城乡建设用地平衡

第一百一十条 城乡居民点建设用地预测

2010年：城镇建设用地1386公顷，乡村居民点用地2412公顷，城乡建设用地合计3798公顷。

2020年：城镇建设用地2024公顷，乡村居民点用地2336公顷，城乡建设用地合计4360公顷。

第一百一十一条 城乡用地优化配置对策

城镇建设中占用耕地，应给予补偿，并应保证补偿同等数量和质量的耕地，确保占补平衡；引入土地产出率指标，对达不到产出率指标的工业企业，采取不供地或压缩用地等方法，以提高城镇土地的利用率；鼓励对城镇内部存量土地的挖潜；切实保护和节约土地资源。

与移民并村相适应，拆村并点，加强乡村居民点的土地整理工作，促进进城农民和拆除的村庄的退宅还耕。

大力开展田坎、沟渠、废工业用地及其它零星土地的整理开发工作，适当开发宜农未利用的资源，补充耕地，加强农田基本建设，提高土地质量和土地使用效率。

第三节 城镇建设标准与准则

第一百一十二条 城镇建设用地要求与标准建议

严格执行城镇建设用地标准，引导城镇建设走内涵发展的道路。合理确定用地发展方向和分步建设方案，真正做到开发一步、建设一片、成效一片，注重城镇紧凑发展。重视城镇规划区范围内，城乡用地的一体化规划、建设，将"城中村"建设统一纳入城镇建设规划，提高土地利用效率。

各城镇规划与建设要合理划分城镇功能分区，调整城镇土地利用结构。增加城镇第三产业用地及居住、道路广场、绿化用地，严格保护城镇公益用地，减少居住用地，通过规划调整、政策引导、土地置换实现城镇用地结构的优化。

按照国家规划建设用地标准和兴县的实际情况，县城人均建设用地采用《城市建设用地分类与规划建设用地标准（GBJI137-1990）》中"规划人均建设用地"的Ⅳ级标准。其它建制镇与集镇，人均建设用地采用《村镇规划标准（GB50188-1993）》中"规划人均建设用地"的Ⅵ级标准。

第一百一十三条 居住区建设用地

各级城镇宜以居住小区组织住宅建设，避免分散的零星建设。各类居住小区建设应以建设生态社区为目标，居住区住宅、道路、绿地建设、停车场、公共服务设施、市政公用设施配套应符合区内实际需求和国家相关技术规定。

住宅群体布置应符合《城市居住区规划设计规范（GB50180-1993）》（2002年版）等强制性条文规定。

第一百一十四条 工业区建设要求

工业布局应相对集中，形成工业小区。独立布局的工业小区、工业据点，其生活区、基础设施和生活服务设施应与邻近城镇一体化规划与安排。逐步迁并分散的小工业点，新建工业企业原则上必须在规划工业小区集中建设。

工业小区用地规模应遵循最合理和最经济的原则，根据企业成组布置的要求、基础设施服务设施的保证程度合理确定，县级工业小区面积一般不小于100公顷；分散工业点面积一般不小于30公顷。

城镇工业用地的布局应符合工业企业对工艺、用地、能源、给排水、交通运输、卫生、生产协作、仓储等方面的合理要求，应避免工业小区与其它城镇用地之间的相互干扰。城镇工业小区建设应符合城镇建设总体风貌要求。

工业小区应尽可能不占粮田、好地，紧凑安排各项用地，做到经济合理；必须考虑分期建设的可能性，并尽可能紧凑安排近期建设用地；要加强环境保护，充分考虑"三废"的综合利用。

第一百一十五条 道路建设要求

县城与乡镇应有一条或一条以上较高等级公路相联系，保证城镇便捷的对外交通联系。要注意处理好过境道路与城镇发展的关系，过境道路的走向要符合城镇发展的方向，对外交通应与城镇内部交通相分离，力求将过境交通对城镇生产、生活的有害影响降低到最低程度。县城有多个不同方向的出入口，宜在城区边缘建设环形放射式交通干道系统，将各个方向的干线公路联系起来；其它建制镇与集镇宜在城镇外围布置过境线路，通过交通节点与城镇内部相联结；对于已形成的不易改变过境交通线路的城镇，应合理安排城镇布局结构，尽量避免过境交通由城镇功能区之间通过。

城镇内部道路系统规划建设应符合《城市道路交通规划设计规范（GB50220-1985）》、《村镇规划标准（GB50188-1993）》、《城市道路绿化规划与设计规范（CJJ75-1997）》要求。停车场、加油站等城镇道路交通设施的建设应满足城镇发展要求。

第一百一十六条 主要公共设施建设要求

交楼申镇、罗峪口镇、蔡家崖镇做为旅游服务城镇与其它旅游服务基地村公共设施配套，应充分考虑旅游发展的要求，其它城镇公共设施配置应符合《村镇规划标准（GB50188-1993）》中"公共建筑项目的配置"类型要求和"各类公共建筑人均用地面积指标"要求。城镇公共设施用地应根据城镇性质、规模、中心地职能进行分级布局。各类公共设施应满足城镇发展需要，符合合理的服务半径、城市交通的组织以及塑造城市景观特色等要求。

行政管理设施除满足基本使用功能外，更是体现城市精神，形成城市景观的重点所在。县级行政中心将考虑近期搬至县城新城。

城镇文化设施，包括博物、科技、图书、音乐、影视等项目的展示活动设施，近期内新建于县城新城，形成相应活动中心；商业服务设施应选择在城镇可达性高的中心地段设置，形成线形或块状的商业服务区域。

根据人口分布特点调整基础教育布局，各项城镇建设和经营活动严禁占用中、小学用地，新建中、小学应配置标准操场及必要的活动空间。大力发展职业技术教育，构建终身教育体系，民办、私立等形式的职业教育学校应集中布局，以利于教育资源的充分利用。进一步完善体育设施网络，推进全民健身活动。城镇社区建设应有足够的居民活动场地。

在抓好县、乡镇两级骨干医疗机构建设的基础上，建立方便、优质、高效的城镇社区医疗保健服务网络。各级城镇均必须建立规模相当、设施相对齐全的卫生设施体系，实现人人享受初级卫生保健的目标。

第一百一十七条　园林绿化设施建设

各级城镇应建设以生态绿地、公园绿地、防护绿地、沿街绿地等为重点的城镇绿地体系。城镇绿地建设应体现城镇生态化和园林化的要求，应与区域绿化结合共同形成绿化网络系统。

城镇公园绿地尤其是主题公园的建设应充分体现本地发展特点和传统文化背景，并与文物保护密切集合起来。应进一步重视企事业单位、居民小区内部等专用绿地和街道、公路沿线的带状绿地的建设，形成较为完善的绿地系统。

城镇绿化应科学选用适合本地栽植和地域特点的绿化品种。县城园林绿化指标与布局应符合建设部"城市绿化规划建设指标的规定"。

第一百一十八条　城镇基础设施

利用市场经济手段逐步健全城镇供水、排水、供电、通信、燃气、供热、环境卫生、综合防灾设施，建设安全、舒适、设施完备的城镇宜居环境。

第十一章　近期建设规划

第一百一十九条　期限和经济目标

近期建设年限为 2006－2010 年。至 2010 年，兴县人均 GDP 达到全省平均水平，力争GDP 年均增长达到 50％以上。

第一百二十条　产业布局规划

（1）农业项目

在沿黄公路、苛大线和忻黑线形成 3 条经济作物种植带的同时，在县城和魏家滩镇瓦塘建设 2 个花卉苗圃生产基地；在县城、蔡家崖新城、魏家滩镇瓦塘、廿里铺镇、康宁镇、蔡家会镇建设 6 个蔬菜生产基地；在蔡家崖镇、康宁镇、甘里铺镇建设 3 个瓜类生产基地；在蔡家崖镇、交楼申镇建设 2 个药材生产基地。同时，积极建设以速生丰产用材林为主的农田防护林网。

（2）工业项目

重点培育"煤电铝化材"五大产业一体化循环基地，重点建设斜沟矿井、兴县矿井、坑口电厂、煤矸石电厂、氧化铝厂、煤化工、建材厂等。

（3）第三产业项目

建设县城长途客运站；完成蔡家崖镇和甘里铺镇 2 大区域性货运仓储基地的基础设施配套；建设县城和魏家滩镇建设 2 大区域性综合物资集散市场；完成蔡家崖镇和康宁镇 2 个农业专业性市场的基础设施配套建设；完成县城和交楼申镇 2 个旅游民俗文化市场的建设。

第一百二十一条 旅游业规划

（1）旅游景区建设

重点建设黑茶山森林旅游景区、"两山一洞"自然生态旅游景区、革命传统教育基地旅游景区、黄河黄土风情旅游景区等 4 个旅游景区。

（2）旅游景点建设

完成 8 个独立旅游景点中具有国家级、省级文物保护单位旅游景点建设。

第一百二十二条 交通规划

（1）公路网规划

近期内拟建岢岚—裴家川口高速公路和忻黑高速公路的建设；改造岢大线瓦塘—白文段为一级公路；全部完成沿黄二级公路建设；

完成杨家坪—裴家川口二级公路、石佛则—白家沟—杨家坪—石盘头二级公路以及曹罗线二级公路的建设。

（2）铁路线规划

规划至 2010 年完成岢瓦铁路建设，并延伸至陕西神木，并完成原魏铁路和临兴铁路建设，与岢瓦铁路碰接。

（3）航运交通规划

规划至 2010 年全部完成后南会、裴家川口、黑峪口、黄家洼、罗峪口、牛家川、大峪口等 7 个标准化渡口码头。

第一百二十三条 给水工程设施

规划对县城水厂进行工艺改造，提高供水水质。另修建蔡家崖新区、北川循环经济综合示范基地两座水厂。

第一百二十四条 排水工程

近期内规划在县城西侧与北川循环经济综合示范基地分别建设一座中型污水处理厂，并逐步开展其它中心镇污水处理厂建设的可研工作。

第一百二十五条 供热工程规划

至 2010 年实现北川循环经济综合示范基地集中供热和县城的区域供热。

第一百二十六条 燃气工程规划

至 2010 年，全县农村沼气入户率达到 50％以上。

规划配套陕京Ⅱ线配套线路修建截断阀室 3 座，清管站 1 座，逐步开始使用天然气。

第一百二十七条 电力工程规划

规划新建 2×135 兆瓦煤矸石发电厂一座，2×600 兆瓦中煤发电厂一座。完成瓦塘 220kV

变电站以及蔡家会、东会、白家沟 35kV 变电站的建设，并配套相应电网。

第一百二十八条　教育事业发展规划

至 2010 年完成对现有的初中的撤并，均就近迁并至所在 1 区 9 镇建制镇城镇所在地。

至 2010 年完成县域内全部不完全小学和单人小学的撤并，并完成部分撤并村完全小学的撤并。

第一百二十九条　科技、文化事业发展规划

县城：重点对现有文化馆、图书馆、博物馆、影院修缮和在新城新建文化馆、图书馆、博物馆、大剧院。

建制镇：近期应设置科技开发推广咨询机构；配套文化馆、俱乐部等设施。

第一百三十条　体育事业发展规划

至 2010 年，实现各类型体育协会和其所需各类型体育设施在县城、片区中心城镇、重点镇的覆盖化。

至 2010 年县城建成具有一定规模的符合标准的"一馆、一场、一池"（体育馆、田径场、游泳池）。

第一百三十一条　医疗卫生事业发展规划

县城重点扩建现有 1 所综合性医院和 3 所专科医院，在蔡家崖新区新增 1 所综合性医院。

第一百三十二条　商业、市场规划

规划至 2010 年，完成县域 40％传统集市、庙会的中心村和城镇转移。

在蔡家崖镇和康宁镇引导建立起工业产品、农产品、小商品等区际意义的物资集散市场，并配置高标准的商业区市场设施。

第一百三十三条　社会福利事业规划

规划至 2010 年，完成县城、蔡家崖镇 2 个城镇的社会福利院、敬老院建设。

第十二章　规划实施的保障措施与对策

第一百三十四条　城乡规划与管理对策

建立高效合理的规划编制体系，强化规划的地位，严格城镇建设管理，健全规划管理机构，理顺城镇管理职能关系，加强对工业小区的建设管理和农村居民点建设的规划引导。

第一百三十五条　城镇产业政策

（1）产业发展政策

城镇政府应成立专门的指导和综合协调机构，合理确定各城镇优势产业、优势企业和优势产品。鼓励城镇发展以区域经济为基础，各具特色的主导产业和产业群体。应明确小城镇发展以农副产品加工和资源加工业为主的发展方向，大力发展劳动密集型产业。小城镇第三产业应以为农业服务、为农村经济发展服务、为乡村居民服务为方向，逐步完善教育、文化、信息、社会保险、社区服务功能。制定和执行有利于中心城镇发展的产业政策。

（2）产业组织政策

建立以大型企业集团为中心的产业组织结构。鼓励中小企业在合适的领域中继续发展，以保持经济活力和满足就业需求。大力发展非国有经济。

（3）产业布局政策

推进产业集聚和人口集聚；提高乡镇企业的产业档次。建立健全工业小区建设制度。

第一百三十六条 人口城镇化政策

全面实行小城镇户籍管理制度改革，认真贯彻在城镇落户农民的土地政策。

第一百三十七条 城镇建设投融资政策

改革城镇政府对城镇建设的投资体制，认真实施经营城镇的策略；加大土地开发经营力度，吸引民间资金，拓展多种方式的外引内联投融资渠道。

第一百三十八条 城镇建设行为调控政策

小城镇要统一规划，合理布局。城镇建设要通过挖潜改造旧镇区，积极开展迁村并点，土地整理，开发利用荒地和废弃地。城镇建设用地除法律规定可以划拨的以外，一律实行有偿使用。根据城镇的特点大力发展特色经济，因地制宜地发展各类综合性的或专业性的商品批发市场。充分利用风景名胜及人文景观，发展观光旅游业。要严格控制分散建房的宅基地审批，鼓励农民进镇建房或按规划集中建房，节约的宅基地可用于城镇建设用地。

第一百三十九条 水、土资源利用与环境保护政策

加强水资源的保护，建立节水型的生产与生活体系；改革小城镇土地利用制度，保护耕地，合理用地；加强城镇生态建设；加强城镇污染综合治理。

第十三章 附 则

第一百四十条 本规划已经兴县人民代表大会常务委员会审议通过，并由兴县人民政府报吕梁市人民政府批准，正式颁布生效。

第一百四十一条 本规划由兴县人民政府授权兴县建设局作为规划实施的管理、监督机构。实施中的具体问题由兴县建设局具体负责解释。

下编
实施策略

第十四章　基本概况

一、自然概况

1. 区域位置

兴县隶属于山西省吕梁市，国土面积 3165 平方公里，县域总人口 28.12 万人。

兴县地处黄河中游，吕梁山脉北部西侧晋西北黄土高原，地理位置介于北纬 38°05′40″～38°43′50″、东经 110°33′00″～111°28′55″之间。东依石楼山、石猴山与岢岚、岚县接壤；南傍大度山、二青山和临县毗连，北跨岚漪河同保德为邻，西隔黄河与陕西省神木县相望；蔚汾河自东向西横穿中部注入黄河。兴县县委、县政府驻地在蔚汾镇。

兴县地处山西省西北边缘，远离省、地经济中心。东距岢岚县城 76 公里；南距吕梁市离石区 139 公里；西距陕西黄河东岸 25 公里；北距保德县城 120 公里；距山西省会太原市 274 公里；距首都北京 720 公里。县域内地形多为高山丘陵，平原较少，交通不便，使本县的国民经济发展和资源开发利用受到严重制约。

2. 地貌

县境东北、东南、西南三面环山，西临黄河，中有诸多谷槽。主要有八大山：黑茶山、大坪头山、二青山、大度山、石楼山、双双山、石猴山、浩浸山；六条河：黄河、蔚汾河、岚漪河、南川河、交楼河、湫水河；三道川：县川、南川、北川。山河交替，沟壑纵横，山川层叠，沉隆起伏，构成东北宽而西南窄的蘑菇状形态。因地势东北高西南低，至东向西倾斜，故地貌分区特征明显：东部为剥蚀溶蚀构造地形土石中山区，面积约 827 平方公里，海拔高度在 1300～2200 米之间；西部为侵蚀堆积地形的丘陵河谷区，面积约 1992 平方公里，海拔高度在 725～1200 米之间，其中河川宽谷地带主要位于岚漪河和蔚汾河及其支流南川河、交楼河和湫水河等河道两侧，宽度约 500～1500 米，面积约 100 平方公里；东西之间，白家沟至固贤南北一线，为低中山区，海拔高度 1000～1350 米，面积约 346 平方公里。

3. 地质构造

兴县地处鄂尔多斯黄土高原东部边缘，区内地层发育齐全，主要有太古界、元古界、下古生界、上古生界、中生界和新生界。

该县的地质构造西部简单东部复杂。从已出露的地质层状来看，总体上表现为向西倾斜的单斜构造。从东向西地层倾角逐渐变缓，从十几度至几十度的倾角缓缓插入黄河之下，其间伴有平缓的褶曲，所处构造部位归属黄河东岸—吕梁山西坡北向挠褶带的北部，主要表现为一些走向南北或近南北的平缓褶曲构造。其次中部有一组从北向东延伸的平缓褶曲，它与东部北东向构造有密切联系。南部紫金山—大渡山为中心的隆起构造形态。

4. 气候

兴县属暖温带大陆性季风气候。其基本特征是冬季漫长，寒冷干燥；夏季较短，炎热多雨；春季干旱多风，气温回升快；秋季凉爽，降水强度减弱。

降水年际变幅大，多年平均降水量 625 毫米，降水分布为由东向西递减。主导风向为东风，次之为西风，占风向总率的 47%。

5. 河流水系与水文地质

（1）地表水

兴县地势东高西低，河流及沟谷发育。较大河流有岚漪河、蔚汾河、湫水河，这些河流与其它沟道组成一系列树枝状水系。总流向由东向西，均属黄河支流。

（2）地下水

兴县位于吕梁背斜四翼，境内地层从东到西由老变新，并呈 5°～15° 倾角西倾。沟谷发育，地表水排泻通畅。随着地层的变化，地下水的储存及分布也有明显差异。东部的古老变质岩构造裂隙及风化裂隙发育，裂隙水较丰富。恶虎滩至车家庄的寒武系、奥陶系石灰岩溶水，储量大，水质好。车家庄以西的大部分区域为石灰系、二叠系、三叠系砂页岩，地层构造简单，岩层平缓，裂隙不发育，含水较少。

兴县地下水类型较多，但水质类型基本相同，除个别地段受煤矿煤层地质影响和工业废水污染外，一般全属于一级好水，不加任何处理，完全适宜生活、工业及农业灌溉用水的水质标准。

6. 自然资源

兴县国土面积为 3165 平方公里。土地资源特点是国土面积大，资源相对丰富，生产潜力较大。但大部分为黄土丘陵区，山高坡陡、沟壑纵横、植被稀少。

兴县矿产以煤最为丰富，为全县第一优势矿种，资源总量达到 461.54 亿吨，含煤面积占全县总面积的 63.2%。

铝土矿资源是兴县的突出优势矿种，远景储量大于 5 亿吨，探明储量为 2.79 亿吨。铝矿分布集中，便于开采，部分矿区埋藏浅宜于露天开采。铝矿品位具有铝高、硅低、中高铁、灼减量小等特点，居全省之首。且与保德县偏梁铝土矿相连，构成一个储量大、质量高的富矿区。同时与本县丰富的水资源、矿产资源、土地资源相匹配，形成建设大型铝厂的空间组合优势。

除煤铝外，兴县还拥有比较丰富的石英、石墨、石灰石、白云岩等资源，储量可观，品种较高，可开发利用价值大。

兴县水资源总量约为 20954 万立方米/年，其中地表水资源量为 15200 万立方米/年，地下水资源量为 5754 万立方米/年，储量较为丰富。

二、建置沿革

兴县，战国属赵。秦属雁门郡。西汉为汾阳县（治今岚县古城村）地（《元和郡县志》卷十四），属太原郡。东汉，汾阳县废，汉灵帝、献帝时，为匈奴所据。三国、西晋属羌胡。十六国时，先后属前赵、后赵、前燕、前秦、后燕。南北朝，属北魏，孝昌二年（526）属广州秀容郡（今岚县古城村）。

北齐始置蔚汾县，后魏于蔚汾谷置蔚汾县。北周属北朔州（治马邑）广安郡（治朔州城区）。隋大业四年（608），改蔚汾为临泉。

唐高祖武德三年（620）改名临津，属东会州。六年东会州改名岚州，县属之。九年废太和县，并入临津。贞观元年（627）改名合河县。

明洪武二年（1369），改兴州为兴县，隶属太原府。明洪武九年属岢岚州。

1912（中华民国元年），属山西省政府，1913年，隶中路观察使，1914年属冀宁道。1924年，属山西省政府。1937年，属山西省第二战区行政公署第四专署。1940年，建立抗日民主政权，隶山西省第二游击区公署，后改晋西北行政公署。1945年，属晋绥边区一专署。1948年，属五寨中心区。1949年9月，兴县专区成立，辖兴县、临县、离石、方山、岚县、偏关、神池、五寨、河曲、保德、岢岚11县，专署驻兴县。

1952年兴县属忻县专员公署，1958年属晋北专员公署，1961年复属忻县专员公署后归吕梁专员公署。

1964年8月，改行政乡（镇）村制。设置城关、康宁、蔡家会、罗峪口、高家村、瓦塘、魏家滩7镇，其余17公社改为17个乡，下辖474个村民委员会，1个居民委员会。

1988年，全县分为7个镇、17个乡、467个村民委员会、1个居民委员会、822个自然村。

2002年，撤乡并镇，肖家洼、关家崖乡并入城关镇改名蔚汾镇；裴家川口乡并入瓦塘镇；木崖头乡、白家沟乡并入魏家滩镇；杨家坡乡并入蔡家崖乡；小善乡并入孟家坪乡。

2005年底，兴县共设7镇10乡，372个行政村，总人口28.12万人。

三、社会经济发展概况

1. 人口

根据统计资料，2005年末兴县总人口281219人，人口总量在吕梁市13个县（市、区）中排第6位，仅次于临县、孝义市、文水县、汾阳市、柳林县。总人口中城镇人口52897人，乡村人口228322人，城镇人口比重18.81%，男性人口144206人，女性人口137013人，男女性别比为105.25。全县人口密度为88.8人/平方公里，相当于同期吕梁市和山西省平均水平的0.56和0.42，属于省内人口稀疏县市之一。

兴县属于山西省内人口稀疏区，其人口地域分布受自然条件及社会、经济发展影响较大，地域差异明显。

从人口在不同地貌类型土地上的分布情况来看，境内中部是河谷平原区，人口分布最为稠密，此外人口密度在谷地平原区、丘陵区、山地地区逐次降低，到兴县东南部山区，广袤的山地地区几乎无人口分布，乡村居民点极少。

在兴县境内居民点的空间分布情况来看，县域形成了1条人口密集分布带，即蔚汾河河谷沿线地区，共分布了包括蔚汾镇在内的5个乡镇（高家村镇、蔡家崖乡、蔚汾镇、奥家湾乡、恶虎滩乡），此外还分布有大量的人口规模相对较大的乡村居民点，5乡镇人口约占到全县总人口的47.3%。蔚汾河河谷人口密集分布地区水土条件较好，区位优越，交通便利，构成了县域内的人口分布密集轴带，它是县域内人口分布的重心，亦是兴县城镇体系构建和发展的重心所在。

从不同地貌类型地域人口来看，兴县东南、西南两侧山地丘陵区人口在逐渐减少，有向中部河谷地区集聚的趋势。

从2000—2005年历年各乡镇人口动态变化过程可知，蔚汾镇、魏家滩镇、瓦塘镇3个城镇人口增长较快，年均递增率均高于全县人口递增率，其余14个乡镇人口增长较为缓慢，尤其罗峪口镇、东会乡2个乡镇人口流失较为严重。

兴县各乡镇人口增长变化与社会、经济发展状况直接相关。人口持续快速增长的3个城镇正是兴县近年来经济社会发展迅速地区，而人口持续下降的乡镇所处区域多数自然条件差，社会、经济发展落后，尤其罗峪口镇、东会乡、赵家坪乡、圪垯上乡、贺家会乡等乡镇，人口综合递增率低于人口自然增长率，机械增长率为负值，人口在不断外迁。

2. 经济发展

2005 年，全县完成国内生产总值 6.1 亿元，比上年增长 46%，"十五"期间年递增率 30.3%，比"九五"期间翻了近两番。财政总收入完成 7586 万元，年递增 38.5%，是"九五"期末的 4 倍，但在吕梁市 13 个县（市、区）中排第 10 位，全省第 97 位。

农民人均纯收入 1050 元，低于同期山西省人均指标 2891 元和吕梁地区人均指标 1973 元。农民人均纯收入在山西省 108 个县（市、区）中排第 100 位，在吕梁市 13 个县（市、区）中排第 8 位。城镇居民人均可支配收入 6713 元。

第十五章　规划背景与规划总则

一、规划背景

我国国民经济和社会发展"十一五"规划把城乡统筹发展推进城镇化列为重大战略工程，指出"坚持大中小城市和小城镇协调发展，提高城镇综合承载能力，按照循序渐进、节约土地、集约发展、合理布局的原则，积极稳妥地推进城镇化，逐步改变城乡二元结构"。同时指出"对于人口分散、资源条件较差、不具备城市群发展条件的区域，要重点发展现有城市、县城及有条件的建制镇，成为本地区集聚经济、人口和提供公共服务的中心"。各地开始积极开展城镇体系规划编制工作，以求合理解决区域范围内各要素之间的相互联系及相互关系，协调区域与外部环境之间的关系，为城镇的合理布局及下一步城镇总规划的编制提供基础，切实可行地推进城镇化战略的实施。

2004 年，山西省制定《山西省城镇化发展纲要》，确定全面进行小康社会建设，统筹城乡关系，把城镇化摆到全省经济社会发展的战略地位。实行城镇龙头带动战略，实行城镇化和工业化互动发展战略，实行城镇转型发展战略，加快城镇化发展进程，提高城镇化发展的质量效益，提升城镇的竞争能力和辐射带动能力。兴县作为吕梁市北部重要的城市，县域城镇体系规划的编制势在必行。

兴县是资源大县，县域内矿产资源丰富，具备建设循环经济综合示范基地的条件；兴县是山西省国土面积最大的县，但受地形条件影响可用于建设的用地十分有限，尤其是县城的发展受到极大制约。响应国家号召进行社会主义新农村建设，必须进行城乡空间结构重组。县域内经济社会发展尤其是工业发展与旅游资源开发、土地资源保护、生态环境保护较为突出，为解决以上问题和保障兴县在社会、经济建设中实现可持续发展，合理确定县域产业布局以及各城镇的地位与分工协作关系，迫切需要编制兴县县域城镇体系规划。

二、规划总则

1. 规划依据
(1)《中华人民共和国城市规划法》(1989)
(2) 建设部《县域村镇体系规划编制暂行办法》(2006)

（3）山西省建设厅《山西省县域城镇体系规划编制和审批办法》（2003）

（4）《山西省城镇体系规划》（报批稿 2004.11）

（5）《兴县县城总体规划》（2000－2020）

（6）《吕梁市国民经济和社会发展第十一个五年规划纲要》（2006）

（7）《兴县国民经济和社会发展第十一个五年规划纲要》（2006）

（8）《兴县土地利用总体规划》

（9）山西省委、省政府《关于加快发展县域经济的若干意见》（2005.6）

（10）国家、省、市其它相关的法规、政策、条例。

2. 规划指导思想与原则

指导思想：

面向全面建设小康社会的基本目标，以科学发展观和"五个统筹"的重要思想为指导，促进农业产业化、工业化和城镇化的协调发展，使经济、社会和环境效益相统一。贯彻集约和节约利用土地的原则，抓住城乡经济结构调整和区域空间结构优化两条主线，突出人口集中、产业集聚、基础设施与社会服务设施共享和空间分区管制的调控思路，体现城镇体系规划的战略性、宏观性和政策性特征，提高针对性和可操作性，构建科学合理的城乡空间体系。

规划具体坚持以下基本原则：

——因地制宜原则

因地制宜原则有两个层面内涵：①根据宏观区域中的经济发展状况，重点明确兴县在宏观经济区域中尤其是离柳中经济区中所处的地位和作用；确定其在宏观区域产业梯度中所承担的任务；②根据兴县内部的经济发展状况，确定建立县域一、二、三产业间循环产业链的策略。

——经济发展与城镇化协调原则

规划立足于县域经济发展阶段和速度，确定合理的城镇化发展速度，防止过城镇化的出现。

——城乡统筹发展规划原则

规划突出城乡空间的统筹发展，以人口与经济活动的空间布局调整为手段，重组人口与生产要素的空间分布，力求促进人口和经济活动的地理集中，提高区域经济社会发展的集约程度。注重引导城乡居民点体系、基础设施、社会服务设施和生态环境的统筹建设，推动城乡空间的整体、协调发展。

——集约和节约利用土地的原则

规划立足于在城镇建设当中，合理高效地利用土地。在城镇建设中占用耕地，应保证补偿同等数量和质量的耕地，确保占补平衡。

——可持续发展原则

规划突出县域重要的生态区位特点，立足于区域的可持续发展，统筹安排区域自然与人文资源开发利用和生态环境的保护，严格控制城镇建设用地投入总量，严格控制开发建设对自然生态环境的冲击，注重历史文化遗存的保护，创造良好的生态环境，继承和发扬城镇传统文化。

3. 规划重点

根据建设部《县域村镇体系规划编制暂行办法》的要求，结合兴县区域发展实际要求，本次规划重点解决以下几个问题：

——城镇化动力问题

——产业和城乡居民点协调布局问题

——县域基础设施与社会服务设施共建共享问题

——区域建设管制开发与生态环境保护协调问题

4. 规划范围与规划期限

（1）规划范围

城镇体系是指在一个相对完整的地域里，由不同职能分工、不同等级规模、联系密切、互相依存的城镇组成的群体。本次城镇体系规划以行政区划为界定规划区域范围的依据，规划范围确定为：兴县行政辖区范围。

（2）规划期限

本次城镇体系规划期限为 2006－2020 年，其中近期为 2006－2010 年，远期为2011－2020 年，部分内容远景展望到 21 世纪中叶。

第十六章 城镇体系发展条件分析

一、宏观背景分析

1. 宏观政策背景

（1）全面建设小康社会

党和国家提出全面建设小康社会的奋斗目标，当前时期具有承前启后的历史地位，既面临难得机遇，也存在严峻挑战。

我国具备保持经济平稳较快发展和社会和谐进步的有利条件。城乡居民消费结构加速升级，将带动产业结构加快调整和城镇化加快发展，市场潜力巨大。劳动力资源丰富，国民储蓄率较高，基础设施不断改善，产业配套能力较强，科技教育具有较好基础，社会政治保持长期稳定。改革向纵深推进，社会主义市场经济体制逐步完善，将进一步激发社会活力和发展动力。和平、发展、合作成为当今时代的潮流，世界政治力量对比有利于保持国际环境的总体稳定，经济全球化趋势深入发展，科技进步日新月异，生产要素流动和产业转移加快，我国与世界经济的相互联系和影响日益加深，国内国际两个市场、两种资源相互补充，外部环境总体上对我国发展有利。

在前进道路上还存在不少困难和问题。我国正处于并将长期处于社会主义初级阶段，生产力还不发达，制约发展的一些长期性深层次矛盾依然存在：耕地、淡水、能源和重要矿产资源相对不足，生态环境比较脆弱，经济结构不合理，解决"三农"问题任务相当艰巨，就业压力较大，科技自主创新能力不强，影响发展的体制机制障碍亟待解决。"十五"时期在快速发展中又出现了一些突出问题：投资和消费关系不协调，部分行业盲目扩张、产能过剩，经济增长方式转变缓慢，能源资源消耗过大，环境污染加剧，城乡、区域发展差距和部分社会成员之间收入差距继续扩大，社会事业发展仍然滞后，影响社会稳定的因素还较多。国际环境复杂多变，影响和平与发展的不稳定不确定因素增多，发达国家在经济科技上占优势的压力将长期存在，世界经济发展不平衡状况加剧，围绕资源、市场、技术、人才的竞争更加激烈，贸易保护主义有新的表现，对我国经济社会发展和安全提出了新的挑战。

在战略机遇与矛盾凸显并存的关键时期，要有高度的历史责任感、强烈的忧患意识和宽广的世界眼光，准确把握我国发展的阶段性特征，立足科学发展，着力自主创新，完善体制机制，促进社会和谐，全面提高我国的综合国力、国际竞争力和抗风险能力，开创社会主义经济建设、政治建设、文化建设、社会建设的新局面，为后十年顺利发展打下坚实基础，奋力把中国特色社会主义事业推向前进。

（2）全面贯彻落实科学发展观

国民经济持续快速协调健康发展和社会全面进步，要以邓小平理论和"三个代表"重要思想为指导，以科学发展观统领经济社会发展全局。坚持发展是硬道理，坚持抓好发展这个党执政兴国的第一要务，坚持以经济建设为中心，坚持用发展和改革的办法解决前进中的问题。发展必须是科学发展，要坚持以人为本，转变发展观念、创新发展模式、提高发展质量，落实"五个统筹"，把经济社会发展切实转入全面协调可持续发展的轨道。

2. 宏观经济背景

（1）全国经济环境

发展的指导思想和原则

国家"十一五规划"提出国家经济发展的指导思想和原则如下：

①必须保持经济平稳较快发展。要进一步扩大国内需求，调整投资和消费的关系，合理控制投资规模，增强消费对经济增长的拉动作用。正确把握经济发展趋势的变化，保持社会供求总量基本平衡，避免经济大起大落，实现又快又好的发展。

②必须加快转变经济增长方式。要把节约资源作为基本国策，发展循环经济，保护生态环境，加快建设资源节约型、环境友好型社会，促进经济发展与人口、资源、环境相协调。推进国民经济和社会信息化，切实走新型工业化道路，坚持节约发展、清洁发展、安全发展，实现可持续发展。

③必须提高自主创新能力。要深入实施科教兴国战略和人才强国战略，把增强自主创新能力作为科学技术发展的战略基点和调整产业结构、转变增长方式的中心环节，大力提高原始创新能力、集成创新能力和引进消化吸收再创新能力。

④必须促进城乡区域协调发展。要从社会主义现代化建设全局出发，统筹城乡区域发展。坚持把解决好"三农"问题作为重中之重，实行工业反哺农业、城市支持农村，推进社会主义新农村建设，促进城镇化健康发展。落实区域发展总体战略，形成东中西优势互补、良性互动的区域协调发展机制。

⑤必须加强和谐社会建设。要按照以人为本的要求，从解决关系人民群众切身利益的现实问题入手，更加注重经济社会协调发展，千方百计扩大就业，加快发展社会事业，促进人的全面发展；更加注重社会公平，使全体人民共享改革发展成果；更加注重民主法制建设，正确处理改革发展稳定的关系，保持社会安定团结。

⑥必须不断深化改革开放。要坚持社会主义市场经济的改革方向，完善现代企业制度和现代产权制度，建立反映市场供求状况和资源稀缺程度的价格形成机制，更大程度地发挥市场在资源配置中的基础性作用，提高资源配置效率，切实转变政府职能，健全国家宏观调控体系。统筹国内发展和对外开放，不断提高对外开放水平，增强在扩大开放条件下促进发展的能力。

发展的政策导向

根据上述指导思想和原则，针对发展中的突出矛盾和问题，要进一步调整推动发展的思路，转变推动发展的方式，明确推动发展的政策导向。

①立足扩大国内需求推动发展，把扩大国内需求特别是消费需求作为基本立足点，促使经济增长由主要依靠投资和出口拉动向消费与投资、内需与外需协调拉动转变。

②立足优化产业结构推动发展，把调整经济结构作为主线，促使经济增长由主要依靠工业带动和数量扩张带动向三次产业协同带动和结构优化升级带动转变。

③立足节约资源保护环境推动发展，把促进经济增长方式根本转变作为着力点，促使经济增长由主要依靠增加资源投入带动向主要依靠提高资源利用效率带动转变。

④立足增强自主创新能力推动发展，把增强自主创新能力作为国家战略，促使经济增长由主要依靠资金和物质要素投入带动向主要依靠科技进步和人力资本带动转变。

⑤立足深化改革开放推动发展，把改革开放作为动力，促使经济增长由某些领域相当程度上依靠行政干预推动向在国家宏观调控下更大程度发挥市场配置资源基础性作用转变。

⑥立足以人为本推动发展，把提高人民生活水平作为根本出发点和落脚点，促使发展由偏重于增加物质财富向更加注重促进人的全面发展和经济社会的协调发展转变。

（2）山西省经济环境

山西省是我国重要的能源基地之一，境内矿产和旅游资源丰富。我省经济和社会发展在新的发展时期提出新的指导思想是：坚持以邓小平理论和"三个代表"重要思想为指导，坚持以科学发展观统领经济社会发展全局，围绕全面建设小康社会的总目标，抓住国家促进中部地区崛起的战略机遇，继续深入推进经济结构调整，坚持加快科学发展、建设和谐山西、致力求真务实的总体要求，加快新型工业化、特色城镇化进程，在培育优势产业、转变增长方式、统筹城乡发展、创新体制机制、扩大对外开放、实施科教兴晋和人才强省战略上实现新突破，提高综合经济实力、提高可持续发展能力、提高和谐社会建设水平、提高人民生活质量，努力建设国家新型能源和工业基地，构建充满活力、富裕文明、和谐稳定、山川秀美的新山西。

根据这一指导思想，今后五年推进经济与社会发展要把握好以下原则：

①坚持把科学发展观统领下的加快发展作为鲜明主题。山西省属经济欠发达省份，加快发展的任务十分繁重。我们务必坚持发展是硬道理的战略思想，坚持把发展作为第一要务，千方百计加快发展。然而，发展不能是盲目的发展，不能片面追求经济增长速度，必须在科学发展观的指引下，切实转变发展观念，创新发展思路，丰富发展内涵，增添发展动力，拓展发展空间，提升发展水平，加快步入科学发展的轨道，努力实现经济社会更快更好地发展。

②坚持把调整经济结构、转变经济增长方式作为突出主线。经济增长方式粗放落后，产业结构单一，过于依赖煤炭资源，生态环境压力太大，是制约山西省加快发展的主要因素。我们务必把科技创新作为调整产业结构、转变经济增长方式的中心环节，贯穿于经济工作的所有方面和全部过程，务必把改善生态、节约资源、保护环境放到突出位置，采取更加切实有效的措施，务求取得更加积极的成效。

③坚持把改革开放和科技进步作为发展的主要动力。改革开放滞后，体制机制束缚，人才相对不足，科技对经济发展的支撑力较弱，使我省经济社会发展缺乏足够的动力。今后五年我们务必坚定不移地推进改革，突破体制机制障碍；坚定不移地扩大开放，为经济社会发展注入活力；坚定不移地实施科教兴省和人才强省战略，提高自主创新能力，加快建设地区创新体系，实施人才培养工程，为经济与社会发展提供强大的智力支持。

④坚持把统筹城市与农村、经济建设与社会事业协调发展作为发展的重大任务。城市与农村、经济与社会发展不够协调，农村与社会事业发展滞后，是我省目前经济社会发展的薄弱环

节。我们务必按照科学发展观和构建社会主义和谐社会战略思想的要求，在加快发展中更加注重解决农村、农业和农民的问题，坚持多予、少取、放活，提高农民生活水平；更加注重加快发展各项社会事业，解决好人口、资源和生态环境问题，逐步建立城市带动农村、工业支持农业的长效机制，努力实现城市与农村、经济与社会互为促进、协调发展。

⑤坚持把不断提高人民生活水平作为发展的根本目的。城乡人民收入和生活水平提高缓慢，是山西省面临的突出问题。我们务必把不断提高人民生活水平作为政府决策和工作的出发点和落脚点，作为推动经济社会发展的根本目的。通过加快经济社会发展，解决民生重大问题，实施扩大就业、合理调节分配关系、完善社会保障体系和社会救助制度等政策措施，不断满足人民日益增长的物质和精神文化需求，让人民群众普遍享受发展成果。

（3）吕梁市经济环境

吕梁市位于黄河北干流东岸，山西省中部西侧，地处我国经济承东启西的战略通道。现辖2市1区10县，共151个乡镇，4635个行政村。2005年总人口350.4万人。

2005年吕梁市实现国内生产总值309亿元，人均GDP 8556元；财政总收入60.08亿元。一、二、三产业结构为6.7：60：33.3。经济增长模式正在由粗放型向集约型转变，经济结构逐步优化。

吕梁市总面积21131平方公里，折合3169.9万亩，其中耕地面积853.58万亩，园地22.44万亩，林地1063.92万亩，牧草地99.76万亩，其它农用地213.08万亩，居民点及工矿用地108.87万亩，交通用地7.79万亩，水利设施用地3.07万亩，未利用土地756.35万亩，其它土地41.04万亩。在总耕地面积853.58万亩中有水浇地133.1万亩，占总耕地面积的15.6%，川平梯垣地239.38万亩，占28%，坡地481.42万亩，占56.4%。农业人均占有耕地3.31亩。从整体情况看，沿黄山区9县（市）自然条件差，沟壑纵横，植被稀疏，地表黄土抗蚀能力弱，水土流失严重，造成土地瘠薄，农业生产低下，人民生活贫困，生态环境恶化。平川4县（市）相对地势比较平坦，属晋中盆地边缘，是本区主要农作物产区。

吕梁市多年平均降水量为506毫米，水资源总量14.5亿立方米，其中地表水（河川径流）量11.1亿立方米，地下水资源量8.9亿立方米，重复量5.5亿立方米。

吕梁市矿产资源丰富，种类多、分布广。目前已经发现的各类矿产资源40种，产地407处，其中大型矿产地40处，中型矿产地63处，小型矿产地30处，矿点及矿化点274处。吕梁市突出资源是煤炭、铝土矿、耐火粘土、石灰岩、白云岩、石棉、硅矿和含钾岩石等，其它如硫铁矿、石膏、大理石等非金属矿产，虽无探明储量，但多年来一直被群众开采利用。另外，煤层气、膨润土、紫砂陶土、石墨、花岗岩等有一定成矿远景。

吕梁市突出优势资源是煤炭，全市含煤面积11460平方公里，分布在河东、霍西、西山、宁武四大煤田，占全市总面积的54.2%。预测储量1538亿吨，已勘探面积2280平方公里，占含煤面积的19.9%；探明储量298.6亿吨，占预测储量的19.4%。煤质优良、煤种齐全，其中焦煤114.48亿吨，瘦煤61.66亿吨，气煤53.63亿吨，肥煤64.65亿吨，贫煤4.09亿吨，无烟煤0.09亿吨。吕梁市含煤面积普遍为上石炭系山西组和太原组，绝大部分地区地质构造简单，埋藏较浅，水资源相对集中，煤水结合条件好，具有建设周期短、投资少、见效快，适于大规模开发的条件。

吕梁市相对优势资源是铁、铝，吕梁市铁矿分布广，蕴藏量大。目前已知的矿床13处矿点及矿化点68处，已探明储量10.25亿吨，占山西省铁矿探明储量的36%。其中岚县袁家村矿区探明储量8.95亿吨，是山西省已知铁矿中最大的一个矿。还有一部分探明储量分布在交城县席麻岭和孝义西河底。另外交口、离石、柳林、中阳、临县都有铁矿蕴藏，且被群众开采利用。

吕梁市铝土矿资源丰富，在省内占首位。储量大、质量好，大部分可露天开采，主要分布在兴县东部、中阳北部、孝义西部、临县、离石、柳林、交城也有矿点分布。吕梁市现有产地38处，其中大型14处、中型14处、矿点10处。探明保有储量2.6亿吨，远景储量4.7亿吨。矿石成分：三氧化二铝60%～80%，二氧化硅1%～20%，铝硅比在5以上。并且普遍含有益元素镓，含量为0.0047%～0.0076%，符合综合利用的条件。

3. 宏观城镇化背景

城市作为人类社会和经济生活的主体，在国民经济运行和社会发展进程中发挥着主导作用，全世界对城镇化现象有了积极认识，并将城镇化视为不发达国家和地区谋求发展的必要条件，促进经济增长的主要手段。我国"十一五规划"把城乡区域发展趋向协调，社会主义新农村建设取得明显成效，城镇化率提高到47%。各具特色的区域发展格局初步形成，城乡、区域间公共服务、人均收入和生活水平差距扩大的趋势得到遏制作为重要目标和任务。

为了促进城镇化发展，山西省实施了一系列城镇化战略，撤并乡镇、培育中心城镇、改革户籍制度。这些都极大促进了城镇化进程的加快，在吕梁市国民经济和社会发展十一五规划中提出到2010年城镇化水平达到35%，到2020年城镇化水平达到50%。

4. 区域重大工程设施的建设背景

（1）通过国民经济结构战略性调整，树立新的发展观，转变经济增长方式，走新型发展道路，完成从"高消耗、高污染、低效益"向"低消耗、低污染、高效益"转变。促进产业结构优化升级，减轻资源环境压力，初步建立起可持续发展的绿色经济体系。推进城乡一体化步伐，提高城镇化水平，实现工业与农业、城市与乡村的协调发展。到2020年建成全国最大的优质主焦煤基地、著名的焦炭基地、铝工业基地；建成全国驰名的绿色小杂粮基地、优质红枣基地和富有黄土高原特色的吕梁山风光、黄河旅游生态区。到2020年吕梁市国内生产总值达到642亿元，年平均增长11%左右，人均国内生产总值达到2000美元，财政总收入130亿元，城镇居民可支配收入13700元，农村居民可支配收入6500元，城镇化率达到50%。

（2）加大扶贫开发力度，进一步改善贫困山区的基本生产、生活条件，加强基础设施建设，改善生态环境，按照优质、高产、高效、生态、安全和产业化的要求，依靠科学技术搞好优势区域、优势产品布局、大力发展避灾农业、特色农业、生态农业、无公害农业和生态畜牧养殖业，培育有特色的优势农产品，逐步改变贫困乡村经济、社会、文化的落后状况，提高贫困人口的生产质量和综合素质，巩固扶贫成果，尽快使尚未脱贫的64.3万农村人口解决温饱问题，并逐步过上宽裕型小康生活。

（3）合理开发和集约高效利用资源，提高资源利用率，利用市场机制建立资源可持续利用的保障体系和重要资源战略储备安全体系，促进资源可持续利用。

（4）加强基础设施建设，增强经济发展后劲。建设苛瓦铁路通道。到2020年实现国道高速路，省道一级路，县际二级路，乡镇通油路，村村通公路。二是加强以河道治理为重点的防洪工程建设，抓好湫水河、岚漪河、蔚汾河等灌区的灌溉及供水工程建设。整治加固黄河大北干流等河流河道的防洪设施建设，提高离石、孝义、汾阳、交城、柳林、兴县，临县7个省定防洪重点县的防洪标准，使全市达到抗百年不遇洪水的能力。三是加快电力设施建设。完善电网结构，使全市电网装备水平满足生产生活用电需求。

5. 城镇自身建设和发展的需要

兴县在总结自身城镇建设经验的基础上为了改善城镇环境，加快城镇建设速度，保护历史文物，发展旅游事业，急切需要一个高标准的规划对建设进行指导和控制，以适应未来建设和发展的需要。

二、区域发展背景

1. 山西省城镇布局结构调整构想

全省城镇体系应当采取"中心集聚、轴线拓展，外围协作，分区组织"的非均衡发展策略，形成以太原为中心，以南北纵贯的大运高速公路、同蒲铁路及其沿线基础设施为主脉，向东西两翼地带拓展的交通基础设施为支脉的"叶脉型"城镇布局基本框架，以及由晋北、晋中、晋南、晋东南4个一级城市经济区和13个二级城市经济区组成的城镇空间组织体系。

晋中经济区包括太原、忻原、介孝汾、离柳中、阳泉、宁武6个二级经济区。

2. 离柳中经济区

（1）范围与发展条件

离柳中经济区包括吕梁1市，柳林、中阳、方山、临县、岚县、兴县6县，土地面积1.37万平方千米，人口179.4万人，实际城镇化水平21％，是全省经济发展水平最低的一个经济区。区内矿产资源比较丰富，煤、铁、铝土矿储量较丰，尤以煤、水资源在局部地区组合良好，区域城镇化尚属于发展初期，行政中心的辐合效应是当前城镇化的主要动力。

（2）区域定位与城镇化目标

黄河中游重要的生态环境综合治理区，山西新兴煤电能源基地，山区林牧综合开发经济区。

（3）空间组织

根据区内外经济联系，采取据点式开发模式，形成一心、一极、二片的空间布局结构。一心即吕梁市区，是区域行政、文化、第三产业发展中心；一级即离柳中三角区域，通过重点建设与投资，形成由3个复合中心构成的区域增长极；二片即以离石为中心，离柳中为核心区包括临县、方山的南片区，主要与介孝汾区加强经济联系，兴、岚2县构成北片区，主要与忻原、晋西北区加强区际联系。

3. 吕梁市发展战略

按照服务功能定位、文化底蕴定位、自然特色定位、模式多样化的原则，以吕梁市中心城市和孝义、汾阳次中心城市为龙头，县城和中心集镇为支点，构建"两心、两轴、三片区"城镇体系，山上形成以吕梁市区为中心的城镇群，山下形成以孝义、汾阳为次中心的城镇带，到2010年城镇化水平提高到35％。重点引导吕梁市及孝义、汾阳3个区域中心城市，形成两个经济中心，即离柳经济中心、孝汾经济中心，分别辐射离石、中阳、柳林、方山、石楼、兴县、临县、岚县1区7县和孝义、汾阳、文水、交城、交口2市3县以及周边地区。

4. 兴县发展战略

以科学发展观统领全局，坚持"五五兴县战略"，全力培育煤、电、铝、化、林五大主导产业，突出抓好"大项目、大城建、大交通、大教育、大环境"五大发展战略重点，全面加快以扶贫开发为重点的社会主义新农村建设步伐，着力构建经济繁荣、人民富裕、环境友好的新兴县。

5. 政策背景

（1）国家、省、市的"两区"政策

国务院提出加大财政转移支付力度和财政性投资力度，支持革命老区加快发展。

山西省政府提出积极争取国家对晋西北革命老区的政策支持，加快老区、山区脱贫致富步伐。

（2）国家、省、市的项目支持

兴县的建设发展是山西省委、省政府按照国家"中部崛起"的战略部署，依据省情制定的重大举措，吕梁市对项目的实施也给予大力支持，国家、省委、省政府、吕梁市的政策支持为兴县项目建设提供了有力的制度保障。

三、县域城镇体系发展基础分析

1. 发展优势

（1）农副产品资源丰富，农副型轻工业发展潜力大

兴县各级农业部门积极引导农民大力调整种植业内部结构，在打破传统"粮食为主，土豆当家"的种植结构基础上，大力培育农业产业化主导产业，初步形成了红枣、豆面、蔬菜为主导的三大种植业产业格局。

兴县地处黄土高原，吕梁山系北部边缘区，宜林地面积较大，林产品及副产品丰富。

畜牧业发展条件优越，天然牧坡较多，草源丰富，宜放牧。

（2）旅游资源丰富，有自己独特的优势

（3）临近地区工业型基础矿产资源丰富，水资源较为丰富

2. 制约因素

（1）区位条件比较差，区域性基础设施还不完善

区位条件是城镇形成和发展的重要条件。兴县地理区位对经济与城镇发展较为不利，主要表现在：

①从交通区位来看，境内无国家级公路干线及铁路线路通过，因山势阻隔县域对外交通联系不便。

②从经济区位来看，兴县位置偏僻，处于山西省西部经济滞后地区，远离山西省内经济较发达地区，县域经济与城镇发展缺乏广泛的腹地，特别是农副产品加工型轻工业和商业贸易、旅游等产业因远离消费市场而活力不足。

③从区域城镇体系来看，兴县与周边城镇体系群联系不太紧密，因地形原因，处于一个相对封闭区域，不能享受到城镇化过程中较发达城镇所能带来的经济、技术、信息以及消费市场的辐射，城镇化动力欠缺。

④从基础设施条件来看，县域公路网等级较低，电力系统还比较脆弱，综合防灾能力还有待加强。综合基础设施水平还远远不能弥补其区位条件所带来的劣势影响。

（2）产业基础较差，经济发展水平不高

本县由于地处中纬度内陆黄土高原地区，气候条件较为恶劣，像干旱、洪涝、冰雹、霜冻等气候灾害较为严重，导致农业生产不太稳定，年际变化较大。另外，由于工业区位条件较

差，对资金技术人才等的吸引力不够，导致工业实力不强，工业技术水平不高，工业结构仍以传统重工业为主。由于一、二产业发展水平较差，导致县域居民人均收入偏低，2005 年，人均国内生产总值仅 2169 元，农民人均纯收入仅为 1050 元，分别居吕梁市域 13 县（市、区）的第 10 位和第 8 位，从而导致县域第三产业发展滞后，对国民经济的推动力不足。

（3）资源开发投入不足，开发深度不够

从 2005 年兴县农林牧副业总产值构成来看，作为吕梁市林牧业小杂粮基地县，其林牧产品开发及深加工业亟待增强。另外，像兴县名优特产"红枣、豆面"虽然在省内外以及世界上享有盛名，但由于产业投入和市场运作较差，还仅仅停留在地方农产品水平，没有创造出具有市场竞争力的品牌。从县域内具有地区比较优势的矿产资源来看，其煤、电、铝、化材等资源开发还处于低附加值开发。兴县旅游资源虽然比较丰富，像"两馆一园"、"两山一洞"极具开发潜力，但目前运作的并不好，旅游产业还处于低级开发水平，美丽风景仍然藏入深山无人知。

3. 城镇发展条件综合评价

根据兴县实际，选取地形地貌条件、资源条件、交通条件、城镇现有基础、农业生产条件 5 个基本评价因素，每个因素又选取若干因子，组成两个层次的评价指标体系对各乡镇的发展条件进行综合评价。基本评价因素权重取值如下：地形地貌条件（0.1044）、交通条件（0.2275）、资源条件（0.2357）、城镇现状基础（0.2462）、农业生产条件（0.1862）。通过综合加权法，求得各乡镇发展条件综合评价值（R），对 R 进行分级，得发展条件优劣等级见表 16－01

表 16－01 兴县县域城镇发展条件分级表

发展条件（R）	评价	乡镇名称
＞0.8	好	县城（蔚汾镇）
0.8－0.6	中	蔡家崖乡、瓦塘镇、魏家滩镇、奥家湾乡、交楼申乡、高家村镇、康宁镇
＜0.6	差	罗峪口镇、蔡家会镇、赵家坪乡、孟家坪乡、圪垯上乡、东会乡、固贤乡、贺家会乡、恶虎滩乡

第十七章 城镇化动力机制的构建

一、城镇化动力机制基本情况

城镇化是城镇体系存在和变化的源头，城镇化动力机制是城镇体系存在和变化的基础，而城镇体系则是城镇化及其动力机制的外部表征。区域城镇化进程所处阶段和发展水平以及动力机制的强弱，直接影响到城镇体系的区域地位和三大系统特征（整体性、等级性、动态性）的表现。

从城镇体系的个性特征来看，它既不是简单的机械系统或自然系统，也不是严格的经济系统或政治系统，而是兼有自然、经济、政治、文化等多种层面的社会系统。所以，城镇体系的源头和基础——城镇化的动力机制不能单纯的理解为区域经济发展基础，它应该是由区域自然、经济、政治、文化等多种发展机制组成的，经济发展战略不过是其机制的组成部分之一。

对于城镇体系这一社会系统，和马克思政治经济学中所提到的经济基础决定上层建筑一样，城镇化动力机制的构建应该是城镇体系规划的最核心内容。由于城镇体系具有空间物质层面和文化政策层面双重特征，产业布局规划、城镇体系结构规划、社会服务设施规划等社会要素空间布局规划仅仅解决了其空间物质层面的问题，而支撑物质层面规划实现的更深层次以客、货、资金流等为主的社会流层面的问题仍需要合理的文化政策规划加以引导和推动。所以构建管理和支撑社会正常运行的政策、文化层面的城镇化动力机制将是本章节主要探讨课题。

二、城镇化动力机制的构建

1. 兴县城镇化动力机制模式的确定

通过对城镇化动力机制演进的分析，结合兴县城镇化发展水平和趋势，确定兴县城镇化动力机制模式为：多元投资、三元驱动、形象塑造、制度创新。

2. 兴县城镇化动力机制的构建

在城镇化动力机制模式的指导下，兴县城镇化发展的主要任务是大力拓展其区位条件，提升其社会知名度，推动国民经济产业化、集聚化发展，并建立起与其城镇化进程相适应的保障体制。

城镇化动力机制的构建主要体现在以下几个方面：

（1）多元投资

从城镇化发动主体看，实现城镇化的发动主体多元化，鼓励各种投资主体尤其是外来资本参与兴县县域社会经济建设，形成内外联和国家、集体、个人等多元化投资主体共同建设城市的格局。

（2）三元驱动

从动力要素看，形成城镇化外力、拉力和推力三元驱动的局面。区域对接通道的承载地建设，建设外向型经济开发区，重点实现兴县和离石区、柳林县、中阳县的经济联合。

拉力指城镇为实现其政治、经济、文化等职能对劳动力的需求带来的人口、产业等社会要素的空间集聚。从政治层面上来讲，兴县对现有行政区划进行适当调整，实现户籍制度、土地使用制度、社会保障制度等方面的改革，为产业、人口城镇集聚铺平道路。

推力指农业产业化、农村现代化和农村非农产业发展及空间布局的相对集中导致的乡村劳动力的解放及其对城镇化生活的渴求。从政策层面则是重点建立起合理的撤并点、迁村并点和农村产业引导政策。

（3）形象塑造

也是动力要素构建中的一个很重要的内容，是对兴县历史渊源、社会资源最突出特征的一个完整概括。好的形象塑造不但可以提高兴县的社会知名度，而且对其招商引资，工业和旅游业的发展都具有极大的推动作用，是兴县在经济日益市场化过程中推销自己的重要手段。

（4）制度创新

从实现机制看，制度创新是实现多元投资和三元驱动的制度保证。

第十八章　区域经济发展战略

一、战略定位

区域发展定位，主要是要明确兴县在大区域经济体系中的特色、位置和发展空间，目的是把握县域经济发展的特色、前景、空间和目标，加快区域经济发展。定位的基本方法是就该区域的资源优势、产业优势、区位优势和发展前景等进行大区域的比较分析。

根据2004年8月30日"全省经济结构调整会议"上，省委、省政府提出的"把我省建设成为国家的新型能源和工业基地"的战略定位及其发展要求，立足兴县在大区域分工中的地位，通过对兴县发展条件、区位、区域背景、现实基础的综合评价，确定兴县的区域经济发展战略定位为：以能源、冶金、化工、建材为主导的新型工业化基地，吕梁市重要的林牧业、小杂粮生产基地。

这一定位的主要依据有：

第一，为促进晋西北、太行山两大革命老区的发展，山西省委、省政府决定举全省之力。加快晋西北、太行山两区开发。山西省委、省政府的这一决定是山西经济束缚发展的一项重大决策，也是贯彻落实科学发展观和中央"中部崛起"战略的具体体现。据地质勘探资料表明，兴县煤铝水等自然资源组合优势突出。有按照循环经济理念建立"煤电铝化材"综合循环经济示范基地的有利条件，根据矿区资源分布条件和基础设施现状，按照引导产业集群发展、减少资源跨区域大规模调动的原则，围绕"煤炭、电力、冶金、煤化工、建材"五大产业，构建北区工业园区，该工业园区的建设将使兴县在经济总量上进入全省强县行列。

第二，新型工业化是一个相对的、发展的概念，其产业领域并不局限于新兴产业的范畴，也可以是具有发展潜力的传统产业。兴县工业起步较晚，尚处于工业化初期阶段，没有形成在劳动地域分工中具有一定区际意义的专业化生产部门。

新兴技术和高新技术产业在兴县并没有较大的区位比较优势；所以确定以煤电为代表的能源、冶金、化工、建材这4类传统产业仍作为兴县工业未来十几年发展的主导产业。

第三，从世界发达国家工业结构演变的历史进程看，工业化大致经历了3个时期：以轻纺工业发展为主的时期、以重化工业发展为主导的时期、以高技术工业发展为主的时期。

其中以重化工业发展为主导的时期。这个时期又分为两个阶段：第一阶段是以煤炭、电力、冶金、化学等能源、原材料工业为主的发展阶段，也称为资金密集型工业的发展阶段；第二阶段是以电子、机械等加工组装工业为主的发展阶段，也称为技术密集型工业的发展阶段。

从兴县在区域中的产业地位来看，预测兴县在规划期内将处于重化工业发展为主导的阶段，重化工业将占有较大比重，将是县域工业的主导产业。

第四，兴县共有林地面积114.5万亩，占土地面积的24％。林地类型为用材林、防护林、经济林。用材林分布于东部山区，防护林分布于沿黄河的"三北"防护体系，经济林位于中、西部丘陵地带，主要有红枣、核桃、苹果、梨、葡萄、桃、杏等，兴县东南部有可供放牧用地110.48万亩，以及大量的农副产品为牧业发展提供丰富的牧草饲料资源，兴县今后的农业发展方向是要巩固农业基础地位建设，完成农业内部结构调整，发展小杂粮优质小米、黄豆、大明绿豆、红云豆等。

二、战略思路

以城镇化动力机制构建为目标，依托地方经济实际，结合区域经济战略定位，确定兴县未来经济发展的战略思路为：以科学的发展观为指导，着眼于全面建设小康社会的基本目标，以体制创新与技术进步为动力，以经济结构调整和空间结构调整为主线，大力实施农业产业化、新型工业化、空间集中化和可持续发展四大战略，着力构建农业产业化、新型工业化、社会服务现代化与城镇化互动，经济、社会与生态环境协调发展的运行机制，实现经济社会全面、协调、可持续发展。

三、战略重点

1. 建设循环经济结构，实现可持续发展

首先，本着近交远攻策略，加强与周边县市区的经济关联度，重点推动农业、矿产、旅游等资源和农工初级加工产品的联合开发利用，实现离柳中经济区内部的循环产业链条。

其次，加强县域内一、二、三产业间循环经济的建设，实现一、二、三产业间资金、产品、能量等方面的循环流动，重点扶持跨产业多种经营的大中型企业的建设，以企业为媒介和实际操作者实现县域产业间的循环经济。

2. 提高高效农业比重，加大工业农副产品的开发

调整农业结构，在巩固粮食生产的同时，提高经济作物种植业、经济林和畜牧养殖业在大农业结构中的比重，开发新型的工业用农副产品，结合旅游景点和旅游服务城镇重点加大具有旅游功能的农业综合经济园区的开发建设。

3. 优化工业产业结构和空间布局结构

首先，提高县域轻型工业比重，增加大中型企业数量，加大劳动密集型工业项目的开发，并积极在区域通道地区布置外向型工业开发区。

其次，推动工业建设用地空间布局的优化，实现重污染工业以独立工矿园区模式远离城镇布置，轻污染工业近村镇布置。

4. 优化第三产业行业结构，实行第三产业村镇分级布置

首先，在巩固交通运输仓储邮电通讯业、批发零售贸易餐饮业和金融保险业3大强势行业实力的同时，重点推动农林牧渔服务业、房地产业、卫生体育社会福利事业和教育文化广播电视事业的发展。

其次，结合村镇布局和旅游景区、市场设施、交通服务设施、社会服务设施的建设，构建县域中心村—乡镇—县城3级第三产业体系结构。

四、战略目标

规划期内，确定兴县经济发展的总体目标是：保持较快的经济增长速度，建立起县域三大经济体系（规模化、产业化的农业体系，结构优化和空间布局合理的工业体系，市场化、专业化和社会化的中心村—乡镇—县城3级第三产业服务体系），在提高三大经济体系间关联度的同时，实现县域经济内部以及和周边县市区的循环经济。

在分析兴县经济发展趋势的基础上，结合"十一五"规划确定的经济发展目标，预测规划近远期经济发展的各项指标：

1. GDP 预期目标

近期（2006－2010 年）GDP 增长率保持在 50％左右，远期（2011－2020 年）保持在 10％左右。

——现 2005 年，GDP 达到 6.1 亿元，人均 GDP 达到 2169 元；

——到 2010 年，GDP 达到 40.5 亿元，人均 GDP 达到 13291 元；

——到 2020 年，GDP 达到 100 亿元，人均 GDP 达到 28043 元。

GDP 增长率确定的主要依据有以下几个方面：

第一，兴县经济发展横向比较

改革开放以来，兴县经济增长速度较快，1990－2000 年，国内生产总值年均增长 17.63％，分别高于同阶段临汾市和山西省经济增长速度 0.53 和 3.23 个百分点。预计规划近期兴县由于北区工业园区的建设带动生产总值的猛增，将会远高于吕梁市平均水平，以经济质量增长为主的时期，兴县可能会受相邻县区的影响，所以远期会有所下降，但仍将接近整个吕梁市的平均发展速度。

第二，1978－2005 年兴县历年 GDP 增长情况

从 GDP 增长率年实际变动情况来看，2005 年，一、二、三产业对兴县经济增长的贡献率分别为 23％、52％、25％。考虑到兴县近期一段时间内以资源主导型工业为主的第二产业将占到 GDP 的较大比重，所以近期兴县 GDP 增长率年际变动较大，远期随着经济总量的较大幅度提高以及第一、三产业尤其是设施农业和旅游业的发展，兴县 GDP 增长率将进入小幅波动的稳定下调阶段。

第三，吕梁市"十五"期间经济预期目标

吕梁市国民经济和社会发展第十一个五年规划纲要中确定："十一五"期间（2006－2010 年）吕梁市域 GDP 年均增长率为 14％以上。所以确定兴县近期 GDP 年均增长率至少应在 14％以上。

2. 财政总收入

近期（2006－2010 年）财政总收入增长率保持在 13％左右，远期（2011－2020 年）保持在 9％左右。

——现 2005 年，财政总收入达到 0.76 亿元，占 GDP 比重 12.5％；

——到 2010 年，财政总收入达到 5.68 亿元，占 GDP 比重 14％；

——到 2020 年，财政总收入达到 15 亿元，占 GDP 比重 15％；

从吕梁市和山西省来看，2000－2005 年 5 年间山西省财政总收入占 GDP 的平均比重为 13.5％，高于同期兴县相应比重；2005 年吕梁市和山西省财政总收入占 GDP 的比重分别为 12.6％和 15.5％；从吕梁市 13 个县市区情况来看，2005 年财政总收入占 GDP 的比重大约可以分为 3 个层次：资源丰富山区县（比重在 7.1～22.9％之间）、资源不丰富山区县（比重在 2.2％～4.5％之间）。依据以上比较，考虑到社会经济运行机制趋同性趋势，兴县财政总收入占 GDP 的比重未来应该存在一定的上升空间，预计近远期应该会在 12.5％的比重基础上上调 1.5～2.5 个百分点左右。

第十九章　县域经济布局规划

规划对农业、工业及第三产业发展方向进行战略定位，确定三产开发模式，并对产业布局进行引导，优化产业空间布局，促进区域适当非均衡发展。

一、农业布局规划

1. 农业发展方向

规划确定兴县农业发展的主导目标是建设山西省的林业、蓄牧养殖和小杂粮生产基地。

农业种植业：在稳定粮食产量的基础上，重点发展油料、药材、瓜果蔬菜、小杂粮等经济作物种植。形成年产 4000 万公斤的豆类产业，年产值达到 1 亿元。围绕谷子、糜粟、莜麦的规模种植，形成年产 3000 万公斤的小杂粮产业，年产值达到 6000 万元。围绕葵花、胡麻、黄芥进行规模种植，形成年产 5000 万公斤的油料产业，年产值达到 1 亿元。

林业经济：以发展林业作为农村产业恢复生态环境的战略措施来抓，发展建设退耕、天然林保护、三北防护林等国家林业重点工程建设，重点发展县域东部地区以针叶树和仁用杏为主的防护林生态经济板块，中部以刺槐、核桃为主的生态经济林板块，西部黄河沿岸地区以红枣柠条为主的生态经济林板块。林业将成为农村经济发展和脱贫致富的支柱产业。在林业生产上，通过沿黄红枣全覆盖工程，使红枣经济林总面积达到 30 万亩，年产红枣 2500 万公斤，发展苹果、梨等传统鲜果的改良品种，使年产量达到 1000 万公斤。

畜牧业：在扩大猪、鸡、羊、奶牛养殖规模的基础上，重点发展以绒山羊、四黄牛和瘦肉型猪等特色养殖，近期形成年产肉品 1000 万公斤的畜牧产业。

渔业：以食用鱼类养殖业为主，以甲鱼等特色水养业为辅。

特色农业：以塑造农业品牌为目标，重点发展蔡家崖无公害蔬菜、木崖头原形籽羊肉、肾型黄豆、大明绿豆、吕梁山牌小杂粮等。

2. 农业开发模式

农业种植业：开发模式以设施农业为主，重点发展设施园艺农业、节水灌溉农业和生态旱作农业等高效节水农业园区。

林业：以林区、林带、林网 3 种开发模式为主。

畜牧业：以圈养养殖小区开发模式为主，重点建设平川秸秆养殖小区和林区风景区绿色放养小区。

渔业：以蓄水工程、人工鱼塘两种养殖模式为主。

工矿区农业：结合工矿区布局，建设以工矿企业能量流为依托的综合高效设施农业。

3. 农业空间布局

本着土地资源利用效益的量大化原则，确定农业空间布局的总体构思："粮食进川、林业上山、畜牧近村、渔业入库"，具体布局如下：

（1）农业种植业

以县域平原农业区、台地农业区、丘陵农业区、山地农业区 4 类地貌类型农业区为基础进行布局，其中：

粮食种植业：以平原农业区、台地农业区、丘陵农业区为主分布，重点扩大台地农业区和丘陵农业区中节水灌溉农业和生态旱作农业的面积。

经济作物种植业：结合中心村和城镇布局，重点建设花卉苗圃、蔬菜、瓜类和药材等 4 类经济作物生产基地。在忻黑线、苛大线、沿黄公路沿线形成 3 条经济作物种植带的同时，在县城和魏家滩镇建设 2 个花卉苗圃生产基地；在县城、蔡家崖镇、廿里铺镇、康宁镇、魏家滩镇、蔡家会镇建设 6 个蔬菜生产基地；蔡家崖镇、康宁镇、廿里铺镇建设 3 个瓜类生产基地；在蔡家崖镇、交楼申镇建设 2 个药材生产基地。

（2）林业

防护林：结合境内山地丘陵绿化建设，重点加强蔚汾河、岚漪河两岸林带，忻黑线、苛大线、沿黄公路沿线林带和农田林网的建设和维护。此外，结合苛瓦铁路建设铁路沿线防护林带。

经济林：

中部地区以针叶树和仁用杏为主种植防护林，西部黄河沿岸地区以红枣柠条种植为主的生态经济林板块。

特种用途林：规划形成沿蔚汾河、岚漪河、黄河东岸 3 条风景林带，风景林主要结合城镇。农业生态观光区和交通结点（桥梁）周围分布。此外结合风景名胜和革命纪念地建设适当规模的风景林区。

用材林：主要结合农田防护林网和公路防护林带布置。

（3）畜牧业

草场治理重点是改造区内的荒地；人工草场发展重点在退耕或垦荒地区和区内水库周边地区。畜牧业区内布局基本思路是丘陵山区重点发展养牛山区，养羊、养鸡、平川地区重点发展奶牛、养猪。传统圈养养殖小区以近中心村和城镇布置为主；绿色放养养殖小区主要结合牧草区、林区、风景区分布，重点在县城、廿里铺镇两个城镇各建设一个大型奶畜和禽蛋养殖基地，并配备相应的加工工业。

发展蓄牧养殖业需要强调几个方面：一是充分发挥兴县畜牧基础优势，扩大开放度，积极引进新的技术、品种和管理方式；二是规模化养殖，鼓励发展大规模的家庭牧场；三是逐渐向圈养转化，发展现代化的家庭牧场；四是改良牧草，利用弃耕地、摞荒地等闲置土地，扩大优种牧草种植面积；五是在技术方面进行扶持，成立专业性的技术服务机构；六是积极推出本区的品牌畜牧产品，提高兴县畜牧业知名度；七是理顺管理体制，充分发挥市场经济的调节作用，政府的作用为宣传和引导。

（4）渔业

依托现有水库布置，重点建设天古崖水库、东方红水库、阳坡水库 3 处水产养殖基地。

（5）工矿区设施农业

规划结合县域工业区建设综合设施园艺农业园区（集种养为一体的高科技生态观光设施农业），充分利用工矿企业的资金流和能量流，在提升兴县农业档次的同时，拓展工矿企业经营范围，实现农工间的循环经济。

（6）地方特色农业

规划建立孟家坪镇葵花加工基地，分别在县城、魏家滩镇、蔡家会镇、罗峪口镇、康宁镇、交楼申镇建设 6 个小杂粮加工基地。其中精加工 3 个，粗加工 3 个。在蔡家崖镇建设一个现代化农副产品交易市场。

二、工业布局规划

1. 工业发展方向

规划确定兴县工业发展的目标是建立起外向型工业体系，成为吕梁市以煤电铝为主的资源主导型工业体系的重要组成部分之一，并力争构建起具有区际比较优势的农副产品加工业体系。

2. 工业开发模式

规划确定兴县工业发展以独立工业据点、独立工业区和近城工业区3种集中地域式开发模式为主。

3. 工业空间布局

本着生态环境保护和实现可持续发展的目标，确定兴县工业布局的总体构思：采掘业沿山分布，依据工业项目"近城近路近站、避风避景避水"和"重污染工业远城、轻污染工业近城"两大布局原则，对县域工业进行重组。

（1）矿产资源采掘业

本着保护地下水资源、建立煤炭储备的目的，规划期内煤炭采掘业主要布置在兴县县域低山区，禁止在中部平川丘陵布置矿产资源采掘点。

（2）北川循环经济综合示范基地规划

①指导思想和目标

以科学发展观为指导，坚持资源综合开发、生态环境建设、老区脱贫致富协调发展的原则；以科技创新、体制创新为动力，扩大开放、创新机制，营造外部资本、技术与当地优势资源优化对接的环境；以市场为导向，以铝材深加工系列产品和烯烃高端产品为龙头，以工业区能、水、渣循环利用方式构建生态产业链条，创建国家级工业循环经济工业区，力争把"基地"建成全省"两区"开发的样板和资源型产业结构调整的示范区。

目标：力争用5～8年左右，将北川循环经济综合示范基地建成国家级工业循环经济示范工业区——以采掘为基础、以铝材深加工产品和煤化工烯烃系列产品为龙头、以煤电铝化材为主导产业、以生态产业链模式构建的大型综合工业生产基地。

产业规模目标：形成年产3000万吨煤炭、80万吨氧化铝、30万吨电解铝、2670兆瓦发电机组、60万吨烯烃系列产品、300万吨水泥、3万吨镁合金、20万吨铝材的大型工业基地，估算项目区总投资362亿元，达产后年销售总收入达到305亿元。

循环经济目标：创新大型煤、铝共生矿开采工艺，使其成为共生矿建设的样板。实现精煤外输，可燃煤矸石和洗煤、矿井瓦斯气就地利用，"三废"最大限度转化为生产原料和污染物"零"排放目标，基地单位工业增加综合能耗、综合水耗和主要污染物放强度均达到国内同行业先进水平。

老区脱贫目标：每年上缴31亿元税费，每年提供6000多个直接就业岗位，提供约4万多个间接就业岗位。逐步提升老区干部群众的竞争意识、对外开放意识和商品经济意识，结合移民搬迁开发推进城镇化水平。

区域带动目标：以铝材深加工系列产品和烯烃系列产品为主导产业，改变矿区单纯输出矿产品的开发模式，成为我省老区乃至全国资源综合开发的示范基地，成为我省最大的铝材深加工生产基地和烯烃产业链扩散的龙头。

②主要建设项目

工业区内的项目及附属工程分两期建设，2006年10月至2008年底为一期（表19－01），2009－2013年为二期（表19－02）。

表19－01 一期主要建设项目

序 号	项 目	规模和内容	用地（公顷）
工业园区	煤 矿	1500万吨煤矿及配套选煤厂	40
	电 厂	2×135兆瓦煤矸石发电 2×600兆瓦中煤发电	200
	铝工业	80万吨氧化铝及配套矿区	100
	建 材	80万吨废渣原料水泥，12000万块煤矸石烧结砖	16.67
	镁合金	3万吨镁合金厂迁址重建和技术改造	
附属工程	铁 路	岢岚至瓦塘58.45公里	
	公 路	兴县至魏家滩60公里和铝土矿区至任家湾公路	
	电 网	110kV变电站1座，110kV输电线路2×40公里	
	供 水	水库加固和黄河提水工程	

表19－02 二期主要建设项目

序 号	项 目	规模和内容
工业园区	煤 矿	1500万吨煤矿及配套选煤厂
	铝加工	30万吨电解铝，20万吨铝材深加工
	水 泥	220万吨废渣原料水泥
	煤化工	60万吨烯烃产品
附属工程	铁 路	岢兴铁路60.8公里
	公 路	铝土矿区公路改造
	电 网	110kV输电线路2×40公里（续建）

③项目建设布局

在兴县北部，沿岚漪河南岸——东起魏家滩，西至裴家川口距黄河口5公里，以原魏家滩、瓦塘两镇为中心，建立15公里"西川工业循环经济走廊"。在煤铝开采矿区，庙沟东河滩建设大型煤铝综合开采矿井——斜沟煤矿（东蔚汾河岸建设兴县煤矿），并配套建设选煤厂；紧邻斜沟矿井和洗煤厂，在皇家沟附近新建煤矸石和中煤电厂；距黄河5公里外，任家湾附近新建大型氧化铝厂及电解铝厂；在瓦塘镇附近的龙儿会新建煤化工厂，生产低碳烯烃；在原魏家滩镇和瓦塘镇之间，电厂西侧附近建设新型建材厂，生产水泥和烧结砖。

（3）规划确定县城城西近城工业区为兴县外向型工业区

大型工业项目可以以据点式开发模式布置其中，远期可依需要在公路通道地区新建工业小区；此外，较小规模的农副产品加工工业可以以据点式开发模式近中心村布置。

（4）规划确定对县域城镇中已有的近城焦化、冶金、建材等重污染进行严格控制，并考虑在中远期完成技术改造搬迁至北川循环经济综合示范基地。

三、第三产业布局规划

从地理位置情况来看，兴县第三产业发展处于较为不利的地位，因为地理位置相对较为闲置，对外联系不便，再加上兴县人口总量较少，这就造成兴县第三产业发展的区位优势和内部潜力均不足，所以在兴县建立起辐射更大区域的第三产业体系不太现实，宜以服务于县内村镇的县级产业体系构建为主。

1. 第三产业发展方向

（1）推动兴县交通运输、仓储、物流、邮电通讯业和批发、零售、贸易、餐饮业的发展。

交通运输、仓储、物流、邮电通讯业：建立起县域长途客运、公交系统和区域性货运仓储基地。

批发、零售、贸易、餐饮业：建立起县城—城镇—中心村 3 级批发、零售、贸易、餐饮业体系；此外，结合区域性货运性仓储基地建设 2 个 1 亿元市场，结合农业开发建设 2 个专业性农产品交易市场，结合旅游发展建设 1 个较大型的旅游民俗文化市场。

（2）需重点培植农林牧渔服务业、房地产业、卫生体育社会福利事业和教育文化广播电视事业等 4 个行业。

发展围绕农业增效、农民增收的生产、储运、技术、信息服务业，开展产前、产中、产后服务。大力发展信息、教育、社会保障等新型服务业，逐步开发房地产业市场和社区服务。

2. 产业开发模式

依托区位条件、经济条件和基础设施条件较好的中心村和乡镇驻地进行开发。

3. 第三产业空间布局

本着降低第三产业投资风险和集约有效化原则，确定兴县第三产业布局的总体构思是以干线公路沿线村镇为依托建立起县域"一轴三线" 4 条第三产业走廊。其中，忻黑线沿线为县域第三产业发展主轴，岢大线（瓦塘以南）、魏家滩到裴家川口、沿黄公路为第三产业布局的次重要轴线。

（1）交通运输、仓储、邮电通讯业

在县城规划 1 个长途客运站，此外结合县城北川循环经济综合示范基地在高家村镇、奥家湾镇建立两个货运仓储基地，主要承担北川循环经济综合示范基地及忻黑线上大型工业项目提供原料供给和产品储备的作用。

（2）批发、零售、贸易、餐饮业

在县城和魏家滩镇规划 2 个区域性综合物资集散市场，在蔡家崖镇和康宁镇规划 2 个农业专业性市场，在县城和交楼申镇结合旅游景点规划 2 个较大型的旅游民俗文化市场。

（3）农林牧渔服务业、房地产业、卫生体育社会福利事业和教育文化广播电视事业等 4 个行业主要依中心村—乡镇驻地布局。

第二十章　县域旅游发展规划

一、兴县旅游业发展的 SWOT 分析

1. 优势

（1）旅游资源的集聚规模优势

兴县地处山西省西部以革命纪念地为主的晋西旅游区，周边人文和自然旅游资源极为丰富，旅游资源区位优势对旅游业的开发将发挥极大的集聚规模效应，将会形成更强的区域竞争力。

（2）人文资源丰富，具有独特性

兴县人民勤劳朴实、勇敢正直，富有光荣革命传统。在革命战争年代，这里是晋绥区首府所在地，是毛泽东、周恩来、贺龙等老一辈革命家生活和战斗过的地方。

兴县现状主要的红色革命旅游资源为"两馆一园"，即晋绥边区革命纪念馆、"四八"烈士纪念馆、晋绥解放区烈士陵园。晋绥边区革命纪念馆是全国重点文物保护单位，是全国百个红色旅游经典景区之一。晋绥解放区烈士陵园为全国重点烈士纪念建筑物保护单位，是山西省爱国主义教育示范基地。"四八"烈士纪念馆是山西省级文物保护单位，为全国百个红色旅游经典景区之一。

兴县山川秀丽，历史悠久，民风淳朴。独特的地貌和丰厚的历史文化，孕育了一大批丰富多彩、各具特色的自然、人文旅游资源。主要有石楼山、石猴山、仙人洞、沿黄河自然民俗风情观光旅游等资源。

县域内有开发潜力的石楼山、石猴山、仙人洞等旅游资源，均具有独特的自然地质景观。像石楼山，山似石楼，远观好似群楼玉阁，矗立于万山环抱之中，山中怪石林立，造型各异，令人叹绝。且有"石田"等优美传说。据清修县志记载：甲在隋末唐初，此处即有僧道活动，如今古迹依存。石猴山与石楼山隔洞相望，山势险峻、翠柏遮天。过去这里僧民云集，香火旺盛，故又称香炉山，山腰东部一峰凸起，高数十丈，峰顶宽平如砥，上存道观遗址，人称姑子庵。山顶有南天门、捻线台、莲峰石猴、将军石等景致。山底有黑龙洞、优虎岩等。仙人洞位于县域以东 15 公里处的桃花山下，与两山遥相呼应浑若一体。该洞系石灰岩溶结构，洞内支洞层层相套，或宽或隘，不计其数，极易迷路。洞内巨石环壁，钟乳滴翠。钟乳造型各异，晶莹剔透。再加上一弯清水迁回期，真是水景交融，如入仙境，令人忘返。该洞面积约 1 万平方米，据有关专家研究表明，此处尚有更大溶洞存在，此洞乃"华北第一大溶洞"。

（3）自然风景资源风景秀美，极具开发潜力

境内以河流林场、牧坡、水库、谷峪为主体的自然旅游资源均具有较好的开发基础，和人文资源配合利用开发，将取得很好的生态效益和经济效益。

2. 劣势

（1）缺乏宏观规划指导，人文旅游资源开发不合理，破坏较为严重，旅游资源潜力未得到充分发挥

境内众多的人文旅游资源由于资金、管理等众多原因，旅游开发不合理，象最具盛名的

"两馆一园"、"两山一洞"、黄河风情旅游现仍未得到大规模开发，其他人文旅游资源仍停留在小范围的保护和开发状态，缺乏从更大区域角度的系统科学的开发，使得旅游资源的规模效应未能得到充分发挥。而且，个别人文旅游资源破坏较严重。

（2）旅游服务设施投入不足，生态环境较为严峻

境内旅游服务设施由于投入不足，象旅游公路、旅游服务基地等旅游基础设施建设落后，不能满足旅游业发展需要，与其旅游资源的区域地位不相符合。此外，由于矿产资源开采和交通线路布局等原因，许多人文景观周边环境破坏较重，生态环境较为严峻，严重地影响了旅游资源的有效开发。

（3）旅游业缺乏市场化运作，缺乏区际旅游品牌的塑造

到目前为止，兴县旅游业仍缺乏强有力的市场化运作机制，具有社会影响力和竞争力的品牌型旅游景区和旅游产品较少。两馆一园、两山一洞、黄河沿线旅游资源等旅游资源亟待加大综合开发力度。此外，兴县具有地方特色的土特产和民间艺术产品还未能引起足够的重视，缺乏作为旅游商品开发的意识，知名度不高。

3. 机遇

（1）旅游业大发展的机遇

随着全球经济结构大调整的推进和人们消费结构的变化，旅游业已成为国民经济的增长点。在旅游业大发展的浪潮下，兴县独具特色的资源优势使其旅游业发展面临较大的开发机遇。

（2）兴县旅游产业培育的机遇

兴县旅游资源是一座待开发的宝库，目前经济发展水平较差，各类产业发展落后，经济结构中缺乏旅游产业的支撑，规划期内兴县必须抓住发展机遇，积极培育旅游产业，而旅游业极有可能逐步成为全区经济发展的契机，这就需要对旅游业的发展给予重大关注。

4. 挑战

（1）工业大发展带来的生态挑战

兴县是吕梁市重工业基地的重要组成部分和产业远景转移承载地之一，能源重化工业具有较大的污染性，必将对兴县的生态环境产生不利影响，进而影响兴县的旅游环境质量。旅游业和工业发展所面临的生态竞争不可避免，关键是如何在技术上、产业布局上协调这种矛盾。

（2）品牌树立的挑战

兴县旅游资源丰富，如何抓住主题，树立品牌，强化自我式旅游开发中的重要问题。兴县在品牌树立中面临的挑战来自于：一是周边区域同类资源开发带来的挑战；二是资源潜力和文化内涵分析不足带来的挑战；三是开发、管理人员素质不高带来的挑战。

二、旅游业发展战略

1. 区域定位

根据旅游 SWOT 分析，确定兴县旅游业发展的区域定位为：晋西吕梁山及黄河沿线吕梁市以及红色旅游与绿色旅游为核心，融自然原生态和革命纪念的爱国主义教育文化为一体的自然人文旅游区。

2. 规划构思

结合旅游区域定位和地方旅游资源空间分布特征，确定兴县旅游开发的总体构思为：本着

"全面规划、突出特色、集约开发、合理利用"4大原则，以自然原生态和革命红色旅游文化为主线组织人文旅游景点和景区建设，以森林、牧坡、水库、泉水等自然生态类旅游资源组织自然旅游景点和景区建设；以中心村和城镇组织旅游服务基地建设；以干线公路和县级公路为主组织旅游线路建设；以自然原生态与革命纪念地组织旅游品牌建设；以景点景区的等级、建设基础和社会经济效益决定区域旅游业的开发时序。

3. 开发模式

规划确定兴县旅游业以景点、景区两种开发模式为主。具体划分方法为：人文旅游景点以行政村和城镇驻地为基本单元划分；自然生态类旅游资源仅划分景区，其景区以其资源的实际分布和开发利用范围划分；旅游景区则以旅游线路贯穿的旅游景点和自然景观分布区所组成的集约组群划分。

三、旅游业布局规划

1. 旅游景点和景区规划

（1）景区规划

全县共划分为4个旅游景区。

①黑茶山森林旅游景区

景区以"四八烈士"纪念馆所在地黑茶山为中心，位于交楼申镇南部，北到大坪头，东到大坪头山，南到二青山，西到黑茶山。景区由山、泉、林、馆等组成。

在黑茶山附近分布有县域内最大面积的再生林原始森林，风光秀丽，具有开发自然生态旅游资源的绝佳条件，可以把红色革命纪念旅游与自然生态风光旅游结合起来，打造黑茶山革命纪念地森林旅游景区。

②两山一洞自然生态旅游景区

"两山一洞"总面积约30平方公里。远景建设规模是集宗教旅游、革命传统教育、娱乐、休闲为一体的晋西北综合旅游场所。建设内容包括恢复石楼山寺林、石猴山寺林，新建120师战斗纪念馆、水上乐园、开发华北第一大溶洞——仙人洞。

仙人洞位于县城以东13公里处的桃花山下，与石楼山、石猴山遥相呼应，浑然一体，为华北第一大石灰岩溶洞。

③革命传统教育基地景区

以晋绥边区革命纪念馆和晋绥解放区烈士陵园为代表，以革命传统教育为主题的旅游景区。

扩修晋绥革命纪念馆和晋绥解放区烈士陵园，贯彻西部全省红色旅游总体规划，绿化一馆一园周边环境，新建停车场，修筑通往景区的道路，重新布置展馆充实内容更新版面，进行广告宣传和景区标识。

④黄河黄土风情游景区

重点在裴家川口到大峪口镇发展以黄土风情为主题，弘扬几千年黄河文化的黄河黄土风情游，开发红枣经济、挖掘民俗风情，体验人土风情，该景区与临县碛口、柳林、三交重点的黄河黄土风情游交相呼应，是对其的补充与延伸。

（2）景点规划

在旅游景区之外，依据旅游资源开发潜力、交通条件、城镇和旅游景区分布、县域经济发展战略等规划确定8个旅游景点。分别是"四八"烈士纪念馆晋绥革命纪念馆、晋绥解放区烈士陵园、石楼山、石猴山、仙人洞、沿黄景观、森林公园。

2. 旅游服务基地规划

依据旅游景区、景点和交通线路分布特征，结合区域城镇发展战略和经济发展战略，规划确定兴县3级旅游服务基地网络：旅游服务中枢城镇—旅游服务城镇—旅游服务基地村。

（1）旅游服务中枢城镇

规划确定旅游服务中枢城镇为县城，是全县旅游业发展的组织中枢，统筹着全县的旅游线路的组织，承担着较高等级的旅游服务职能和管理职能。

（2）旅游服务城镇

规划确定交楼申镇、蔡家崖镇、罗峪口镇3个城集镇为县内旅游服务城镇，承担着县内东西部地区旅游资源的开发保护以及管理职能，并为周边旅游景点的景区提供一般档次的服务职能。

（3）旅游服务基地村

旅游基地村主要结合景点和景区空间分布特征布置，规划确定的旅游服务基地村，为城镇之外规划旅游景点景区主要分布村庄，主要承担着旅游景点景区协作管理、保护和开发职能，为旅游产品开发生产和具体实施者，详见表20—01。

表20—01　兴县规划旅游服务基地村

名称	数量（个）	旅游服务基地村
蔚汾镇	1	东关村
蔡家崖镇	4	蔡家崖、胡家沟、黑峪口、碧村
魏家滩镇	0	—
大峪口镇	1	大峪口
廿里铺镇	4	恶虎滩、沟门前、庄儿上、阳崖上
交楼申镇	4	窑儿沟、新舍窠、常胜坪
康宁镇	1	阁老湾
罗峪口镇	1	罗峪口
蔡家会镇	0	—
孟家坪镇	0	—
合计	16	

3. 旅游线路组织

（1）区域旅游线路的衔接

从旅游区位来看，兴县位于吕梁市黄河黄土风情旅游消费客源地的延伸区位，兴县旅游线路规划应做好与之的衔接问题，使兴县旅游资源更好地融入到吕梁地区的旅游开发之中，发挥规模效应，更好地吸引客源。结合岢大线省道和忻黑线省道建设改造，加强省道沿线各城镇静态交通和旅游服务设施建设。

强化吕梁市域范围内旅游线路的组织的合理化，加强兴县—临县—云山景区旅游线路的组织。

（2）县域内旅游线路组织

以忻黑线、岢大线省道为主轴将兴县各旅游景区和旅游景点贯穿起来，组织区域旅游网络。

北部以蔡家崖镇的晋绥边区革命纪念馆，胡家沟明代砖塔和蔚汾镇晋绥解放区烈士陵园为对象组织旅游线路、旅游产业节点以及旅游综合服务中枢。

东部以石楼山、石猴山、仙人洞旅游景区、黑茶山革命纪念地森林景区两个旅游区为对象组织区域内的旅游线路、旅游产业节点以及旅游综合服务中枢，并积极建设交楼申—东会旅游联系公路网络的建设。

四、旅游市场开拓

兴县旅游产品现阶段并未形成强有力的市场竞争力。一方面是景区未充分开发和交通等基础设施建设滞后，未能提供适应现代旅游市场需求的旅游产品和服务；另一方面是区位条件较差，旅游宣传促销尚未展开，旅游产品包装和市场营销缺乏手段，缺乏市场开发投入和营销专业人员。建议采取如下战略：

（1）合理确定兴县的目标客源市场，实施以邻近地区的客源为主，省外客源为辅的营销策略，突出重点，以陕晋地区尤其陕北地区是为主攻客源市场。

（2）树立兴县鲜明的旅游形象，确定旅游主题，与全县总体形象宣传相结合，与旅游企业的旅游产品营销相结合，步调一致，形成整体促销合力，统一推向市场。

（3）寻找旅游产品与客源市场之间的最佳结合点，开发多种多样的旅游产品，创造产销互动的营销合力。

（4）与周边县市加强协作，线路组织和产品推销应注意同周边知名景区相联系，提高区域的整体吸引力，营造资源共用、产品互补、客源互送、利益共享的市场格局。

（5）树立旅游品牌，提高旅游服务质量，增强客源市场对兴县旅游的信任度。

（6）扩大营销手段和宣传辐射面，将报刊、广播、电视等传统媒体宣传与互联网促销、电子商务相结合，将面向旅游者的推销和面向旅行者的营销相结合，提高公共促销媒体的利用率和营销效率，逐步建立起固定的促销渠道和代销商体系。

（7）增加市场开发投入，多渠道筹措宣传促销经费，逐步形成符合市场经济规律的旅游营销投入产出良性循环机制。

五、旅游开发时序

1. 近期开发

近期旅游发展必须首先打破交通瓶颈，修建交楼申—东会和裴家川口—罗峪口—临县碛口沿黄公路等旅游公路，同时提高景区内公路等级。

近期旅游区开发的重点是完善"两馆一园"，开发"两山一洞"旅游区，包括各项硬件服务设施的建设，县城及各乡集镇要结合小城镇建设完善各项旅游服务功能，积极开拓兴县特色旅游农牧林项目。

2. 远期发展

远期，县域内各类旅游资源都得到较高程度的开发，各旅游区内形成比较完善的发展系统，旅游区之间形成相互带动、相互促进、协调配合、发挥整体效应的良性循环局面。以县城为中心的旅游网络逐步成熟化。

第二十一章 城镇体系发展战略

一、城镇发展条件评价

明确县域内各城镇发展的条件，是确定各个城镇的发展速度、职能结构、等级、规模、空间布局及整个城镇体系构造的重要依据。以瓦塘镇、蔡家崖乡 17 个乡镇为单元对其发展潜力进行评估。

1. 评价因子选择及赋值

综合评价的目标是要反映小城镇的区域发展基础和城镇建设条件，因此评价因子应包括两方面的内容，一类是反映区域基础的评价因子，一类是反映城镇驻地条件的评价因子。选择评价因子的标准，第一，要反映资源基础、基础设施、社会服务、经济实力、建设条件等方面的内容，体现城镇综合发展能力；第二，所选取的指标要反映出城镇发展条件的差异性，对各城镇有同等效力的普遍因子不予选取，如电力设施对兴县小城镇发展已不具有差异影响；第三，评价因子要具有可比性，更好地反映城镇发展差异；第四，定量比较和定性评价相结合，所选数据尽可能属实，以达到更好的分析效果。

按照上述标准，区域评价因子选择地形及土地资源、矿产资源、旅游资源、水资源、交通条件、农民人均纯收入、乡镇企业总产值；城镇驻地评价选取人口规模、城镇建设用地条件、区位条件、历史文化基础等因子；同时对城镇可预见性发展机遇进行评价。因子的赋值采用定性和定量相结合的方法，赋值采用 5 分制，最优为 5 分，最差为 0 分，中间等级依具体情况赋值。

（1）区域基础评价因子

①地形及土地资源：依据县域地形复杂度及土地资源丰饶度定性分级赋值，河谷平川区发展条件量优，赋予 5 分，其次为丘陵区，复杂的山区条件最劣，赋予 0 分。

②矿产资源：兴县县域内矿产丰富，但空间分布存在很大的地域差异，对城镇发展产生较大的影响。依据矿产资源的丰饶度采取定性分级赋值。

③水资源：水资源对矿产资源开采和城镇发展起着重要作用。兴县属于吕梁市水资源相对富裕区，但区内分配不均，根据水资源拥有量采用定性和定量相结合的方法分级赋值。

④旅游资源：旅游资源是区域发展的最大潜力资源。依据旅游资源赋存状况及开发潜力对各乡镇进行定性分级赋值。

⑤交通条件：交通条件是影响区域发展的关键因素，依据各乡镇以及规划交通状况分级赋值，分级条件：有无高速公路出入口、铁路站场、公路等级、是否交通结点等。

⑥农民人均纯收入：2000 元以上，赋值 4 分；1500～2000 元，3 分；1000～1500 元，2 分；1000 元以下，1 分。

⑦可预见性发展机遇：发展机遇是城镇得以迅速发展的有利契机，根据可预见的国、省、市、县重点项目的建设进行赋值。重点项目，6 分；较重点项目，3 分；一般项目，1 分。

（2）城镇驻地条件评价

①驻地人口规模：1 万人以上，5 分；0.75 万～1.0 万人，4 分；0.5 万～0.75 万人，3

分：0.25万～0.5万人，2分；0.25万人以下，1分。

②城镇建设用地条件：由于区内地形复杂，城镇建设用地条件直接影响城镇发展潜力大小，依据城镇驻地建设用地发展条件作定性分级赋值。

③驻地区位条件：区位条件是城镇发展的软因素，根据各城镇驻地自然区位、经济区位、交通区位条件的综合评价分级赋值。

④历史文化基础：历史文化基础是城镇发展的历史积淀，岁月的洗礼往往赋予某城镇特殊的使命，或交通中心，或集散地，或赋予深厚的文化背景，这些都是城镇发展的基础。依据各乡镇历史文化地位的重要性分级赋值。

2. 因子权重的确定

各个因子对城镇发展的影响是不相同的，从兴县实际情况出发，根据各个因子对社会经济发展和城镇建设的影响，对两类因子分别按重要性排序。区域基础因子顺序为：交通条件、农民人均收入、可预见性发展机遇、水资源、矿产资源、旅游资源地形及土地资源，其权重分别为：0.2、0.13、0.12、0.12、0.12、0.08、0.08；驻地条件因子顺序为：区位条件、城镇建设用地条件、驻地人口规模、历史文化基础，权重分别为：0.3、0.3、0.2、0.2。两类评价因子各按50%的比例计算。

3. 评价结果分析

（1）评价结果

根据各乡镇发展条件综合评价得分情况，把各乡镇发展潜力划分为四级，详见表21—01。发展条件最优的为县城，较优的乡镇有瓦塘镇、魏家滩镇、奥家湾乡镇3个，条件较差的乡镇有恶虎滩乡、东会乡、固贤乡、贺家会乡、赵家坪乡、圪垯上乡6个。

表 21—01 兴县各乡镇发展条件分级

级别	分值	乡镇
Ⅰ	＞3.5	县城（蔚汾镇）
Ⅱ	2.5－3.5	瓦塘镇、魏家滩镇、奥家湾乡
Ⅲ	1.5－2.5	蔡家崖乡、高家村镇、交楼申乡、罗峪口镇、蔡家会镇、康宁镇、孟家坪乡
Ⅳ	＜1.5	恶虎滩乡、东会乡、固贤乡、贺家会乡、赵家坪乡、圪垯上乡

（2）评价结果分析

评价结果显示，兴县乡镇发展潜力具有以下特点：

首先，评价结果显示的各乡镇潜力与直观印象比较一致，一方面显示出综合评价选取的评价因子具有合理性，可操作性较强；另一方面也表明各乡镇表现出的发展潜力具有真实性，可据此确定各城镇发展战略。

第二，城镇发展潜力受区位条件、历史基础、资源条件及行政等级和国家政策投资导向影响较大，位于一、二等级的4个城镇，均是兴县在这几个方面占据优势的城镇。

第三，县域各行政乡发展条件普遍较差，其中，圪垯上乡最差。

二、城镇体系发展战略

1. 区域定位

综合考虑兴县现有城镇体系的区域地位、建设基础和发展潜力，规划确定兴县城镇体系区域定位为：吕梁市重要的农副产品加工与工业型高首位度中等城镇化水平县。

确定兴县城镇体系区域定位的主要依据：

兴县地处山西吕梁市北部，属吕梁市 13 县（市、区）之一，是山西省土地面积最大的县，但人口总量不大，区位条件相对较差，对外联系不太密切，使得兴县县域城镇体系必须走以内涵式发展为主，需要一个规模相对较大的县域中心城镇来实现和提高县域社会要素的内聚性，同时避免多中心的近距离竞争导致有限社会资源要素的分散。所以未来兴县要继续保持高首位度的城镇体系规模结构。

从资源基础和经济发展战略来分析，最具区域比较优势的是农副产品和煤矿、电力、冶金、煤化工等，都是未来产业发展的重点，由此兴县城镇体系在未来发展中承担的主要职能是农副产品加工和矿产资源工业深加工职能。

专家照核心—边缘理论，从兴县城镇体系区位条件来看，其虽然并不位于山西省的城镇化核心区域：①位于山西省以 6 大盆地为主的城镇化核心区域外围；②游离于山西省"大"字型城镇经济轴带为主体的城镇化核心区域之外；③位于吕梁市域城镇化核心区域之外。但由于其相对封闭性，且周边地区并没有强势的城镇群的存在，也就不会存在掠夺的机会，内聚性较好，使得其有机会实现相对较高的城镇化水平。

2. 战略构想

依据兴县城镇体系发展目标和定位，确定兴县城镇体系构建的战略构想如下：依社会要素点轴集聚模式，通过行政协调、经济引民、基础设施建设、社会服务设施集中和制度创新 5 大措施，在兴县建设一个由 10 镇组成的人口规模较大、职能分工明确、空间联系紧密的 1 主 5 次 6 中心、1 圈 4 轴向心放射状的县域城镇体系结构。

10 个城镇分别为县城（蔚汾镇）、蔡家崖镇、魏家滩镇、廿里铺镇、罗峪口镇、交楼申镇、康宁镇、孟家坪镇、大峪口镇、蔡家会镇。

1 主 5 次 6 中心分别指县域主中心城镇——县城（蔚汾镇）和东西南北 5 个片区型次中心城镇——蔡家崖镇、魏家滩镇、罗峪口镇、廿里铺镇、康宁镇为县域最重要的 6 大社会要素集聚点。

1 圈指兴县以县城为中心由 6 个城镇构成的近圆形城镇分布带。

4 轴由西及东分别指忻黑线、苛大线、裴家川口到魏家滩沿苛大线与岚漪河沿线、沿黄公路 4 条城镇发展轴，为县域社会要素 4 大集聚带。

3. 具体策略

（1）多元投资

规划期内，建立城镇、景区（点）、工业区 3 大实体建设投资的多渠道融资体制，积极引导民营资本投资。

（2）调整行政区划，增加城镇发展腹地

近期至 2010 年之前行政区划调整需完成三大任务：①蔡家崖乡撤并建镇；②建设蔡家崖新区；③瓦塘镇与魏家滩镇合并为魏家滩镇。

远期至 2020 年之前须彻底完成撤并镇和撤并乡建镇两大任务：①固贤乡并入康宁镇，赵家坪乡并入罗峪口镇；②圪垯上乡撤乡建大峪口镇、奥家湾乡、恶虎滩乡合并为廿里铺镇，东会乡与交楼申乡合并为交楼申镇，孟家坪乡与贺家会乡合并为孟家坪镇。

（3）经济引导

2015 年之前，完成 3 大产业的村镇集中：①完成高效设施农业、畜牧养殖小区的村镇集中；②全部完成县域北川循环经济综合示范基地基础设施配套建设，完成近城近风景区重污染企业的技术改造或搬迁，至 2020 年实现主要轻工业向近城工业区、重工业企业向北川循环经济综合示范基地工业走廊的集中；③近期完成县城长途客运站、蔡家崖镇和廿里铺镇 2 大区域性货运仓储基地和 2 条公交系统的建设，实现市场商贸设施的中心村—城镇集中。

（4）基础设施建设

至 2020 年，完成全部中心村、城镇、风景旅游区、独立工矿区路、水、电、暖、电信等主要基础设施配套建设。

（5）社会服务设施集中

至 2015 年，完成县域初高中的 10 镇集中和迁并村小学的撤销工作。

（6）制度创新

完成城镇户籍制度改革，积极引导农业人口向城镇转移。近期 2010 年，确定迁并村撤并方案，完成中心村和城镇驻地为迁并村人口预留住房用地的土地范围划建和土地补偿计划。

第二十二章　总人口和城镇化水平预测

一、总人口预测

1. 人口现状和发展特征

根据统计资料，2005 年末兴县总人口 281219 人，人口总量在吕梁市 13 个县（市、区）中排名第 6 位，仅少于临县、孝义市、文水县、汾阳市、柳林县。总人口中农业人口 228322 人，非农业人口 52897 人，分别占总人口的 81.19％、18.81％；男性人口 144206 人，女性人口 137013 人，男女性别比为 105.25。全县人口密度为 88.8 人/平方公里，相当于同期吕梁市和山西省平均水平的 0.56 倍和 0.42 倍，属于省内人口稀疏县市之一。

2. 总人口发展特征

（1）总人口增长较快，但增速有所放缓

兴县 1949—2005 年总人口年均综合递增率为千分之 16.69，低于山西省千分之 17.1 的平均水平。在这 56 年间，境内农业人口增长率与全省、全市持平，属于山西省内人口增长平均水平地区，但非农业人口增速明显慢于全省、全市的平均水平，从另外一个侧面反映出兴县土地、经济等条件相对较差。

对人口吸引能力不足，且城镇化发展速度较慢。

（2）总人口持续增长，但增速不稳，有放缓趋势，总人数在增加。

1949 年以来，兴县总人口均呈递增状态，56 年间没有出现负增长情况。将 1949—2005 年这 56 年总人口变化情况分为 6 个阶段来分析的，1949－1960 年兴县总人口年均递增率为千分之 24.86，1961－1970 年总人口年均递增率为千分之 25.9，1971－1980 年总人口年均递增率为千分之 10.61，1981－1990 年总人口年均递增率为千分之 16.58，1991－2000 年总人口年均递增率为千分之 9.40，2001－2003 年总人口年均递增率为千分之 8.73。从以上 6 阶段总人口年均综合递增率变化来看，总体而言，兴县人口综合递增率都在分阶段波动下降，说明随着国家计划生育政策的深入实施以及社会经济文化的变化，兴县总人口递增速度逐渐入缓，且在未来一二十年之内其总人口递增率不会出现较大的上升，仍将呈一种下降趋势，但总人数仍在增多。

（3）总人口增长以自然增长为主。

1949－2005 年 56 年间总人口年均综合递增率为千分之 16.69，其中几乎全部为自然增长率。兴县总人口递增的主要推动力来自于人口的自然增长。

3. 总人口预测

依据人口增长与年龄构成特点，总人口预测以近 20 年以来人口数据为基础，采用综合增长率预测法和自然增长率法相校核。

（1）综合增长率预测

选择人口综合增长率指标时，主要以 1991－2000 年实际增长率作为依据，规划确定：2006－2010 年人口平均综合增长率为千分之 10，2011－2020 年平均综合增长率为千分之 9.0。

2010 年县域总人口：28.1×（1＋千分之 10）5＝29.53（万人）

2020 年县域总人口：29.53×（1＋千分之 9）10＝32.30（万人）

（2）自然增长率法

公式：$P_t＝P_O（1+r）^{t-2005}+K（t-2005）$

式中：P_t——预测期末人口数

P_O——预测基期人口数

r——自然增长率

t——预测期末年度

K——年均净迁入人口

根据兴县人口发展特征，确定主要参数 r 取值，2006－2010 年为千分之 9，2011－2020 年为千分之 8；K 取值为 4000 人；P_O 取 2005 年人口数 281219 人。代入公式得：

2010 年县域总人口：31.41（万人）

2020 年县域总人口：38.02（万人）

（3）预测结果

综合分析，规划近期（2010 年）县域总人口为 30.47 万人；远期（2020 年）总人口为 35.66 万人。

4. 分乡镇人口预测

分乡镇人口预测主要考虑 4 方面的依据：一是 1991 年以来各乡镇人口增长率；二是各城镇人口增长情况；三是依据各乡镇产业和城镇发展战略；四是生态移民。综合考虑上述四方面因素，经综合平衡，预测到 2020 年各乡镇人口见表 22－01。

表22-01　兴县分乡镇总人口预测表（2020年）

名　称	总人口（人）	占全县人口比重	土地面积（平方千米）	人口密度（人/平方千米）
县城（蔚汾镇）	94263	26.4	233	403.9
蔡家崖镇	54280	15.2	166.67	325.7
魏家滩镇	79609	22.4	420.8	189.2
大峪口镇	15200	4.4	122.4	124.2
廿里铺镇	22593	6.4	248.6	90.9
交楼申镇	25593	7.3	345.6	73.9
康宁镇	12090	3.6	361.1	33.5
罗峪口镇	11887	3.5	337	35.3
蔡家会镇	19616	5.5	330.6	59.3
孟家坪镇	22139	6.3	406.8	54.4
合　计	356600	100	3165	112.7

二、城镇化水平预测

1. 城镇化现状

本次规划对城镇化水平的计算采用城镇驻地人口占总人口的比重这一指标。

2005年兴县县域共有城镇7个，分别是蔚汾镇、瓦塘镇、魏家滩镇、康宁镇、高家村镇、罗峪口镇、蔡家会镇。7个城镇驻地人口83481人，城镇化水平为39.89％。在城镇驻地人口中，非农业人口、农业人口分别为33293人、49965人，占驻地人口比重分别为39.89％、60.11％。

2. 城镇化水平预测

考虑到兴县县城城镇体系发展战略构想，规划期末兴县县域将由现在的7个建制镇和7个城镇驻地调整为10镇和10个城镇驻地，所以规划期内撤乡建镇的10个行政乡驻地人口应该算在城镇人口的预测基数之内；此外考虑到将建蔡家崖新区，所以蔡家崖乡驻地人口中的非农人口和暂住人口应记入县城城镇人口的预测基数之内。本次规划将以蔚汾镇、蔡家崖镇、魏家滩镇、大峪口镇、廿里铺镇、交楼申镇、康宁镇、罗峪口镇、蔡家会镇、孟家坪镇这10个城镇为对象来对兴县城镇化发展现状和未来状况进行分析和预测。

由此，2005年兴县城镇人口预测基数变为9.45万人，城镇驻地人口占总人口比重变为33.6％，详见表22-02。

表22-02　兴县城镇驻地人口统计表（2005年）

城镇名称	城镇驻地人口（人）	非农人口（人）	农业人口（人）	城镇化水平（％）
蔚汾镇	68723	32000	36400	47.78
魏家滩镇	8000	300	7700	3.75
康宁镇	1300	160	1140	12.31
瓦塘镇	1805	300	1505	16.62

城镇名称	城镇驻地人口（人）	非农人口（人）	农业人口（人）	城镇化水平（%）
蔡家会镇	938	80	858	8.53
罗峪口镇	835	113	722	13.53
高家村镇	1880	240	1640	12.77
蔡家崖乡	858	126	732	14.69
奥家湾乡	710	92	618	12.69
恶虎滩乡	879	89	790	10.13
赵家坪乡	650	50	600	7.69
孟家坪乡	1420	190	1230	13.38
贺家会乡	1235	90	1145	7.29
固贤乡	2011	230	1781	11.44
东会乡	736	60	676	8.15
交楼申乡	1081	85	996	7.86
圪垯上乡	983	72	911	7.32
合　计	94544	34277	59444	12.72

目前常用的城镇化水平预测的方法主要有非农业人口指数增长法、城镇人口趋势外推法、联合国法、经济水平相关分析法和农村剩余劳动力转移法，由于本县城镇人口中非农业人口比例较小，又缺乏实际城镇人口的历年资料，前两种方法应用效果差，故规划采取后3种方法进行预测。

（1）联合国法

预测公式为：

$$\frac{Pu\ (t)}{1-Pu\ (t)}=\frac{Pu\ (1)}{1-Pu\ (1)}e^{URGD*t}$$

其中：$URGD=\ln\left(\frac{Pu\ (2)\ /1-Pu\ (2)}{Pu\ (1)\ /1-Pu\ (1)}\right)*\frac{1}{n}$

式中 $Pu\ (t)$ 为预测期末的城市化水平；$Pu\ (1)$ 为预测数据段起始年的城镇化水平；$Pu\ (2)$ 为预测数据段结束年的城镇化水平；$URGD$ 为城乡人口增长率差；n 为预测数据段的年数；t 为预测期至预测数据段起始的年数。

依据《兴县县城总体规划（2000—2020）》调查分析，对其进行一定修正，1999 年兴县城镇化水平 8.9%，到 2005 年同口径城镇化水平提高到 28%，6 年间城镇化水平提高了 19.1 个百分点，年均提高 3.1 个百分点，按 11 城镇考虑，2005 年兴县按户籍人口计算的城镇化水平为 29.7%，2010 年按户籍人口计算的城镇化水平为 39.2%，2020 年按户籍人口计算的城镇化水平为 51.25%。按 2005 年实际城镇化水平与按户籍人口计算的城镇化水平的比例计算，2010 年实际城镇化水平为 43%；2020 年实际城镇化水平 51%。

（2）农村剩余劳动力转移法

预测公式为：

$$P_n=P_1\ (1+r_1)^n+\{F*P_2\ (1+r_2^n)\ -S/\psi\}*W*V$$

式中：P_n 为预测年末城镇人口；P_1 为预测基年即 2005 年末城镇人口，为 8.3 万人；r_1 为城镇人口自然增长率，2006—2010 年取千分之 8，2011—2020 年取千分之 6；n 为预测年限；P_2 为预测基期农村人口，为 19 万人；F 为农村人口中的劳动力比例，2005 年为 44.0，根据人口年龄构成及其发展趋势，取 $F=45\%$；r_2 为农村人口自然增长率，2005－2010 年取千分之 10，2011－2020 年取千分之 8；S 为预测年末宜农耕地，2005 年兴县有耕地 1248000 亩，根据规划期内实现耕地总量动态平衡的战略目标，确定规划期内耕地数量不变，故预测年末宜农耕地取 1248000 亩；φ 为每个农村劳动力负担耕地数，2005 年为 4.3 亩，考虑到兴县水土条件一般，2010 年取 5 亩，2020 年取 8 亩；W 为农村劳动力转移比例，考虑到兴县农村人口总量较大，城镇和农村人口劳动力之比较小，城镇在农村人口总量中接收转移劳动力人口的比例会很高，确定 2010 年为 8%，2020 年为 120%；V 为还着系数，近期取 2.0，远期取 2.5。计算结果：

2010 年城镇总人口为 14 万人，城镇化水平为 45%。

2020 年城镇总人口为 18 万人，城镇化水平为 52%。

（3）结论

由上述 3 种方法预测结果综合得：

2005 年，城镇化水平 29.69%，城镇人口为 8.35 万人。

2010 年，城镇化水平 40%～43%，城镇人口为 12.6 万人左右。

2020 年，城镇化水平 50%～53%，城镇人口为 18.4 万人左右。

第二十三章 城镇体系结构规划

一、城镇体系职能结构规划

针对现状城镇职能普遍较弱，城镇职能专业化分工不强、特色不突出的特点，确定城镇体系职能结构规划的主要任务是：促进城镇职能等级分化，提高城镇职能强度，加强城镇专业化部门的建设，培育城镇职能特色，协调城镇间的分工与协作。

1. 等级结构

规划确定城镇体系职能结构分为 3 个等级：县城—中心镇——一般镇。

Ⅰ级：县城（蔚汾镇）。蔚汾镇为第一组团作为县城所在地，其县域中心的地位历史悠久，二、三产业基础较好，各项设施较完善，是县域内目前建设的最好的城镇，第二组团在县域西侧 10 公里规划新城，是县城新的发展方向，也是县域内最大的增长极。

Ⅱ级：中心镇——即蔡家崖镇、魏家滩镇、罗峪口镇、廿里铺镇、康宁镇 5 个中心城镇。这 5 个镇的发展历史悠久，小区位条件均较为优越。其中廿里铺镇、康宁镇，分别承担着县域城镇体系与外界发生经济联系的门户位置，而魏家滩镇、康宁镇承担着县城向南北诸镇经济社会辐射的中转地职能。罗峪口镇是沿黄公路上的重要节点。随着城镇附近独立工业小区和近城工业区的建设，各城镇经济实力将显著增强，且随着和周边县市区以及县域各城镇原材料及工业产品的交流，将有效地提高兴县县域城镇体系的经济联合度、综合经济实力和区域竞争力。

Ⅲ级：一般镇——即大峪口镇、蔡家会镇、交楼申镇、孟家坪镇。其中交楼申镇为风景旅游区的旅游服务城镇；大峪口镇为沿黄新兴城镇；孟家坪镇城镇发展条件一般。

2. 职能结构

根据各城镇的区位条件、资源状况、经济发展及其区域意义，划分兴县城镇为综合型、工贸型、交通型、旅游型、工业型、农贸型职能类型，详见表23-01。

表23-01 兴县城镇体系职能结构规划表

职能等级	职能类型	城镇名称	主导职能
Ⅰ县城	综合型	蔚汾镇	全县政治、经济、文化中心，以商贸物流业为主的经济增长极核
Ⅱ中心镇	旅游工贸型	蔡家崖镇	县域西部重要商贸流通基地，以红色旅游、交通、农副产品加工为主的城镇
	综合型	魏家滩镇	县域内瓦塘、魏家滩工业走廊发展轴上的中心城镇，能源、冶金、化工、建材为主的重要工业基地及交通生活服务型城镇
	工业、交通型	廿里铺镇	县域东部重要的煤电化工生产基地，以交通、高效设施农业、畜牧业为主的城镇
	旅游交通型	罗峪口镇	县域西南部黄河沿线重要的商贸流通城镇
	工贸型	康宁镇	县域南部片区的中心城镇，重要的县级商贸流通基地
Ⅲ一般镇	农贸型	大峪口镇	县域西南部黄河沿线重要商贸流通城镇，以高效农一、农副产品加工业为主的城镇
	农贸型	蔡家会镇	县域西南部重要的商贸流通城镇，以发展农副产品加工业为主
	旅游农贸型	交楼申镇	以旅游业、高效农业、农副产品加工、畜牧业为主的城镇
	农贸型	孟家坪镇	以高效农业、农副产品加工业为主的城镇

二、城镇体系规模结构规划

遵循"突出重点，促进集聚"的总体指导思想，根据以下依据和方法进行规模结构调整。

第一，以全县城镇人口预测结果作为总量控制指标。

第二，以各城镇发展条件、经济布局趋势和其在城镇体系中的地位，以及近年来人口增长率作为调整依据。

第三，兴县县城人口根据《山西省城镇体系规划文本（2004-2020年）》（2004.7报批稿）、《兴县县城总体规划文本（2000-2020）》确定的人口规模，结合人口综合预测法预测结果相校核确定，其他城镇采取布点法确定。规划结果详见表23-02。

表23-02 兴县城镇等级规模结构规划表

等级	规模（万人）	2010年		2020年	
		城镇数量（个）	城镇名称及规模（万人）	城镇数量（个）	城镇名称及规模（万人）
Ⅰ	>5.0	2	蔚汾镇（7）蔡家崖镇（1.7）	2	蔚汾镇（7）蔡家崖镇（4）

等级	规模（万人）	2010 年		2020 年	
		城镇数量（个）	城镇名称及规模（万人）	城镇数量（个）	城镇名称及规模（万人）
Ⅱ	1.0-5.0	1	魏家滩镇 瓦塘（1.8）魏家滩（0.4）	1	魏家滩镇 瓦塘（3）魏家滩（1）
Ⅲ	0.4-1.0	7	廿里铺镇（0.3）、康宁镇（0.3）、蔡家会镇（0.2）、罗峪口镇（0.3）、交楼申镇（0.2）、大峪口镇（0.2）、孟家坪镇（0.2）	7	廿里铺镇（0.6）、康宁镇（0.6）、蔡家会镇（0.4）、罗峪口镇（0.6）、交楼申镇（0.4）、大峪口镇（0.4）孟家坪镇（0.4）

规划规模结构特点是：县城作为县域中心城镇，规模得到显著提高，其中心地位进一步增强，在实力上得到壮大，可以更好地发挥县域中心和吕梁市重要城镇的作用。

中心镇和一般镇人口规模也得到显著提高，魏家滩镇北川循环经济综合示范基地片区中心城镇人口上升到 4.0 万人之上，罗峪口镇、廿里铺镇、康宁镇、蔡家会镇、大峪口镇、交楼申镇、孟家坪镇 7 个中心城镇及重要城镇人口均上升到 0.4 万人之上。

两乡合并建镇后的一般城镇人口也有显著提高，达到目前国家设立建制镇的人口标准。

三、城镇体系空间结构规划

县域城镇体系空间布局具有明显集聚型特征，从县域地貌特征、资源分布和经济布局趋势分析，规划期内城镇空间布局将有进一步走向非均衡发展的态势。根据现状分布特征、发展趋势和城镇化总体战略，城镇体系空间结构调整的总体构思：突出增长极核，引导空间集聚，加强中心地建设，协调城乡关系，形成"1 主 5 次 6 中心、1 圈 4 轴"的向心放射状的城镇空间格局。

1 主 5 次 6 中心

规划形成"1 主 5 次 6 中心、1 圈 4 轴"的向心放射状的城镇空间格局。

由规划期末的县城（蔚汾镇）、蔡家崖镇及魏家滩镇、罗峪口镇、廿里铺镇、康宁镇组成县域重点发展的 6 个主次城镇增长极核，在县域工业产业发展和升级中承担着重要作用。其中，由县城（蔚汾镇）和位于蔡家崖镇的新区为县域城镇主增长极核，为县域轻工业发展的推动基地，魏家滩镇为县域北部次一级增长极核，为煤电铝重工业大型化发展的推动基地。罗峪口镇、廿里铺镇为县域西部东部次一级城镇增长极核，康宁镇为县域南部的次一级增长极核。

1 圈 4 轴

1 圈指兴县以县城为中心由 6 个城镇构成的近圆形城镇分布带。

4 轴分别指忻黑线、苛大线、裴家川口沿苛大线支魏家滩沿线、沿黄公路为区域重要的交通通道地区，亦是县域 3 大重要的产业布局走廊。

城镇体系空间结构规划较好地解决了制约兴县城镇发展的 2 大空间布局问题：

1. 城镇密度偏小、空间布局不均衡的问题

全县城镇密度得到显著提高，由 0.22 个/平方公里上升到 0.32 个/平方公里。

此外，解决了县域东部化发展滞后和县域中心城镇西向发展动力缺乏问题。以沿忻黑线原有蔚汾镇和高家村镇 2 个城镇上升到包括蔚汾镇、蔡家崖镇、廿里铺镇在内的 3 个城镇，城镇

数量和城镇密度得到显著提高，城镇化进程和社会经济发展得到有效促进，也增强了以县城为核心的西向社会流强度，提高了县城向西发展的动力。

2. 县城发展空间受限

因地理条件限制，在原县城西侧建设新区将有效解决县城发展空间受限的问题，将有力推动县城城市建设的发展，通过蔡家崖新区与县城的联合发展，可实现两城镇基础设施和社会服务设施有效共享共建，同时避免了两城镇近距离空间竞争，达到双赢目的。

四、城镇建设要点

1. 县城

城镇性质：兴县县城是县域政治、经济、文化、商贸、旅游中心，是交通便利，环境优美的宜居城镇。

城镇规模：2010 年和 2020 年人口规模分别为 8.7 万人和 11 万人，城镇建设用地规模分别为 957 公顷和 1210 公顷。

城镇发展战略：确定兴县县城发展战略要突出以下几方面：①加强城市综合性职能建设，为商贸服务创造良好的社区环境，确实发挥区域中心的辐射、集聚作用。②兴县县城及新城地处蔚汾河谷的山前洪水冲积平原区，城区南北均为绵延的山体、穿城而过的蔚汾河给城镇园林绿化建设和景观塑造创造了良好的生态条件和文化条件，规划要塑造园林式小城镇形象，提高城市的生态环境质量和文化艺术品位。③加强兴县县城和吕梁市中心城市及周边城镇的职能联系，强化其中城镇的职能地位，在服务职能上形成等级体系。

发展方向及空间布局：根据现状城市建设基础和用地条件评价，遵照合理用地、节约用地的原则，通过对地貌、排水防洪、内外交通联系、城市景观、远景发展等诸多因素的综合分析，确定兴县城市用地以向西发展为主，在原县城西 10 公里建蔡家崖新区。规划结合考虑现状城市的形态，功能分区、生态环境和景观风貌等因素，确定城市空间结构为县城与蔡家崖新区、新旧两个中心的城市组团结构。

2. 魏家滩镇

城镇性质：由原瓦塘镇与魏家滩镇合并而成，是瓦塘—魏家滩工业循环经济走廊发展轴上的中心城镇，能源、冶金、化工、建材为主的重要工业基地及交通生活服务基地。

城镇规模：2010 年和 2020 年城镇人口规模分别为 2.2 万人和 4.0 万人，城镇建设用地规模预计为 264 公顷和 480 公顷左右。

城镇发展战略：北川循环经济综合示范基地的发展，一方面要加快煤炭、电力、冶金、煤化工、建材工业的发展，另一方面要强调对环境的保护，并积极发展物资集散商贸业。

发展方向及空间布局：北川循环经济综合示范基地苛大线公路和岚漪河谷呈带状布局，规划城镇以向西、东发展为主，工业区布局在循环经济走廊沿线布置，工业与城镇之间要建设绿化隔离带。此外应积极构建解决苛大线公路、苛瓦铁路的过境问题。

3. 蔡家崖镇

由高家村镇与蔡家崖乡合并而成，是县域西部的中心城镇，重要的县给商贸流通基地，以交通、旅游、农副产品加工为主的城镇。

城镇规模：2010 年和 2020 年城镇人口规模分别为 1.7 万人和 4.0 万人，城镇建设用地规模分别为 204 公顷和 480 公顷。

确定城镇以向东发展为主，东侧紧邻县城将新建蔡家崖新区，是该地区发展的重要增长极核。

4. 廿里铺镇

由奥家湾乡与恶虎滩乡合并而成，是县域东部重要的煤、电、化、工生产基地、以交通、高效设施农业、畜牧业为主的城镇。

城镇规模：2010 年和 2020 年城镇人口规模分别为 0.3 万人和和 0.6 万人，城镇建设用地规模分别为 36 公顷和 72 公顷。

廿里铺镇位于原恶虎滩乡和奥家弯乡之间，原奥家湾乡离县城过近，恶虎滩乡过远，所以选定廿里铺做为东部新兴发展的中心城镇。

5. 康宁镇

由固贤乡并入康宁镇组成，是县域南部的中心城镇，重要的县级商贸流通基地。

城镇规模：2010 年和 2020 年城镇人口规模分别为 0.3 万人和 0.6 万人，城镇建设用地规模为 36 公顷和 72 公顷。

康宁镇位居岢大线的通道位置，是县域南部重要的中心城镇，将是南部发展的增长极核。

6. 交楼申镇

由原交楼申乡和东会乡合并而成，是县域东南部以旅游业、高效农业、农副产品加工、畜牧业为主的城镇。

城镇规模：2010 年和 2020 年城镇人口规模分别为 0.2 万人和 0.4 万人，城镇建设用地规模为 24 公顷和 48 公顷。

7. 罗峪口镇

由赵家坪乡并入罗峪口镇组成，是县域西南部黄河沿线重要的商贸流通城镇。

城镇规模：2010 年和 2020 年城镇人口规模分别为 0.3 万人和 0.6 万人，城镇建设用地规模为 36 公顷和 72 公顷。

8. 蔡家会镇

是县域西南部的商贸流通城镇，以发展农副产品加工业为主。

城镇规模：2010 年和 2020 年城镇人口规模分别为 0.2 万人和 0.4 万人，城镇建设用地规模为 24 公顷和 48 公顷。

9. 孟家坪镇

由贺家会乡和孟家坪乡合并而成，是县域西南部以高效农业、农副产品加工业为主的城镇。

城镇规模：2010 年和 2020 年城镇人口规模分别为 0.2 万人和 0.4 万人，城镇建设用地规模为 24 公顷和 48 公顷。

10. 大峪口镇

由圪垯上乡迁至大峪口而成，是县域西南部黄河沿线的商贸流通城镇，以高效农业、农副产品加工业为主的城镇。

城镇规模：2010 年和 2020 年城镇人口规模分别为 0.2 万人和 0.4 万人，城镇建设用地规模为 24 公顷和 48 公顷。

第二十四章　建设社会主义新农村

一、新农村建设总体思路

坚持从兴县实际出发，按照城乡协调发展的要求，积极推进社会主义新农村建设和特色城镇化进程，完善交通能源等基础设施，按照 20 字方针，在全县农村四、五星级支部中继续优选 30 个农村做为首批建设试点，按党中央国务院推进新农村建设的若干意见，进行水电路基础设施、种养加产业配置和文化、休闲发展，力保试点村建设成为首批小康村，试点村农民人均收入达到 3000 元。

抓紧研究建立工业反哺农业、城镇带动农村的长效机制。建设社会主义新农村不能囿于农村发展农村，而必须从统筹城乡发展、以工促农、以城带乡的宽广视野和思路谋划农村发展，解决"三农"问题。今年着手研究探索把工业反哺农业、城市带动农村这一重大方针和战略落到实处、收到实效的方式途径和政策措施，5 年基本建立起通过多种方式途径，有效实现全县工业支持农业、城市带动农村的体制机制，逐步形成城乡互动、协调发展的新格局。

坚持统筹城乡经济社会发展的基本方略，在积极稳妥地推进城镇化的同时，按照生产发展、生活宽裕、乡风文明、村容整洁、管理民主的要求，扎实稳步推进新农村建设。

1. 发展现代农业

坚持把发展农业生产力作为建设社会主义新农村的首要任务，推进农业结构战略性调整，转变农业增长方式，提高农业综合生产能力和增值能力，巩固和加强农业基础地位。

（1）提高农业综合生产能力

坚持粮食基本自给，稳定发展粮食生产，确保国家粮食安全。加强粮食主产区生产能力建设，提高粮食单产、品质和生产效益。建立粮食主产区与主销区间利益协调机制。抓好其他区域粮食生产能力建设。

坚持最严格的耕地保护制度，确保基本农田总量不减少、质量不下降。加强以小型水利设施为重点的农田基本建设，改造大型灌区，加快中低产田改造，提高耕地质量和农业防灾减灾能力。

提高农业科技创新和转化能力。加快建设国家农业科技创新基地和区域性农业科研中心。加快农作物和畜禽水产良种繁育、饲料饲养、疫病防治、资源节约、污染治理等技术的研发和推广。培育和推广超级杂交水稻等优良品种。加强物种资源保护和合理开发利用。

改革传统耕作方式，推行农业标准化，发展节约型农业。科学使用化肥、农药和农膜，推广测土配方施肥、平衡施肥、缓释氮肥、生物防治病虫害等适用技术。推广先进适用农机具，提高农业机械化水平。

（2）推进农业结构调整

优化农业产业结构。在保证粮棉油稳定增产的同时，提高养殖业比重。加快发展畜牧业和奶业，保护天然草场，建设饲草料基地，改进畜禽饲养方式，提高规模化、集约化和标准化经济作物产业带和名特优新稀热带作物产业带。发展农区、农牧交错区畜牧业，在南方草山草坡和西南岩溶地区发展草地畜牧业，恢复和培育传统牧区可持续发展能力。在缺水地区发展旱作节水农业。因地制宜发展经济林和花卉产业。发展水产养殖和水产品加工，实施休渔、禁渔制度，控制捕捞强度。

优化农业产品结构。发展高产、优质、高效、生态、安全农产品。重点发展优质专用粮食品种、经济效益高的经济作物、节粮型畜产品和名特优新水产品。

优化农业区域布局。

（3）加强农业服务体系建设

健全农业技术推广、农产品质量安全和标准、动物防疫和植物保护、认证认可等服务体系。整合涉农信息资源，加强农村经济信息应用系统建设。推进农业服务组织和机制创新，鼓励和引导农民发展各类专业合作经济组织，提高农业的组织化程度。

（4）完善农村流通体系

推进农产品批发市场建设和改造，促进农产品质量等级化、包装规格化。继续实施"万村千乡市场工程"，加快供销合作社经营网络改造和城市商业网点向农村延伸。完善鲜活农产品"绿色通道"网络。发展农资连锁经营，规范农资市场秩序。

2. 增加农民收入

（1）挖掘农业增收潜力

积极发展品种优良、特色明显、附加值高的优势农产品。延长农业产业链条，使农民在农业功能拓展中获得更多收益。发展农产品加工、保鲜、储运和其他服务。支持发展农业产业化经营，培育带动力强的龙头企业，健全企业与农户利益共享、风险共担的机制。扩大养殖、园艺等劳动密集型产品和绿色食品生产。鼓励优势农产品出口。发展休闲观光农业。

（2）增加非农产业收入

推动乡镇企业机制创新和结构调整，引导乡镇企业向有条件的小城镇和县城集中。扶持县域经济发展，注重发展就业容量大的劳动密集型产业和服务业，壮大县域经济。健全就业信息服务体系，引导富余劳动力向非农产业和城镇有序转移，保障进城务工人员合法权益，增加农民务工收入。

（3）完善增收减负政策

继续实行对农民的直接补贴政策，加大补贴力度，完善补贴方式。促进农产品价格保持在合理水平，稳定农业生产资料价格，建立农业支持保护制度。严格涉农收费管理，禁止向农民乱收费、乱摊派。

3. 改善农村面貌

统筹规划、分步实施，政府引导、群众自愿，因地制宜、注重实效，改善农民生产生活条件。

（1）加强农村基础设施建设

着力加强农民最急需的生产生活设施建设。加快实施农村饮水安全工程。加强农村公路建设，基本实现全县所有乡镇通油（水泥）路，东中部地区所有具备条件的建制村通油（水泥）

路，西部地区具备条件的建制村通公路，健全农村公路管护体系。积极发展农村沼气、秸秆发电、小水电、太阳能、风能等可再生能源，完善农村电网。建立电信普遍服务基金，加强农村信息网络建设，发展农村邮政和电信，基本实现村村通电话、乡乡能上网。按照节约土地、设施配套、节能环保、突出特色的原则，做好乡村建设规划，引导农民合理建设住宅，保护有特色的农村建筑风貌。

专栏"四化、四改"

"四化"是：街巷硬化，解决农民群众行路难的问题；村庄绿化，营造良好的生活环境；环境净化，重点整治脏、乱、差；路灯亮化，主要街道安装路灯、配套照明设施。"四改"是：改水，新建、改造农村供水工程，使农民饮用上卫生安全的自来水，农村饮水安全人口达标率达到90％；改厨，积极发展沼气等清洁能源，用燃气灶逐步取代现行的烧煤、燃柴灶具，实现农村沼气用户达到20％以上，建设以沼气为主的康庄生态家园；改圈，做到人畜分离，提倡发展养殖小区；改厕，取消露天粪坑，逐步提高卫生厕所的比例；

（2）加强农村环境保护

开展全国土壤污染现状调查，综合治理土壤污染。防治农药、化肥和农膜等面源污染，加强规模化养殖场污染治理。推进农村生活垃圾和污水处理，改善环境卫生和村容村貌。禁止工业固体废物、危险废物、城镇垃圾及其他污染物向农村转移。

（3）积极发展农村卫生事业

加强以乡镇卫生院为重点的农村卫生基础设施建设，健全农村三级卫生服务和医疗救助体系。培训乡村卫生人员，开展城市医师支援农村活动。建设农村药品供应网和监督网。加强禽流感等人畜共患疾病防治。完善农村计划生育服务体系，实施农村计划生育家庭奖励扶助制度和"少生快富"工程。

（4）发展农村社会保障

探索建立与农村经济发展水平相适应、与其他保障措施相配套的农村养老保险制度。基本建立新型农村合作医疗制度。有条件的地方要建立农村最低生活保障制度。完善农村"五保户"供养、特困户生活补助、灾民救助等社会救助体系。

4. 培养新型农民

加快发展农村教育、技能培训和文化事业，培养造就有文化、懂技术、会经营的新型农民。

（1）加快发展农村义务教育

着力普及和巩固农村九年制义务教育。对农村义务教育阶段学生免收学杂费，对其中的贫困家庭学生免费提供课本和补助寄宿生生活费。按照明确各级责任、中央地方共担、加大财政投入、提高保障水平、分步组织实施的原则，将农村义务教育全面纳入公共财政保障范围，构建农村义务教育经费保障机制。实施农村教师培训计划，使中西部地区50％的农村教师得到一次专业培训。鼓励城市各单位开展智力支农，加大城镇教师支援农村教育的力度。全面实施农村中小学远程教育。

（2）加强劳动力技能培训

支持新型农民科技培训，提高农民务农技能和科技素质。实施农村劳动力转移培训工程，增强农村劳动力的就业能力。实施农村实用人才培训工程，培养一大批生产能手、能工巧匠、经营能人和科技人员。

（3）发展农村文化事业

加强农村文化设施建设，扩大广播电视和电影覆盖面。引导文化工作者深入乡村，满足农民群众精神文化需求。扶持农村业余文化队伍，鼓励农民兴办文化产业。推动实施农民体育健身工程。开展"文明村镇"和"文明户"活动，引导农民形成科学文明健康的生活方式。

5. 增加农业和农村投入

坚持"多予少取放活"的方针，加快建立以工促农、以城带乡的长效机制。调整国民收入分配格局，国家财政支出和预算内固定资产投资，要按照存量适度调整、增量重点倾斜的原则，不断增加对农业和农村的投入。扩大公共财政覆盖农村的范围，确保财政用于"三农"投入的增量高于上年，新增教育、卫生、文化财政支出主要用于农村，中央和地方各级政府基础设施建设投资的重点要放在农业和农村。改革政府支农投资管理方式，整合支农投资，提高资金使用效率。鼓励、支持金融组织增加对农业和农村的投入，积极发展小额信贷，引导社会资金投向农业和农村。

6. 深化农村改革

稳定并完善以家庭承包经营为基础、统分结合的双层经营体制，有条件的地方可根据自愿、有偿的原则依法流转土地承包经营权，发展多种形式的适度规模经营，搞好土地承包流转中的仲裁服务。巩固农村税费改革成果，全面推进农村综合改革，基本完成乡镇机构、农村义务教育和县乡财政管理体制等改革任务。深化农村金融体制改革，规范发展适合农村特点的金融组织，发挥农村信用社的支农作用，建立健全农村金融体系。稳步推进集体林权改革。加快征地制度改革，健全对被征地农民的合理补偿机制。增强村级集体经济组织的服务功能。

大力推进农村基层组织建设。着重抓好村党组织建设，同步推进村民自治组织和其他村级组织配套建设。积极推进村级组织活动场所建设。加强农村基层干部队伍建设。推进政务公开和民主管理，健全村党组织领导的充满活力的村民自治机制。

7. 新农村建设发展模式

城镇带动型：对地处城镇边缘以及中心镇和其他一般镇的"城中村""镇中村"，按照城镇化标准加强基础设施建设，提升工业园区和经济功能区水平，扩大就业，增强经济实力。通过撤村建居，推进城市化进程。

中心村聚集型：对地处城镇外围、自然环境有利生产生活、产业基础较好、集体经济实力较强的村庄，在完成村庄环境综合整治的基础上，突出基础设施建设、公共事业建设和农民生产生活条件改善，按照新农村建设标准，规划建设农业功能区、工业功能区、居住功能区、文教娱乐功能区等新型农村社区，使之成为社会主义新农村示范村。

特色开发型：对地处生态涵养区、风景区等的村庄，本着保护、开发并重的原则，充分利用自然与人文资源，坚持生态优先，做好历史遗址村、革命传统村、生态村、文化村、农家乐村、传统民居村的建设规划以及保护有特色的民居旧宅，形成一批文化特色村。

环境整治型：对那些区位偏僻、村民居住分散、村集体经济基础薄弱、农户不富裕的不宜撤并、规划保留的行政村，重点实施饮水安全、危旧房除险加固和道路硬化、厕所改造、垃圾清运、排水治污、绿化美化等，加强村庄整治，彻底改变村庄"脏、乱、差"面貌。

迁村并点型：对处于矿山采空区、山体滑坡等地质灾害易发区，以及山区交通极为不便、生产生活条件恶劣的自然村，整建制向城区、小城镇或中心村搬迁。

8. 新农村建设重点工程

大型粮棉油生产基地和优质小杂粮产业工程：要粮食主产区，集中连片建设高产稳产大型商品粮生产基地、优质棉基地、优质油基地，实施良种繁育，病虫害附空和农机装备推进等项目。

沃土工程：对增产潜力大的中低产田加大耕地质量建设力度，配套建设不同类型的土肥新技术集成转化示范基地，使项目实施区的中低产耕地基础地力提高一个等级。

植保工程：完县级基层站，建设一批生态和生牧控灾示范基地，农药安全测试评价中心和生物技术测试区域中心。

种养业良种工程：建设农作物种质资源库，农作物改良中心，良种繁育基地，畜禽水产良种场。

动物防疫体系：建设和完善动物疫病监测预警、预防控制、检疫监督、兽药质量监察及残留监控、防疫技术支撑、防疫物质保障6大系统。

农产品质量安全检验检测体系：建设完善兴县农产品检测站。

农村饮水安全：解决农村居民饮用高氟水、高砷水、苦咸水、污染水、微生物超标等水质不达标及局部地区严重缺水问题。

农村公路：新建和改造农村公路，实现所有具备条件的乡镇和行政村通公路。

农村沼气：建设以沼气池、改圈、改厕、改厨为基本内容的农村户用沼气以及部分规模化畜禽养殖场和养殖小区大中型沼气工程。

送电到村和绿色能源县工程：建成绿色能源示范村，利用电网延伸、风力发电、小水电、太阳能发电等。

农村医疗卫生服务体系：以乡镇卫生院为重点，同步建设县综合医院、妇幼保健机构、县中医院。

农村计划生育服务体系：以县乡镇计划生育技术服务站为重点，建设县级服务站、中心乡镇服务站、流动服务车等。

农村劳动力转移就业：加强农村劳动力技能培训、就业服务和维权服务能力建设，为外出务工农民免费提供法律政策咨询、就业信息、就业指导和职业介绍。

二、乡村居民点重组规划

1. 乡村居民点现状分析

2005年末，兴县共设7镇、10乡、372个行政村，行政村密度为22个/百平方公里。同期，兴县农业人口为22.8万人，平均每个行政村613人。

兴县各行政村、自然村人口规模相差很大，现状乡村居民点具有以下特征：

（1）数量多，规模小

全县平均每个乡镇22个行政村。人口在1000人以下的行政村高达316个，占全部行政村的84.72%，而小于500人的行政村就占61.13%，自然村村庄的人口规模更是很小。

（2）布局分散，居住环境差

自然村呈散居状分布于全县各个角落，保持着农业社会的聚居特征，缺少规划指导，很多村庄依山傍水而居，周边环境较好，但村庄内部缺乏对环境的塑造，整体景观较差。

（3）基础设施和社会服务设施建设落后

由于居民点比较分散，基础设施配套建设比较困难，社会服务设施更是功能不全。社会服务设施方面只解决了基础教育设施，文化、体育设施的建设很难普及。

（4）部分临近城镇建成区的村庄正逐步融入城镇用地之中

随着城镇化进程的加快，城镇人口规模的扩张，城镇用地规模也在相应扩大，从而必然导致原来还处于城镇建成区之外的村庄建设用地被城镇建设所征用，致使村庄在行政建制和居民性质上发生了质的变化。这部分村庄用地成为城镇用地的一部分，村庄建制被取消，村庄居民由农村人口转化为城镇人口。

（5）很多条件恶劣的村庄正在消失

随着市场经济开放程度的提高，人口流动性加大，山地丘陵区人口在外出打工的同时也开始了居住环境的外迁，全县东西部山地丘陵区的自然村正悄然消失，人口向城镇和河谷川地集中。

（6）全县存在两大乡村居民点密集分布区

从乡村居民点空间布局上来看，依地貌形态，兴县共存在着两大较大规模的乡村居民点密集分布区：第一个是蔚汾河谷地乡村居民点密集区；第二个是岚漪河谷地乡村居民点密集区。除这两大乡村居民点密集分布区，在各乡镇中还存在若干较小规模的乡村居民点密集分布区和分布带，这些地区将是本次乡村居民点重组规划中要着重改造建设的地区。

2. 乡村居民点重组规划

依据县域空间分布特征，结合城镇结构规划、产业布局规划、旅游业规划、综合基础设施规划和资源开发构想，确定兴县乡村居民点重组规划的总体构思：以小学预测数量控制保留行政村总量，本着生态优先、点轴集中、下山入川、近城入城、大取小舍、趋利避害6大原则，实现乡村居民点空间布局的优化整合。

规划期末撤乡并镇、撤乡建镇之后，兴县新的行政区划下分乡镇现有行政村数量见表24—01。

表24—01　兴县规划10镇现有行政村数量表

名称	行政村数量（个）
县城（蔚汾镇）	47
蔡家崖镇	58
魏家滩镇	53
大峪口镇	11
廿里铺镇	39
康宁镇	48
交楼申镇	39
罗峪口镇	23
蔡家会镇	14
孟家坪镇	40

（1）"近城入城"乡村居民规划

随着城镇建设用地范围扩大，部分近城村庄用地将逐步纳入城集镇用地范围之内，相应乡村居民转化为城镇居民。结合兴县城镇人口发展规模和用地发展方向预测，确定兴县规划期末将纳入到城集镇之内的 29 个城中村，如表 24—02。

表 24—02　兴县 2020 年 10 镇入城行政村情况表

名称	数量（个）	行政村名称	并入城镇
县城（蔚汾镇）	7	西关村、东关村、郭家峁、石盘头、下李家湾、上李家湾、圪洞	县城
蔡家崖镇	3	蔡家崖村、北坡村、刘家梁村	蔡家崖镇
魏家滩镇	5	沙沟庙、瓦塘村、黄家沟、马子寨、店上	魏家滩镇
廿里铺镇	1	廿里铺村	廿里铺镇
康宁镇	4	康宁村、寨牛湾、张家崖、李家湾	康宁镇
罗峪口镇	1	罗峪口村	罗峪口镇
大峪口镇	1	大峪口村	大峪口镇
蔡家会镇	2	柳林、唐堂宇	蔡家会镇
孟家坪镇	3	孟家坪、孟家坡、尹家里	孟家坪镇
交楼申镇	2	交楼申村、崖窑上	交楼申镇
合　计	29		

（2）2020 年农村地区乡村居民点规划

结合分乡镇行政村数量，全县教育事业规划和"近城入城"乡村居民点规划，计算得出规划期末 10 镇中乡镇驻地之外农村地区行政村现有数量和规划控制数量。

规划确定至 2020 年完成对全县农村地区全部非行政村驻地自然村和全部人口小于 200 人的单门独户乡村居民点的撤并，10 镇撤并行政村规划详见表 24—03。

表 24—03　兴县 2020 年 10 镇行政村撤并表

名称	撤并数量（个）	其它撤并行政村
县城（蔚汾镇）	15	后发达、河儿上、枣林、上李家湾、孔家沟、赤涧、康家沟、杨塔、松石、官庄、下马家、紫沟梁、孟家沟、宋家塔、艾雨头
蔡家崖镇	27	刘家梁、北坡、栏岗、旭谷、五龙堂、池家梁、张家岔、北杏沟、魏家岔、李家山、阎家山、白家梁、胡家山、焉头、弓家山、任家塔、西吉、北西洼、石阴村、王家塔、寨滩上、桑娥、唐家吉、东峁、沙焉、花元沟、宋家山
魏家滩镇	22	张家洼、常申、上虎梁、南堡、山庄、杨塔上、对宝、刘家圪坨、麻瑀塔、东磁窑洞、马家沟、贝塔、薛家沟、王家畔、北梁、吕家沟、天洼、马家湾、苏家吉、尹家峁、孟家洼、高家峁
廿里铺镇	16	吕家庄、斜拖山、炭烟沟、王家崖、孙家窑、石畔、阳塔、杏树塔、唐喆、安乐沟、阳会崖、郭家圪垌、李家庄、康陪沟、庄儿上、王家沟
康宁镇	18	苇子沟、赵家沟、前红月、后红月、丰世沟、高崖湾、穆家焉、乌门、薛家沟、杨家圪台、永顺、郑家岔、王家沟、福胜村、田家会、曲亭、贾家沟、进德
罗峪口镇	5	崖头吉、芦子坡、王家洼、大里上、吴儿申

名称	撤并数量（个）	其它撤并行政村
大峪口镇	3	杨角角、牛家川、河上
蔡家会镇	2	彩地岇、孙家畔
孟家坪镇	12	山头、有仁、冯家圪台、小善畔、碱滩坪、殿岇上子方头、岔上、寨洼、大军地、马圈沟、冯家岇
交楼申镇	17	新舍窠、陈家圪台、白家坪、大坪上、奥家滩、井沟渠、向阳、马家梁、木窑、王家庄、冯家沟、宜宜沟、王家坡、阳崖、庄上、安乐沟、兴盛湾
合　计	137	

（3）乡村居民点撤并安排

规划至 2020 年，兴县完成对 10 镇中 29 个入城行政村和 137 个农村地区撤并行政村的撤并。撤村并点规划在全县总体协调的基础上，以 10 镇为执行主体分乡镇实施，本着先山区丘陵后平川、先小村后大村的原则分阶段实施。规划要求各乡镇在规划期内每年必须完成至少 2 ～3 个行政村的撤并任务。

三、中心村规划

确定兴县中心村规划的总体构思：本着区位优先、经济活跃、大取小舍、空间均衡 4 大原则，确定中心村空间布局。

1. 中心村总量预测

预测各乡镇中心村数量计算公式：$S＝M/abc$

S 为乡镇控制中心村数量；M 为乡镇预测年末耕地面积；a 为预测年末农村劳动力负担耕地面积；b 为预测年末农村劳动力在农村总人口中的比重；c 为最小居住组团人口规模。

依据城镇化水平预测所用相关指标结合城市规划相关标准，确定 a 取 10 亩/人，b 取 45％，c 取居住组团人口规模最高值 3000 人，各乡镇和全县计算结果见表 24－04。

表 24－04　兴县 2020 年 10 镇中心村总量预测表

名称	2020 年耕地面积（亩）	规划中心村数量（个）
县城（蔚汾镇）	99435	8
蔡家崖镇	100590	8
魏家滩镇	157868	12
大峪口镇	56030	4
廿里铺镇	64650	5
康宁镇	143706	11
罗峪口镇	94899	7
蔡家会镇	65320	5
交楼申镇	62940	6
孟家坪镇	135026	10
合　计	980464	76

注：考虑到近期兴县撤并点，土地复垦、农田整理等政策的实施以及各乡镇土地单位产出效益的不同，预测所需各乡镇 2020 年耕地面积仍取 2005 年数据。

2. 中心村选择和布局

结合城镇体系产业布局规划、旅游规划、城镇体系结构规划、乡村居民点重组规划等内容，经实地勘察，本着基础设施共享成本最小化，规划确定以点、轴、面三种空间布局模式确定独立中心村、中心村带和中心村群。以兴县实际情况，宜以独立中心村为主，规划共确定了81个中心村，分乡镇中心村情况详见表24－05。

表24－05　兴县2020年10镇中心村规划表

名　称	中心村数量（个）	中心村名称
县城（蔚汾镇）	9	雅儿窝村、乔家沟、石盘头、肖家洼、树林、东坡、关家崖、程家沟、刘家圪台
蔡家崖镇	9	张家湾、碧村、黑峪口、巡检司、高家沟、杨家坡、杨家坪、贺家沟、碾子
魏家滩镇	13	瓦塘村、裴家川口、后南会、郑家塔、武家塔、石佛子、黄家沟、柴家里、木崖头、高家崖、庙井、王家畔、郝家沟
廿里铺镇	5	沟前门村、窑儿湾村、奥家湾村、刘家湾村、恶虎滩村
康宁镇	12	曹家坡、胡家庄、花子、新庄、乔子头、刘家曲、刘家庄、阎罗坪、固贤村、吴城村、窑儿上、甄家庄
罗峪口镇	7	东豆宇、史家山、大坪土焉、李家梁、阎家塔、宋家塔、赵家坪
蔡家会镇	6	柳林、沈家里、庄头、谷渠、圪台上、坡上
大峪口镇	3	圪垯上、芦山湾、募强
交楼申镇	7	冯家沟、阳湾则、康家庄、孙家崖、东会、寨上、姚家沟
孟家坪镇	10	横城、胡家塔、李家坪、坡底、王家塔、成家山、贺家会、安月、枣林坡、东吴家沟
合　计	81	

3. 中心村建设规划

中心村建设目标：人口规模达到1000人以上，农业经济发展活跃，加工工业有所起步。公路、电力、电讯、给水等基础设施配套齐全，并建有中心小学、医疗室、文化体育活动场所等社会服务设施。村庄建设需经过一定的规划，道路畅通，住宅新颖，有一定面积的公共绿地，村庄面貌良好，居民生活环境得到显著改善，逐步形成新的生活观念和生活习惯。中心村人均建设用地控制在120～150平方米。

中心村发展思路：中心村是乡村居民点中具有一定规模、发展条件较好的居民聚居地，可以说中心村承担着最低等级服务中心的地位，是乡村居民点与城镇之间进行联系与交流的纽带，因此中心村必须具备一定的建设规模和服务基础，具有吸引周边村庄人口的能量。规划确定的81个中心村基本上是发展条件较好、人口规模较大的村庄，在空间布局上也比较均衡，基本能满足为周围居民点服务的要求。对于中心村的建设，政府必须给予大力支持，要认识到这是城镇化进程中重要的一个环节。政府统一制定中心村建设相关的配套政策，建立中心村发展基金，给予最大限度的财政支持。督促中心村进行规划设计，为更深层次的发展打好基础。

鼓励周围居民点人口流动迁移，同时要求中心村制定合理的优惠政策接受外来人口。引导一些低层次加工工业向中心村集中发展。

四、基层村布局规划

规划将县域基层村分为积极发展、控制发展、撤并村 3 种类型进行调整。

积极发展的基层村 46 个，是重点建设的基层村，为新农村建设的治理村。乡村居民点。建设用地安排向这类村庄倾斜，积极促进人口集聚和村庄规模扩大，加强村庄综合环境整治和基础设计，与公共服务设施建设、中心村共同构成县域村庄建设的重点。

控制发展的基层村 79 个，以内涵发展为主，不再安排乡村居民点建设用地，适当加强村庄环境综合整治与基础设施、公共服务设施建设，改善居住生活环境。

实施撤并的村庄共 137 个。城镇村庄布局调整数量表见表 24－06。

表 24－06　兴县各城镇村庄布局调整数量汇总表

名　称	城中村	中心村	积极发展村庄	控制发展村庄	撤并村庄
县城（蔚汾镇）	7	9	4	12	15
蔡家崖镇	3	9	6	13	27
魏家滩镇	5	13	5	8	22
廿里铺镇	1	5	7	10	16
康宁镇	4	12	3	11	18
罗峪口镇	1	7	7	3	5
大峪口镇	1	3	2	2	3
蔡家会镇	2	6	2	2	2
交楼申镇	3	7	5	7	17
孟家坪镇	2	10	5	11	12
合　计	29	81	46	79	137

第二十五章　综合交通规划

一、交通现状及综合评价

兴县境内有干线公路 2 条（省道 2 条），长 137 公里；县级公路 3 条，长 122 公里，乡村公路 15 条，长 238 公里；全县共有各级公路 18 条，总长 497 公里。全县公路网密度为每百平方公里 15.7 公里，仅为全省路网密度的 41.2%。

交通运输现状特征表现在以下几个方面：

（1）交通设施的布局受自然环境制约，布局很不平衡，对外联系不便。北部沿苛大线、忻黑线周边地区公路体系较为完善，南部除岢大线沿线少数乡镇外，大多数乡镇交通均只有一条四级公路和少量乡村公路，交通设施落后，对外联系非常不便。交通仍是制约地区自然资源开发和经济社会发展的瓶颈。

（2）公路路网密度小，公路技术等级低。全县公路网密度仅为 15.7 公里/百平方公里，远低于山西省（38.1 公里/百平方公里）的平均水平。且其公路等级偏低，三、四级及等外公路合计占全县公路里程的 65.7%，受自然条件影响较大。作为全县主要的交通途径，公路的发展现状导致各乡、镇联系不便，人口、资源的流动受到制约，各级城镇难以发挥集聚作用，经济发展和经济功能发育受到严重影响。

二、综合交通发展规划

1. 规划的基本思路

（1）公路运输具有快速、便捷、高效的优点，符合兴县经济社会发展的需要，今后仍将是全县对外交通运输和各乡镇联系的主导交通方式。规划应以离石市公路网规划为依据，在现状交通网络基础上，建立完善的省、县、乡、村各级道路组成的公路运输系统，努力减小交通对县域发展的制约作用。规划应结合县域经济发展的趋势以及重点产业发展的需要进行，通过重点区域、重点城镇、重点线路的建设，有计划、有步骤地完善县域交通运输体系。

（2）配合北部工业区的发展，为提高全县货、客运体系水平，相应地开展铁路建设，做到同步规划、同步发展、同步利用。综合周边地区的铁路网现状及吕梁市交通发展规划，相应在兴县境内修建配套铁路，完善县域的对外交通体系。

2. 总体布局

以点轴开发模式为指导，依托城镇布局交通路线，构建以公路干线和铁路为骨架，以县城和主要乡镇为交通结点，以县乡公路为网络的交通运输体系。同时在重点区域建设资源开发公路和旅游公路，密切加强经济发展与交通网络建设的关系，基本建成与经济社会和城镇发展相适应并适度超前的现代化综合运输体系。

进一步强化蔚汾镇作为全县综合交通中心的地位，构建铁路骨架，提高公路等级和完善公路网络，缩短县城至各乡镇、各乡镇驻地至各行政村之间的时距。规划以公路建设为主，结合产业发展建设五条铁路线，以沿黄航运作为补充。此外，建设各旅游景点的旅游公路，以带动全县旅游业的快速发展。

3. 公路网规划

第一层次：对外交通公路布局

通道型公路是县域与周边地区经济社会联系的主要通道，也是吸纳外来人口、吸引投资、输出产品、内外沟通的大动脉，规划具有较大的现实和长远意义，应与省交通部门沟通，在符合全省交通十一五规划的前提下进行规划。规划主要由以下公路组成：

——岢岚—裴家川口高速公路：东与忻保（忻州—保德）高速相连，西与神木县的神延高速连接，全长 75 公里。规划随北川循环经济综合示范基地的发展同期建设，建成后将作为北川循环经济综合示范基地与外部联系的主要通道。

——忻黑高速公路：与神延高速、大运高速相连接。全长 281 公里，其中兴县段 53 公里。建成后将成为兴县与外界联系的主要通道，对加速兴县经济腾飞将起到极大的推动作用。

——省道忻黑线：东起忻州，途经静乐、岚县西至兴县蔡家崖镇黑峪口村。规划期内公路等级提升为一级。

——省道岢大线：北起岢岚县城，经兴县、临县，南至方山县大武镇。规划期内改建瓦塘—白文段 65 公里，公路等级提升为一级。

——沿黄公路：兴县境内北起保德冯家川，南至大峪口。近期内全部完成 93 公里的建设，公路等级均为二级。规划期内沿黄公路将在全省贯通，建成后将极大地推动沿黄地区的红枣加工业，带动周边地区经济的快速发展。

另外，规划期内将打通瓦塘—西梁（保德）、交楼申—普明（岚县）、东会—马坊（方山）、贺家会—白文（临县）、蔡家会—开化（临县）等几个公路出县口。

第二层次：县域内部交通公路布局

以县城为中心，沟通蔡家崖新区、北川循环经济综合示范基地、康宁镇、交楼申镇等主要乡镇，加强各乡镇之间的联系。规划以县城为中心的县级交通路线有：

——杨家坪—裴家川口 17 公里二级公路。

——石佛则—白家沟—杨家坪—石盘头二级公路，全长 60 公里。

——木崖头、关家崖—二十里铺—交楼申—东会二级公路，全长 110 公里。

——圪洞—肖家洼—红月—刘家庄二级公路，全长 30 公里。

——曹罗线二级公路。

——枣林坡—蔡家会—圪垯上二级公路。

——圪垯上—大峪口二级公路。

——旅游路线：

在修建或改建县级道路的同时，要重点新修和完善县城至各旅游景点，如"四·八"烈士纪念馆、千佛洞、晋绥军区司令部旧址、晋绥日报社旧址、裴家川口古合河县遗址等的旅游公路。

第三层次：乡、村网络型布局

乡、村公路网是在第一、二层次基础上，连接各个乡镇与村落之间、乡村居民点与公路干线之间的连接线。以乡村公路为主，现状技术等级为四级，规划逐步提高为三级，并改善路面情况，实现村村通公路。

专用线：

——新建郝家沟—白家沟二级公路专用线 10 公里。

——新建固贤—花子村 10 公里一级专用线。

4. 铁路线规划

从兴县长远的政治、经济发展考虑，结合现状及工业发展布局规划，规划修建以下铁路线：

——岢瓦铁路：东起岢岚，境内修至瓦塘并向西延伸接至神木，全段长 56 公里。

——岚原铁路：起点为蔚汾镇原家坪村，向东延伸至岚县，接入太古岚铁路，全长 70 公里。

——原神铁路：起点为蔚汾镇原家坪村，向西延伸至神木接入神延铁路（神木—延安），全长 80 公里。

——临兴（临县—兴县）铁路，起点为蔚汾镇原家坪村，向南经临县接入中卫铁路（太原—宁夏中卫），全长 70 公里。

——原魏铁路：由原家坪至魏家滩，接入岢瓦铁路，全长 40 公里。

以上铁路线建成后，将共同组成以原家坪、魏家滩为枢纽的兴县铁路的客、货运系统，解决长期困扰兴县的交通运输问题，全面提高兴县经济发展的速度。

5. 航运交通规划

兴县位于山西与陕西的交界处，但由于黄河的天然障碍，极大地限制了兴县与陕西的经济交流，在沿黄公路建成后，沿黄村镇的经济将得到前所未有的发展，急需增加与陕西的交流线路。结合现状，考虑到修建桥梁投资较大，考虑在沿黄93公里的水域线上，修建后南会、裴家川口、黑峪口、黄家洼、罗峪口、牛家川、大峪口等7个标准化渡口码头。

第二十六章　基础设施规划

一、给水工程

1. 现状

（1）兴县全县的用水基本上都是用水井取地下水，通过水塔直接进用户，只有蔚汾镇有自来水厂。全县没有完善的供水设施，水处理比较简单，水质得不到保障。

（2）对于蔚汾镇来说，随着城市的发展，需水量的增大，城市对供水水质和供水安全度要求的提高，现状水厂设备及城区分布的简单枝状管网已经不能满足要求；对于北川循环经济综合示范基地、蔡家崖镇等主要乡镇来说，简单的取水设施已经不能满足新型工业及新区发展的需要。

2. 给水工程规划原则

（1）根据经济发展的需要，保障人们生活和生产所需的用水量及消防用水量，并满足水质和水压要求。

（2）工业生产用水应尽量重复使用，节约用水。

（3）既要根据近期的需要，也要考虑到远期发展，做到近远期结合。

3. 供水系统规划

根据兴县城镇分布、水资源特点、地形地貌特点及供水结构分析，兴县的供水系统按分片考虑，县城、蔡家崖镇、魏家滩镇、廿里铺镇、康宁镇采用统一供水，镇区建水厂向镇中心和附近中心村及基层供水，以改善给水质量和用水条件，其他乡镇和中心村可根据实际情况采用统一供水或自然取水。

4. 水源规划

从长远考虑，综合考虑兴县经济发展状况，采用多水源供水将是解决兴县缺水、地下水位下降的必然途径。规划水源由以下几部分组成：

（1）地表水：水源主要来自天古崖、明通沟、阁老湾、阳湾则等主要水库及一些小型蓄水工程经改造或新建后供给，分引水和提升两种方式，供水量约4000万立方米。

（2）地下水：分浅层地下水与深层地下水两种，供水量约2000万立方米。

（3）污水处理后回用：主要用于工业，供水量约 800 万立方米。

（4）黄河水：近期主要是沿黄地区枣树灌溉，远期考虑工业用水引用黄河水。

由以上供水结构可以看出，水源主要依靠地表水径流，如果遇到枯水年，存在较大的安全隐患，开挖深井近期内可解决供水问题，但从长远考虑，为防止地下水位的下降，应积极组织开展引用黄河水的可研工作。

5. 水源保护

规划水厂大多采用地下水，根据《饮用水源保护区防治污染管理规定》，一级保护区内的水质标准不得低于国家规定的《GB3838-1988 地面水环境质量标准》Ⅱ类标准，必须符合国家规定的《GB5749-1985 生活饮用水水源标准》的规定。二级保护区的水质标准不得低于国家规定的《GB3838-1988 地面水环境质量标准》Ⅲ类标准，并保证一级保护区的水质能满足规定的要求。

6. 开源节流、合理利用水资源

规划要求工业用水推广先进技术，提高重复利用率；农业用水应推广节水型的喷灌、滴灌技术，节约农业用水；居民生活用水应采用定额管理，积极推广节水型器具。

二、排水工程

1. 污水排放现状

兴县县域内没有完备的排水系统，各类污水就近排入河流，严重污染了环境。兴县县城内没有污水处理厂，采用雨污合流的排水体制，排水多采用暗渠。

2. 规划原则

（1）根据县域排水现状，合理确定排水体制及污水处理厂的位置。

（2）加强对县城工业废水和生活污水的治理，以改善县域水环境，使之符合环保规划的总体要求。

（3）近远期结合，既要考虑近期建设的可行性，又要考虑远期总体布局的合理性，实行统一规划分步实施，使规划有较大的弹性。

3. 规划目标

至 2010 年，在县城和蔡家崖新区以及污染较严重的城镇建设污水处理厂，污水处理厂应布置在附近水体的下游并与居住区保持一定距离。污水处理深度达到二级。

至 2020 年，普遍将各中心镇及新增工业所在城镇污水收集处理，污水处理深度达到二级。

4. 污水治理工程

（1）排水体制

规划县城、蔡家崖新区、魏家滩镇北川循环经济综合示范基地采用雨污分流制，其他各乡镇随着新区的建设逐步改造成分流制，较小的镇可采用截流式合流制只铺设一套排水系统，雨水通过沟渠分散排放。

（2）污水处理厂规划

①在县城西侧选址建设一座中型污水处理厂，处理县城及附近的生活污水及部分工业

污水。

②随着北部煤、电、铝、化、材主导产业的实施，同步配置专门的污水处理设施，对不同水质采用不同的处理设施；远期，随着规模的扩大化，考虑建设集中的污水处理厂。

③随着魏家滩、蔡家崖、康宁、廿里铺、罗峪口等中心镇的建设，相应配套一些成套的污水处理装置，远期随着规模的扩大，逐步完善成小型污水处理厂。

三、供热工程

1. 供热现状

目前，兴县县域内没有集中供热设施，主要为小锅炉房和居民自制土暖气及小煤炉供热。

2. 热源规划

规划在魏家滩镇北川循环经济综合示范基地内建设 2×600 兆瓦 $+2 \times 135$ 兆瓦坑口发电厂，该电厂可向北川循环经济综合示范基地集中供热，实现热电联产。供热系统采用二级网系统。

在各乡镇建立区域性锅炉房，取代现状小型土锅炉，基本满足居民及公共建筑供热需求。

四、燃气工程

1. 现状

县域范围内没有煤气管道供应，主要有瓶装液化气供气。

2. 规划原则

节约能源、保护环境、方便群众生活、减少城市运输量，贯彻多种气源、多种途径、因地制宜、合理利用能源的方针。

3. 气源规划

陕京Ⅱ线天然气管道从兴县境内通过，远期将作为兴县县城的主要气源。

兴县县域将主要采用沼气和天然气，液化石油气将作为补充。规划期内将逐步普及沼气，发挥其短期投资、长期受益的特点，使之成为农村生活的主要气源。液化石油气将作为城市的补充气源，继续发挥其投资小、见效快、机动灵活的作用。

4. 燃气系统

（1）天然气

根据需要新建陕京Ⅱ线配套线路截断阀室 3 座，清管站 1 座。

（2）液化石油气

在规划设有液化石油气的区域内，液化石油气站的选址必须符合相关规范，严格执行防火规范所规定的内容。

五、电力工程

1. 供电现状

目前全县共有 110kV 变电站 1 座，总容量 31500kVA；35kV 变电站 5 座，总容量 26600kVA；10kV 以下变压器 700 余台，总容量 5.4 万 kVA；110kV 线路 1 条，35kV 线路 8

条，10kV 线路 39 条。2005 年全县总用电量 11536.8kW.H。

2. 县域用电量预测

根据兴县县域近 5 年来用电量变化情况和县域城镇体系发展规划，采用年平均递增进行用电量预测，取全县用电量年平均递增率为 15％。预测至 2010 年，全县综合用电量为 23204.6 kW.H；至 2020 年全县综合用电量为 46672.8kW.H。

3. 电力规划

（1）电厂

规划新建 2×135 兆瓦煤矸石发电厂一座，2×600 兆瓦中煤发电厂两座。

（2）电源

规划期内，新建的瓦塘 220kV 站与现状 110kV 蔡家崖站作为电源点，满足兴县的用电负荷，兴县将告别单电源供电的历史。

（3）变电站

规划新建 1 个 220kV 变电站——瓦塘变电站，主变容量 25000kVA，新建 4 个 35kV 变电站，分别为蔡家会变电站主变容量 2×2000kVA，东会变电站，主变容量 2×2500kVA，白家沟变电站，主变容量 2×2500kVA，兴华变电站主变容量 2×2000kVA。原 35kV 变电站 单台主变的，均另增设一台主变。全县形成完整、可靠、稳定的电源结构。

（4）电网

规划期内，规划修建电厂—瓦塘站 220kV 线路一条。另沿现状蔡家崖—郑家塔 110kV 线新建 1 条 110kV 线路，并伸至规划 220kV 瓦塘站，形成双电源回路，新建 35kV 线路 5 条，即蔡家崖—化肥厂，蔡家崖—兴华站，张家坪—蔡家会，花子—东会站，蔡家崖—白家沟，同时改造农村 10kV 线路和低压配线，做到同网同价。

六、电讯工程

1. 电信规划

各乡镇及县城逐步将电信架空线改造成地埋电信光缆，农话线路全部并入市话网，乡镇支局的中继线换成大容量的光缆线路，并联成环网，中国移动、中国联通继续加大覆盖率，加强信号质量。

2. 邮政规划

逐步完善邮政分支机构，在各乡镇结合公共设施的建设，布置新的邮政支局（所）。积极开办邮政电子商务业务，提高服务质量和投递时效，以适应不同层次、不同用户的需要。

3. 广播电视规划

以提高覆盖率，改善收听收视效果，提高制作水平，建设现代化多功能传播体系为目标，做到广播电视双入户的高科技网络。

七、环境卫生设施建设

按照生活垃圾处理减量化、资源化、无害化和产业化的原则，建成城乡兼顾、布局合理、技术先进、资源有效利用的现代化生活垃圾处理体系，建设清洁卫生城镇。

加快城镇综合垃圾综合处理及综合利用,危险废物安全处置等城区环保基础设施建设。建立垃圾分类收集、储运和处理系统,在优先进行垃圾、固体废物的减量化和资源化的基础上,推行垃圾无害化与危险废弃物集中安全处置。建立废旧电池回收处理体系。城镇医疗废物必须全部实现安全处置,鼓励医疗废物集中处置。

到规划期末,县城生活垃圾无害化处理率达到100%;粪便无害化处理率达到100%;医疗垃圾集中无害化处理率达到100%。

全县各镇生活垃圾无害化处理率达80%以上;粪便无害化处理率达到80%以上;医疗垃圾集中无害化处理率达到100%。

在新建、扩建的居住区设置垃圾站,垃圾收集站的服务半径不超过0.8公里;城区每2平方千米设置垃圾中转站1座;城镇主要干道每隔800米设置公共厕所1座,人流较集中地带按每500米1座设置。

规划期内,县城内保留现状垃圾填埋场,新增垃圾填埋场1个、小型垃圾中转站2个、粪便无害化处理站1个、生活垃圾处理厂1个;其他城镇均新建垃圾填埋场1个、小型垃圾中转站1个、粪便无害化处理站1个、生活垃圾处理厂1个;在交楼申镇新建死禽处理厂1个。

八、综合防灾规划

1. 防洪规划

根据镇区所处地理位置及可能造成的危害程度,考虑蔚汾河、岚漪河按50年一遇洪水设防,100年一遇洪峰流量校核,南川河、石楼河、湫水河等按20年一遇设防,50年一遇洪峰流量校核。

蔚汾河:防洪标准:50年一遇。主河道行洪宽度县城以上控制在80～100米,县城以下控制在100～120米,河坝高度控制为6米。

岚漪河:防洪标准:50年一遇。主河道行洪宽度瓦塘上游控制在80～100米,瓦塘下游控制在100～120米,河坝高度控制为5～6米。

2. 消防规划

建立完善消防安全体制,合理进行消防站布局,提高人们消防意识,建立消防法制,完善消防设施。

建立县域范围内的消防通信中心和指挥中心。

各乡镇建立消防科。

3. 抗震规划

一般建筑按6度设防,重要建筑提高一度设防。

4. 人防规划

按照"全面规划,重点建设,长期坚守,平战结合,质量第一"的方针,建立人防工程。

第二十七章　社会服务设施规划

确定社会服务设施规划的总体构思：建立县城—建制镇—中心村3级完备的社会服务设施体系，以社会服务设施的中心村—城镇集聚推动兴县乡村居民点重组和城镇化进程。

一、教育事业发展规划

1. 教育现状

2005年，兴县现有职中2所，现有中学34所，其中高中4所，初中30所。共有小学457所，中小学在校生41256人，其中中学在校生14662人，小学在校生26594人；现有教职工3095人。

2. 存在问题

由于兴县地理环境复杂，使得中小学办学分散，学校布局和学校规模不合理，浪费了有限的教育资源，严重影响着中小学教学质量的提高。由于资金有限，中小学校的教育基础配套普遍欠缺。

3. 教育事业规划

确定兴县教育事业规划的总体构思为：通过职业教育县城集聚、中学教育城镇集聚，推动城镇拉力的实现；通过小学教育中心村集聚，推动农村推力的实现。

（1）职业教育

提高成人教育与职业教育水平，使城乡在职人员能接受各种形式和层次的教育和培训，推进"科技兴农"战略，加强农业科技队伍建设。至2020年，在县城集中布置职业教育和成人教育设施，新建卫校、体校，新建教师进修校，各乡镇建立科技推广站，使兴县形成以县城为中心全面发展的全县成教、职教网络。

（2）高中

本着提高全县中心城镇——县城的人口集聚力和提高高中入学率两个目的，规划确定在县城布置3所高中，在魏家滩镇布置1所高中，其他乡镇禁止布置高中。

（3）初中

本着提高规划期末10镇的人口集聚力的目的，规划确定至2020年完成对现有10镇的乡镇驻地之外初中的撤并，均就近迁并至所在乡镇驻地。初中学校应加强校舍建设，普及乡镇驻地外学生寄宿制。保留现状县城初中，含蔡家崖镇共7所撤并为2所初中。

（4）小学

小学规划的重点在于合理确定乡镇驻地之外农村地区的完全小学数量，依据分乡镇总人口和乡镇驻地人口预测，规划期末乡镇驻地之外人口中的小学生人数比重取13%，预测出各乡镇至2020年农村小学生人数以及需配置标准完全小学的数量，详见表27—01。

表 27－01　2020 年兴县分乡镇驻地以外小学人数预测表

名　　称	2020 年总人口（万人）	城镇驻地人口（万人）	城镇驻地之外人口（万人）	城镇以外小学生人数（人）	农村地区需要单轨完全小学数量（个）
县城（蔚汾镇）	9.43	7	2.43	3159	12－15
蔡家崖镇	6.95	4	2.95	3835	14－19
魏家滩镇	7.96	4	3.96	5148	19－27
大峪口镇	0.94	0.4	0.54	702	3－4
廿里铺镇	2.26	0.6	1.86	2418	9－13
交楼申镇	2.56	0.4	2.16	2808	10－16
康宁镇	1.21	0.6	0.61	793	3－4
罗峪口镇	1.19	0.4	0.79	1027	4－6
蔡家会镇	1.02	0.4	0.62	806	3－4
孟家坪镇	2.21	0.4	1.81	2353	9－13
合计	35.7	18.4	17.3	22711	86－121

　　注：标准单轨完全小学学生人数取 45×6＝270 人。但考虑到小学服务半径等因素；对需要单轨完全小学数量进行 1.5 倍率的修正。

　　规划确定至 2020 年，迁并所有的不完全小学和单人校；10 个乡镇驻地之外的农村地区小学数量缩减至 84～127 所左右，分乡镇农村地区规划小学数量详见表 27－01；10 个乡镇驻地中，县城按城镇人口 1 万～1.5 万人设立 1 所小学，其他城镇按 1 万～1.2 万人设立 1 所小学，所有中心村必须配备完全小学。

二、科技、文化事业发展规划

　　确定兴县科技、文化事业规划的总体构思为：建设适应小康社会发展目标的县城—建制镇—中心村 3 级科技、文化设施网络。

　　县城：对现有文化馆、图书馆、博物馆、影院修缮和完善，重点在蔡家崖新区新建图书馆、文化馆、博物馆、影剧院。在居住区内配套完善文化活动室、科技站、小型图书室等设施，以满足居民日常性的基本文化活动。

　　建制镇：鼓励文化市场的发展，普及科技、文化知识，合理布局科技、文化经营场所，在小城镇规划时应重视科技文化设施的建设。近期应设置科技开发推广咨询机构，配套文化馆、俱乐部等设施，远期兴建中型综合科技文化活动中心（科普、图书俱乐部）等。

　　中心村：广泛开展农村文化活动，尽量保留各村的传统文化和民间艺术，保留农村的传统节日。规划近期兴建文化室，拥有一定数量的公共图书，为农民提供一定的文化娱乐活动场地。远期对文化室进行扩建，增加服务内容，丰富农民的精神文化生活。

三、体育事业发展规划

1. 现状

　　兴县现有体育设施主要为学校中的运动场，其他公共性体育设施缺乏。

2. 存在问题

（1）基层领导对体育事业不够重视，农村体育发展滞后。

（2）体育事业投入不足，体育设施少且简陋，规模普遍偏小，且主要集中在县城，乡镇尤其是农村缺乏必要的体育运动场所。

3. 发展规划

结合兴县城镇体系组织结构，按县城、建制镇、中心村3个等级来规划设置体育设施。

（1）县城：在蔡家崖新区规划建设一座体育中心，包括田径场、体育馆、游泳馆和健身房，要求现代化水平较高，配置一批先进的运动器材。对现有的体育设施进行维护和完善。各居住片区配备一套规模的体育运动器材。

（2）建制镇：规划在其它城镇结合学校体育场地建灯光球场、活动室等。

（3）中心村：结合村文化室建设文体活动室。

四、医疗卫生事业发展规划

1. 现状

兴县卫生事业稳步发展，城乡医疗卫生条件逐步完善，现已初步形成覆盖全县的卫生保健服务网络。2005年，全县共有医院、卫生院等医疗卫生机构20个，其中县级医疗机构3个，均位于县城，其他各乡镇均设有卫生院，乡卫生院共17所。

2. 存在问题

（1）卫生资源标准不高，病床千人指标1.45张/千人，与国家标准有一定差距。

（2）医疗条件和技术设施不够完善，特别是乡镇卫生院医疗条件比较简陋，医疗总体水平偏低。

3. 发展规划

医疗体系与城镇体系发展相适应，要求医疗点布局合理，分级设置，就近服务群众，提高乡镇医疗网点的服务水平。规划期内，建立一个专业齐全、技术先进、分布合理、完善健全的县、乡镇、村3级医疗卫生网络。

近期（2010年），在医疗机构数量不增加的基础上，提高医疗机构等级，提高千人拥有医护人员数和千人拥有床位数。

远期（2020年）根据城镇体系发展需要，在县城扩建现状兴县人民医院为综合性医院，在蔡家崖新区新建1所综合医院。其余乡镇以现有卫生院为基础，加强各乡镇现有医疗机构的建设和服务水平。目标达到每千人拥有医护人员4人，每千人拥有医院床位数3.5张。

村卫生室与中心村规模相配合，远期2020年在保证每村有一所卫生室的基础上，以中心村为基点，提高医疗水平和设施水平，为农村地区居民的健康作出坚实的保障。

五、商业、市场规划

1. 现状

自90年代以来，随着人民生活水平的不断提高，消费需求量不断增加，各类商场、市场也得到逐步发展壮大，为全县市场经济的发展和繁荣起到了积极的推动作用。全县主要的商业设施和市场设施均布置在县城。

兴县现有集贸市场规模一般都较小，主要经营百货、副食、蔬菜、肉食、水产等批发零售业务。

2. 存在问题

由于现状市场建立不久，规模又小，经济条件较差，档次较低，市场管理手段较为落后，脏、乱、差现象较为严重，各乡镇市场发展不均衡，市场建设与经济建设发展不协调。

3. 市场网络体系规划

市场经济的发展和活跃需要市场体系作支撑，市场不仅为商品交流提供场所，而且还可以促进信息、技术、人才的交流。兴县目前最迫切的任务是要建立完善的市场体系，从城镇到乡村构建一套市场网络，以促进商贸流通业的发展，增强城镇职能，活跃第三产业。市场网络体系的构建必须以区域开发战略为指导，以城镇体系空间网络、职能网络体系的规划为依据。

规划形成规模适度、功能完善的县级—建制镇商业体系，在满足居民对高档商品服务需求的同时，也要满足居民对中低档商品的需求。

规划建设的专业性市场包括：县城蔚汾镇农副产品批发市场、畜产品交易市场、粮油蔬菜市场；蔡家崖镇蔬菜等产品交易市场、康宁镇瓜果蔬菜农产品交易市场。

以县城蔚汾镇、蔡家崖镇和康宁镇 3 个城镇为结点组织集市的网络，确定县城 10 天逢 3 集；康宁镇每 10 天逢 2 集；其他建制镇每 10 天逢 1 集，个别建制镇在集市制度成熟后可考虑发展为每 10 天逢 2 集。

六、社会福利事业规划

由于计划生育政策的实施，专家预计我国将于本世纪逐渐步入老龄化社会，这必将对社会保障体系尤其是社会福利事业产生巨大的压力。

确定兴县社会福利事业规划的总体构思为：以 10 镇为依托，构建县城—建制镇 2 级社会福利设施网络。

规划至 2020 年全县 10 镇均需配置社会福利院、敬老院和社会救助站等社会福利设施。

第二十八章　生态环境保护规划

一、生态保护规划

生态保护的方针和目标

1. 生态保护的方针

坚持保护环境的基本国策，推行可持续发展战略，贯彻经济建设、城乡建设、环境建设同步规划、同步实施、同步发展的方针，促进经济体制和经济增长方式的转变，实现经济效益、社会效益、环境效益统一。将生态环境整治融入经济社会发展中，实施"生产过程控制与末端治理相结合"、"开发与治理相结合"、"集中治理与分散治理相结合"的对策。

2. 生态保护的目标

2020年，全县环境污染和生态恶化将得到有效控制，环境质量进一步改善。饮用水源保护区水质不得低于国家规定的《GB3838-1988地面水环境质量标准》Ⅱ类标准，并须符合国家规定的《GB5749-1985生活饮用水卫生标准》工农业生产水质达到《GB3838-1988地面水环境质量标准》类；大气环境质量和噪声环境质量进一步提高，基本实现人口、资源、环境与经济社会的可持续发展。

3. 生态保护措施

搞好大环境绿化，加强全县低山、丘陵和河沿岸绿化。大力发展生态林、经济林；平川区建设农田防护林带，沿主要交通干线及河流两侧建设宽度不等的绿化带；加强村镇内部绿化，尤其是县城等重点城镇绿化。

二、环境保护规划

1. 大气环境规划

（1）规划目标

从大气环境的角度对兴县经济的可持续发展做必要的规范性要求，以从根本上改变"先污染后治理"的传统发展模式，在按期达到国家大气质量控制目标的前提下实现区域经济发展与环境保护的协调统一。

（2）规划的指导思想

在社会、经济可持续发展战略思想的指导下，坚持清洁生产和发展生态型产业的方针，贯彻区域污染总量控制与浓度控制相结合的原则，为全县整体发展创造条件。

（3）空气污染控制措施

按环境功能及各乡镇生态建设要求，调整产业布局。推行清洁生产，控制产生污染的环节。县城建成区周围禁止建设高污染企业，已有的高污染企业应搬迁或改产。扩大烟尘控制面积，积极发展集中供热、集中供气等，使用煤气化炉灶，控制面源污染。

2. 水污染控制措施

建设污水处理设施。对已有污染企业与新建企业要加强管理，减少废水排放量，做到循环利用与达标排放；在建与新建锅炉采用湿式除尘系统，应建沉淀池，做到除尘废水闭路循环；严禁在河道、水库附近倾倒和堆积各种固体污染物，严禁建污染企业。

3. 固体废弃物环境规划

（1）规划目标

以兴县的实际情况为基点，规划近期（至2010年）内各类污染源固废处置率达100％。规划远期（至2020年），全县固废污染源排放各项指标均达到国家规定标准。

（2）固体废弃物污染控制措施

搞好固体废弃物的综合利用与资源化、无害化处理，基本消除固体废弃物污染。加强垃圾管理，推行垃圾分类，消除白色污染；积极建设符合要求的固体垃圾处置厂。

4. 噪声污染规定

制定规范措施，控制城镇交通噪声污染，通过城镇的各种机动车辆严禁鸣笛；加强对交通、建筑施工作业、工业噪声和商业娱乐场所等噪声源的监测与管理，确保区域环境噪声质量。

第二十九章 历史文化遗产保护规划

一、历史沿革与价值评价

1. 历史沿革

兴县，战国属赵。秦属雁门郡。西汉为汾阳县地（治今岚县古城村）（《元和郡县志》卷十四），属太原郡。东汉，汾阳县废，汉灵帝、献帝时，为匈奴所据。三国、西晋属羌胡。十六国时，先后属前赵、后赵、前燕、前秦、后燕。南北朝，属北魏，孝昌二年（526）属广州秀容郡（今岚县古城村）。

北齐始置蔚汾县（《隋书·地理志》临泉条、《通典·州郡典》合河条）；《元和郡县志》、《太平寰宇记》称，后魏于蔚汾谷置蔚汾县。考《魏书·地形志》未载此县，"后魏"当是"后齐"之误。《寰宇记》："蔚汾关在县东五十里，黄河在县西二里，城下有蔚汾水与黄河合，故曰合河。"蔚汾关即今兴县县治。蔚汾县在关西五十里，西距黄河二里，则应在今兴县西高家村镇之碧村（原名白家崖）。置县的具体时间，未见明确记载。据《北齐书·文宣帝纪》载，天保七年修长城，自西河总秦戍至（渤）海，其要害置州镇，凡二十五所。《元和郡县志》说，"隋长城起合河县北四十里，……因古迹修筑"。当指在北齐长城基础上补修。蔚汾处齐、周交界之地，显然为适应军事需要而设县，其设县当与长城同时，即在天保七年（556）左右。

北周属北朔州（治马邑）广安郡（治朔州城区）。

隋大业四年（608），改蔚汾为临泉（按当时临渊。因避讳，将"渊"改"泉"，属楼烦郡，郡治在今静乐县（见《隋书·地理志》）。

唐高祖武德三年（620）改名临津，属东会州（《新唐书·地理志》）。六年东会州改名岚州，县属之（同上书）。九年废太和县，并入临津。贞观元年（627）改名合河县，"以城下有蔚汾河西与黄河合，故名合河"（《元和郡县志》卷十四）。

五代时先后隔后唐、后晋、后汉、北汉。

宋神宗元丰末（1085），以县治"濒河地窄东迁于蔚汾水之上，以谷宽坦处置邑"（《永乐大典》卷五二〇〇引《洪武太原志》），即今县城所在地，仍合河，隶岚州。

金兴定二年（1218）晋阳公郭文振"以此方涉河，地重民繁，改合河县为兴州"（《洪武太原志》），属河东北路。

兴定三年八月，元兵攻占兴州，州名不变（《金史》卷十五、《元史·地理志》、《洪武太原志》。至中年（1261），南北两路宣尉使司改州为合河县事，隶太原亲管。中统三年，复立兴州《洪武太原志》）。大德九年（1305）属冀宁路。

明洪武二年（1369），改兴州为兴县，隶属太原府。九年属岢岚州（《洪武太原志》、《明史

·地理志》洪武八年十一月）。

清雍正三年（1725）隶保德州，八年复属太原府（《大清一统志》）。

1912（中华民国元年），属山西省政府，1913年，隶中路观察使，1914年属冀宁道。1924年，属山西省政府。1937年，属山西省第二战区行政公署第四专署。1940年，建立抗日民主政权，隶山西省第二游击区行政公署，后改晋西北行政公署。1945年，属晋绥边区一专署。1948年，属五寨中心区。1949年9月，兴县专区成立，辖兴县、临县、离石、方山、岚县、偏关、神池、五寨、河曲、保德、岢岚十一县，专署驻兴县。

兴县有史可考的历史已有2500年。

2. 价值评价

（1）古文化遗址——黄河文明的摇篮。与此相关的文物古迹有饮马会哺乳动物化石遗址、魏家滩葛家里哺乳动物化石遗址、白家沟恐龙化石遗址、石愣则仰韶文化遗址等。

（2）古墓葬——与此相关的文物古迹有蔡家崖宋墓、孙嘉淦墓。

（3）古建筑——明、清两代，兴县佛教盛行，广修寺庙。且县人居官者众，文有宰相，武有总督，皆在县内建有府第、祠堂。县域内现存的古建筑有蔡家会关帝庙、胡家沟砖塔。

（4）革命文物——兴县人民勤劳朴实、勇敢正直、富有光荣革命传统。在革命战争年代，这里是晋绥边区首府所在地，是毛泽东、周恩来、贺龙等老一辈革命家生活和战斗过的地方，现有革命纪念文物"两馆一园"：晋绥边区革命纪念馆、四八烈士纪念馆、晋绥解放区烈士陵园。

3. 存在问题

（1）缺乏统一的认识，重视程度不够。

（2）发展经济与保护的冲突，保护压力大。

（3）资金不足，保护乏力。

（4）缺乏配套的法律、规章作保障。

（5）保护机制不健全。

二、保护的框架

1. 保护的指导思想

（1）重点保护"两馆一园"，划定保护区范围，提出保护措施。

（2）通过历史遗产的保护来改善兴县形象，增强兴县魅力、提高兴县城市吸引力和竞争力。

（3）协调保护历史遗产和发展旅游产业的关系，以旅游促进保护。

2. 保护的指导原则

（1）整体性原则

单个文物古迹的保护绝对离不开兴县整体历史文化特色的营造，应从兴县整体的角度考虑保护策略和手段，力求从整体上营造兴县的历史特色文化氛围。

（2）保护和利用相结合的原则

将文物古迹组织到城镇的社会生活中，发挥其特有的作用，这是最好的保护手段，而不只是简单的划定保护区。

（3）保护和发展相协调的原则

通过城镇规划手段，使文物古迹保护成为城镇发展更新的有机组成部分，为其带来不可替代的效益。

（4）可操作性原则

达到引导和控制城镇详细规划、建筑单体设计以及城市土地开发、旧城改造等建设活动的目的。

3. 保护的层次

兴县文化遗存承载着典型而深厚的历史文化内涵，保护层次应该逐层深入：

（1）县域内历史文化保护区

在县域内"两馆一园"及重点地段周边划定历史文化保护区。

（2）传统民居及古村落历史文化保护区

在传统民居集中的古村落划定历史文化保护区。

（3）文物古迹保护区

主要是县域范围内文物古迹及其所处环境的统称。

三、保护的重点

1. 地下文物的保护

首先，在城镇总体规划的编制中，对城镇建设的重点区域和重要拓展方向的确定应避开地下文物分布区。

其次，根据地下文物的不同使用性质和历史价值，将保护区域分为一般控制区和重点控制区。在这些区域内进行基本建设时要特别注意严格报批制度。

第三，在条件成熟的情况下，可依据《中华人民共和国文物保护法》和《中华人民共和国文物保护法实施细则》，对地下文物实施保护和试挖掘。

2. 历史文化村落的保护

历史文化遗存富集的古城镇、古村落应控制建设，保留特色，发扬光大。

近期要根据保村落的现状用地规模、地形、地貌及周围环境影响因素，确定它们的保护范围、层次、界线和面积；根据保护范围内建筑的现状风貌、规模年限、考古价值等情况，对建筑进行保护整治；根据村落的街巷现状格局形态，在保持原有历史风貌的前提下，对街巷的空间尺度、街巷立面和铺地形式提出保护整治要求；针对核心保护区内重点地段和空间节点采取具体保护整治措施；基于保护角度，对村落建设规划中与历史环境保护有影响的规划内容进行适当深化调整。

3. "两馆一园"革命历史文化保护区的保护

①加大宣传力度，提升文化品位。打造红色旅游融资平台，推动红色旅游发展。

② 处理好保护与利用的关系，充分利用保护区内的建筑和设施，使保护区与城镇功能发展相适应。

③ 进行历史文化保护区内房屋产权制度的改革，明确保护与利用的合理关系。

④ 调整历史文化保护区的用地结构，减少居住用地，增加三产用地。

⑤ 保护空间视廊。

⑥加强对古树、名木的保护。

4. 文物保护单位的保护

文物古迹大体上可分为古建筑物、遗址及非建筑物三类。全县范围内，文物保护单位共计41处，其中国家级文物保护单位2处，省级文物保护单位6处，县级文物保护单位16处。按照《中华人民共和国文物保护法》进行严格保护。

第三十章 区域建设管制规划

一、区域管制区划与管制规则

对县域经济活动和开发建设活动实行有效的管制，是协调区域经济建设与资源、环境关系，促进区域可持续发展的重要调控手段。要依据区域和城乡发展战略，加强对县内空间资源开发利用的宏观调控，促进区县域和城镇人口、资源、经济、环境的协调和可持续发展。合理安排城镇、乡村及生态保护区域的空间开发强度和开发次序，优先鼓励对全区经济、社会发展牵动作用较大的城镇的空间开发。

为进一步完善以城市规划和土地利用规划为主体的空间资源开发利用规划，严格按规划调控空间资源的开发活动，对经济发展和建设活动实行分类引导，将全县空间划分为优先发展地区、控制开发地区和严格保护地区（包括水源地保护区、生态敏感区、人文与自然景观保护区3种类型区）3种空间开发管制地域。

1. 适宜建设地区

本区域为城镇人口与二、三产业聚集区域，是以城镇建设和二、三产业为主导的区域，主要包括乡镇驻地、中心村、独立工业小区由总体规划确定的规划用地，以及规划兴县工业走廊中的独立工业据点。管制要求为：

强化城镇综合功能和聚集效益，加快人口向城镇的聚集。规划合理的城镇空间形态和结构，统一规划城镇各项基础设施，改善和提高环境质量，强化和完善城镇的功能。加强城镇土地资源的合理利用，高效利用建设用地。

严格实施村镇总体规划、控制性详细规划。一切建设用地和建设活动必须遵守和服从规划，各项建设必须依法办理"一书两证"。

对于历史文化保护区，坚持开发与保护相结合，保持原有风貌和环境，严禁随意拆建。

集中或独立布局的工业区、工业据点和养殖园区，应明确划定其用地界线、用地性质，统一规划、集中建设。独立布置的工业小区、工业据点和养殖园区不能布局生活服务区，配套居住小区与生活服务设施应集中到城镇建成区统一布局。

村镇建设、产业布局应注意协调用地形态与对外交通干线的关系，避免村镇、产业沿区域性交通干线线状布局和跨越交通干线布局，交通干线两侧应留出一定宽度的绿化带。

2. 限制建设地区

本类区域主要分布于全县中心村、乡镇驻地、独立工业小区、工业走廊以外的地域，是以农业为主的低密度开发区域。应以提高农牧业的综合效益为核心，控制非农类型用地，特别是工业企业、农村居民点的数量和用地规模，用地保持以自然环境和绿色植被为主的特征。管制要求为：

严格保护基本农田，保护区具体范围由《兴县基本农田保护规划》确定。区内用地应按照基本农田保护条例对耕地实行严格的保护措施，严格控制非农业建设用地占用。

严格控制乡村建设用地总量，各项建设用地控制在区内总用地的 2% 以下，严格控制农民宅基地建设规模，人均建设用地控制在 150 平方米以下。

以因地制宜的"迁村并点"等方式提高乡村建设用地利用效率和乡村建设的质量，控制村庄零散建筑的数量，引导"民宅进区"。固化村民宅基地，每户只能拥有一处宅基地。引导零散工业点向工业区转移，统一规划建设新村，对原村庄进行土地整理。

3. 禁止建设地区

本区域是指对生态环境质量要求较高，需严格限制开发建设活动的区域，主要包括：水源地保护区、生态敏感区、人文与自然景观保护区 3 类区域。

（1）水源地保护区

是指为村镇发展、经济发展和人民生活提供水资源的水源地分布区。规划禁止各类污染源进入水源地保护区和排放污染物；鼓励在区内进行植树种草，以净化环境、涵养水源；严格控制水源地保护区的开发强度，禁止建设油库、墓地、垃圾场等；严禁在水源地保护区及其附近地区进行矿产开采、搞地下建筑，以防地质构造和生态植被遭到破坏。水源地保护区内应按规定设置一级保护区。

（2）生态敏感区

是指区域生态环境脆弱，需严格进行生态环境保护和加强生态环境建设的区域，主要包括自然风景旅游区之外的所有山地生态地区。应大力实施退耕还林还草工程，全面恢复更新林草地；重点区域设置围栏封育，25 度以上的山坡严禁任何开发活动；大力进行植树造林，严禁乱砍滥伐森林和放牧，不断提高绿化覆盖率；积极推进生态移民，减少区内居民点数量，实现人口外迁，降低人类活动的干扰，保护和恢复自然生态。

（3）人文与自然景观保护区

是指为保护人文景观资源、自然生态系统和物种资源而划定的区域，主要包括规划 4 个旅游景区和 8 个旅游景点控制区域。正确处理好资源保护与旅游开发的关系，遵循"适度开发"的原则，合理规划旅游业发展规模；严格控制开发建设活动，降低开发建设强度，禁止建设与资源保护和旅游事业无关的项目；保护区内影响人文和自然景观的建筑与用地应调整到其它适宜的区域，保护区周边的建设项目应与区内整体景观相协调。

二、城乡建设用地平衡

1. 土地资源及开发利用特点

全县土地资源 3165 平方千米，折合 474.75 万亩。2005 年底人均拥有土地面积 16.88 亩，是山西省平均水平的 2.38 倍。其中耕地 124.8 万亩，占土地总面积的 26.3%，人均 4.44 亩，高于山西省 2.0 亩/人的平均水平。

土地资源利用特征：

（1）土地资源丰富，类型多样，土地利用率低

土地资源丰富，人均占有量大。按 2005 年全县人口计算，人均占有土地为 16.88 亩，人

均耕地 4.44 亩。土地类型多样，有利于开展多种经营，林牧业及养殖具有一定优势。另外，土地开发潜力很大，土地后备资源充足，但土地利用率低，因受地形限制，平原少，但 80% 以上的未利用土地宜林、宜牧，土地外延开发潜力很大。

（2）土地利用结构欠合理

农林牧用地结构为 26：24：0.5，林牧地特别是牧地比例小，与土地资源林牧优势很不相称。水土流失严重、生态环境恶化，自然灾害特别是旱灾发生频繁。

（3）土地资源地域差异较为明显，土地利用状况差别较大。

在 17 个乡镇中，年末耕地面积占土地总面积比重最大的为恶虎滩乡。达到 45.38%；最低的为固贤乡，仅为 6.58%。从水浇地占耕地比重来看，比重最大的为瓦塘镇，高达 10.08%，其次为高家村镇，达 10.08%；比重最小的为赵家坪乡和圪垯上乡分别为 0.88% 和 0.08%。

2. 城乡建设用地现状

根据兴县 2005 年土地统计资料，全县居民点及工矿用地 4340 公顷，占土地总面积的 0.19%。全县交通用地 873 公顷，占土地总面积的 0.28%（表 30—01）。

表 30—01 兴县土地利用构成表（2005）

类别	总面积	耕地	园地	林地	牧草地	城镇村及工矿用地	交通用地	水域
面积（万亩）	474.9	124.8	282.3	114.5	2.44	0.887	1.31	7.94
比重（%）	100.0	26.28	24	0.59	0.5	0.19	0.28	1.67
人均（亩/人）	16.88	4.44	0.1	4.1	0.001	0.0003	0.003	0.003

3. 城乡居民点建设用地预测

根据本次规划预测，2010 年、2020 年兴县总人口分别为 30.47 万人、35.66 万人，城镇人口分别为 12.6 万人、18.4 万人，农村人口分别为 17.87 万人、17.26 万人。城镇建设用地县城按人均用地 110 平方米计算，其它城镇按人均用地 120 平方米计算；农村居民点用地按人均 135 平方米计算，则近、远期村镇建设用地分别为：

2010 年：城镇建设用地 1386 公顷，乡村居民点用地 2412 公顷，城乡建设用地合计 3798 公顷。

2020 年：城镇建设用地 2024 公顷，乡村居民点用地 2336 公顷，城乡建设用地合计 4360 公顷。

城镇体系规划的任务旨在推动城镇化进程，促进人口和生产要素的集聚，对城乡建设用地的再分配体现了土地利用的集约化，将有利于土地资源的合理利用和耕地总量的动态平衡。兴县由于地形复杂，城镇建设用地短缺，人均用地指标低于国家规定的平均水平，而乡村由于居民点布局分散，人均用地指标普遍较高。在城镇化水平不断提高的过程中，城、乡建设用地的转换问题比较复杂，往往是城镇建设用地面积不断增加，而乡村建设用地面积却并不减少。规划建议在新建一轮土地利用总体规划中对各城镇、乡村居民点建设用地进行详细分配，并严格按规划要求引导城乡居民点的建设。

4. 城乡用地优化配置对策

城镇建设中占用耕地，应给予补偿，并应保证补偿耕地的地力条件；引入土地产出率指标，对达不到产出率指标的工业企业，采取不供地或压缩用地等方法，以提高城镇土地的利用率；鼓励对城镇内部存量土地的挖潜；切实保护和节约土地资源。

与移民并村相适应，拆村并点，加强乡村居民点的土地整理工作，促进进城农民和拆除的村庄的退宅还耕。

大力开展田坎、沟渠、废工业用地及其它零星土地的整理开发工作，适当开发宜农未利用的资源，补充耕地，加强农田基本建设，提高土地质量和土地使用效率。

三、城镇建设标准与准则

1. 城镇建设用地要求与标准建议

要按照既有利于节约用地，又有利于促进城镇合理发展的方针，严格执行城镇建设用地标准，引导城镇建设走内涵发展的道路。合理确定用地发展方向和分步建设方案，真正做到开发一步、建设一片、成效一片，注重城镇紧凑发展。重视城镇规划区范围内，城乡用地的一体化规划、建设，将"城中村"建设统一纳入城镇建设规划，提高土地利用效率。

各城镇规划与建设要合理划分城镇功能分区，调整城镇土地利用结构。增加城镇第三产业用地及居住、道路广场、绿化用地，严格保护城镇公益用地，减少居住用地，通过规划调整、政策引导、土地置换实现城镇用地结构的优化。

按照国家规划建设用地标准和兴县的实际情况，县城人均建设用地采用《城市建设用地分类与规划建设用地标准（GBJI137-1990）》中"规划人均建设用地"的Ⅳ级标准。其它建制镇与集镇，人均建设用地采用《村镇规划标准（GB50188-1993）》中"规划人均建设用地"的Ⅵ级标准。

2. 居住区建设用地

各级城镇宜以居住小区组织住宅建设，避免分散的零星建设。各类居住小区建设应以建设生态社区为目标，居住区住宅、道路、绿地建设、停车场、公共服务设施、市政公用设施配套应符合区内实际需求和国家相关技术规定。县新城应在近期启运示范性居住小区建设，示范性居住小区规模应在10公顷以上。示范性居住小区应体现生态化、地方特色和未来城市居民的需求特点。

住宅群体布置应符合《城市居住区规划设计规范（GB50180-1993）》（2002年版）等强制性条文规定，考虑日照、通风、防灾、防视线干扰及形成适宜的休闲活动空间的要求，对居住小区建筑容积率、密度、层数等进行合理控制，进一步优化城镇居住环境。

3. 工业区建设要求

为了节约耕地，保护环境，促进工业企业集群发展，实现集聚效益，工业布局应相对集中，形成工业区。独立布局的工业区、工业据点，其生活区、基础设施和生活服务设施应与邻近城镇一体化规划与安排。逐步迁并分散的小工业点，新建工业企业原则上必须在规划工业小区集中建设。

工业区用地规模应遵循最合理和最经济的原则，根据企业成组布置的要求、基础设施服务设施的保证程度合理确定，县级工业区面积一般不小于100公顷；分散工业点面积一般不小于

30 公顷。

城镇工业用地的布局应符合工业企业对工艺、用地、能源、给排水、交通运输、卫生、生产协作、仓储等方面的合理要求，应避免工业小区与其它城镇用地之间的相互干扰。城镇工业区建设应符合城镇建设总体风貌要求。

工业区应尽可能不占粮田、好地，紧凑安排各项用地，做到经济合理；必须考虑分期建设的可能性，并尽可能紧凑安排近期建设用地；要加强环境保护，充分考虑"三废"的综合利用。

4. 道路建设要求

县城与乡镇应有一条或一条以上较高等级公路相联系，保证城镇便捷的对外交通联系。要注意处理好过境道路与城镇发展的关系，过境道路的走向要符合城镇发展的方向，对外交通应与城镇内部交通相分离，力求将过境交通对城镇生产、生活的有害影响降低到最低程度。县城有多个不同方向的出入口，宜在城区边缘建设环形放射式交通干道系统，将各个方向的干线公路联系起来；其它建制镇与集镇宜在城镇外围布置过境线路，通过交通节点与城镇内部相联结；对于已形成的不易改变过境交通线路的城镇，应合理安排城镇布局结构，尽量避免过境交通由城镇功能区之间通过。

城镇内部道路系统规划建设应符合《城市道路交通规划设计规范（GB50220-1985）》、《村镇规划标准（GB50188-1993）》、《城市道路绿化规划与设计规范（CJJ75-1997）》要求。停车场、加油站等城镇道路交通设施的建设应满足城镇发展要求。

5. 主要公共设施建设要求

交楼申镇、罗峪口镇、蔡家崖镇作为旅游服务城镇，其它旅游服务基地村公共设施配套，应充分考虑旅游发展的要求，其它城镇公共设施配置应符合《村镇规划标准（GB50188-1993）》中"公共建筑项目的配置"类型要求和"各类公共建筑人均用地面积指标"要求。城镇公共设施用地应根据城镇性质、规模、中心地职能进行分级布局。各类公共设施应满足城镇发展需要、符合合理的服务半径、城市交通的组织以及塑造城市景观特色等要求。

行政管理设施，以县镇级政府机构为主体，包括各级党政机关、政法、宣传等部门。这类设施除满足基本使用功能外，更要体现城市精神，形成城市景观的重点所在，在选择和建设过程中应作优先和重点的考虑。县级行政中心将考虑近期搬至县城新城。

城镇文化设施，包括博物、科技、图书、音乐、影视等项目的展示活动设施。作为大型的建设项目和构成城市景观的重要元素，近期内新建于县城新城，形成相应活动中心；商业服务设施应选择在城镇可达性高的中心地段设置，形成线形或块状的商业服务区域。

根据人口分布特点调整基础教育布局，各项城镇建设和经营活动严禁占用中、小学用地，新建中、小学应配置标准操场及必要的活动空间。大力发展职业技术教育，构建终身教育体系，民办、私立等形式的职业教育学校应集中布局以利于教育资源的充分利用。进一步完善体育设施网络，推进全民健身活动。城镇社区建设应有足够的居民活动场地。

在抓好县、乡镇两级骨干医疗机构建设的基础上，建立方便、优质、高效的城镇社区医疗保健服务网络。各级城镇均必须建立规模相当、设施相对齐全的卫生设施体系，满足城镇居民的就医要求，实现人人享受初级卫生保健的目标。

6. 园林绿化设施建设

要进一步重视绿地系统建设，各级城镇应建设以生态绿地、公园绿地、防护绿地、沿街绿地等为重点的城镇绿地体系。城镇绿地建设应体现城镇生态化和园林化的要求，应与区域绿化结合共同形成绿化网络系统。

城镇公园绿地尤其是主题公园的建设应充分体现本地发展特点和传统文化背景，并与文物保护密切集合起来。应进一步重视企事业单位、居民小区内部等专用绿地和街道、公路沿线的带状绿地的建设，形成较为完善的绿地系统。

城镇绿化应科学选用适合本地栽植和地域特点的绿化品种。县城园林绿化指标与布局应符合建设部"城市绿化规划建设指标的规定"。

7. 城镇基础设施

以现代化为目标，利用市场经济手段逐步健全城镇供水、排水、供电、通信、燃气、供热、环境卫生、综合防灾设施，建设安全、舒适、设施完备的城镇宜居环境。

第三十一章　近期建设规划

本次规划近期建设年限为 2006—2010 年。至 2010 年，兴县总人口为 29.81 万人，城镇人口 12.6 万人，城镇化水平达 40%，人均 GDP 达到全省平均水平力争 GDP 年均增长达到 50% 以上。

一、近期建设规划原则

（1）近期建设规划应以国民经济与社会发展计划为依据，充分尊重城镇的发展现状和经济实力，合理分解城镇体系规划的建设时序，并保证各个时期的城镇形态和结构的合理性。

（2）近期建设规划既要考虑实施的可行性，又要为远期发展做好规划控制，充分尊重近期和远期相结合的原则。

（3）各项建设项目的安排与城镇功能结构发展趋势相协调，为区域开发战略模式的最终实施打好基础。

（4）坚持可持续发展的原则，保持各项建设的完整性和持续性，逐步强化兴县的社会、经济发展水平，使基础设施和社会服务设施得以进一步完善和提高。

二、近期建设规划思路

（1）经济发展：以科学的发展观统领全局，坚持"五五兴县战略"全力培育煤、电、铝、化、材、五大主导产业，突出抓好"大项目、大城建、大交通、大教育、大环境"五大发展战略重点，全面加快以扶贫开发为重点的社会主义新农村建设步伐，着力构建经济繁荣、人民富裕、社会和谐、环境友好的新兴县。

（2）城镇发展：以县城、4 个片区中心城镇、3 个重点镇为城镇建设重点。

（3）旅游发展：统筹全县以晋绥边区革命纪念馆、黑茶山"四八"烈士纪念馆、晋绥解放区烈士陵园（简称两馆一园）为代表的红色旅游，以石楼山、石猴山、仙人洞（简称"两山一洞"）为代表的"绿色旅游"。

（4）综合基础设施：以县城新城、北川循环经济综合示范基地及其它城镇基础设施骨架建设为重点。

（5）社会服务设施：以县级、乡镇社会服务设施建设为主，重点实现乡村小学的撤并规划。

（6）乡村居民点：以中心村建设、村居民点撤并为主。

三、重点建设内容

1. 产业布局规划

（1）农业项目

在沿黄公路、苟大线和忻黑线形成3条经济作物种植带的同时，在县城和魏家滩镇瓦塘建设2个花卉苗圃生产基地；在县城、蔡家崖新城、魏家滩镇瓦塘、廿里铺镇、康宁镇、蔡家会镇建设6个蔬菜生产基地；在蔡家崖镇、康宁镇、廿里铺镇建设3个瓜类生产基地；在蔡家崖镇、交楼申镇建设2个药材生产基地。同时，积极建设以速生丰产用材林为主的农田防护林网。

（2）工业项目

重点培育"煤电铝化材"五大产业一体化循环基地，重点建设斜沟矿井、兴县矿井、坑口电厂、煤矸石电厂、氧化铝厂、煤化工、建材厂等。

（3）第三产业项目

建设县城长途客运站；完成蔡家崖镇和廿里铺镇2大区域性货运仓储基地的基础设施配套；建设县城和魏家滩镇建设2大区域性综合物资集散市场；完成蔡家崖镇和康宁镇2个农业专业性市场的基础设施配套建设；完成县城和交楼申镇2个旅游民俗文化市场的建设。

2. 旅游业规划

（1）旅游景区建设

重点建设黑茶山森林旅游景区、"两山一洞"自然生态旅游景区、革命传统教育基地旅游景区、黄河黄土风情旅游景区等4个旅游景区。

（2）旅游景点建设

完成8个独立旅游景点中具有国家级、省级文物保护单位旅游景点建设。

3. 综合基础设施规划

（1）交通规划

①公路网规划

第一层次：对外交通公路

近期内拟建岢岚—裴家川口高速公路和忻黑高速公路的建设；改造岢大线瓦塘—白文段为一级公路；全部完成沿黄二级公路建设。

第二层次：县域内部交通公路

规划到2010年，完成杨家坪—裴家川口二级公路、魏家滩石佛则—白家沟—杨家坪—石盘头二级公路以及曹罗线二级公路的建设。

第三层次：乡、村网络型布局

乡、村公路网是在第一、二层次基础上，连接各个乡镇与村落之间、乡村居民点与公路干线之间的连接线。近期内逐步改善路面情况。

②铁路线规划

规划至 2010 年完成岢瓦铁路建设，并延伸至陕西神木，并完成原魏铁路和临兴铁路建设，与岢瓦铁路碰接。规划铁路能同时满足客、货运要求。

③航运交通规划

规划至 2010 年全部完成后南会、裴家川口、黑峪口、黄家洼、罗峪口、牛家川、大峪口等 7 个标准化渡口码头。

（2）给水工程规划

规划对县城水厂进行工艺改造，提高供水水质。另修建县城新城、北川循环经济综合示范基地两座水厂。

（3）排水工程规划

近期内规划在县城西侧与北川循环经济综合示范基地分别建设一座中型污水处理厂。并逐步开展其它中心镇污水处理厂建设的可研工作。

（4）供热工程规划

至 2010 年实现北川循环经济综合示范基地集中供热和县城的区域供热。

（5）燃气工程规划

至 2010 年，全县农村沼气入户率达到 50％以上。

规划配套陕京Ⅱ线配套线路修建截断阀室三座，清管站一座。逐步开始使用天然气。

（6）电力工程规划

规划新建 2×135 兆瓦煤矸石发电厂一座和 2×600 兆瓦中煤发电厂一座。完成瓦塘 220kV 变电站以及蔡家会、东会、白家沟 35kV 变电站的建设，并配套相应电网。

4. 社会服务设施规划

（1）教育事业发展规划

至 2010 年完成对现有的初中的撤并，均就近迁并至所在 10 镇建制镇城镇所在地。

至 2010 年完成县域内全部不完全小学和单人小学的撤并，并完成部分撤并村完全小学的撤并。

（2）科技、文化事业发展规划

县城：重点对现有文化馆、图书馆、博物馆、影院修缮和在新城新建文化馆、图书馆、博物馆、大剧院。

建制镇：近期应设置科技开发推广咨询机构、配套文化馆、俱乐部等设施。

（3）体育事业发展规划

至 2010 年，实现各类型体育协会和其所需各类型体育设施的县城、中心城镇、一般镇全覆盖化。

至 2010 年县城建成具有一定规模的符合标准的"一馆、一场、一池"（体育馆、田径场、游泳池）。

（4）医疗卫生事业发展规划

县城重点扩建现有 1 所综合性医院和 3 所专科医院，在蔡家崖新区新增 1 所综合性医院。

（5）商业、市场规划

规划至 2010 年，完成县域 40％传统集市、庙会的中心村和城镇转移。

在蔡家崖新区和康宁镇引导建立起工业产品、农产品、小商品等区际意义的物资集散市场，并配置高标准的商业区市场设施。

（6）社会福利事业规划

规划至 2010 年，完成县城、蔡家崖镇 2 个城镇的社会福利院、敬老院。

第三十二章　规划实施的保障措施与对策

一、城乡规划与管理对策

1. 建立高效合理的规划编制体系

城乡规划是城乡建设的龙头，也是推动城镇化健康有序发展的重要举措。为促进区域经济南部建设城镇建设的有序进行，要在县域经济体系规划指导下，尽快组织编制小城镇总体规划和建设规划，加大详细规划和城市设计的力度，以规划为龙头，促进城镇特色建设和投资环境的改善。加强小城镇发展特征、机制的研究，吸收和借鉴先进的规划思路，突出小城镇规划建设的特色，提高小城镇规划水平。大力推进城镇规划的民主化、专业化进程，建议建立由各方面专家和市县各部门领导、各界人士代表组成的兴县规划委员会，负责全县包括县域城镇体系规划在内的各种规划审议、咨询与管理，提高规划管理的科学性与权威性。

2. 强化规划的地位，严格城镇建设管理

为保证城镇体系规划的有效实施，要通过地方立法，给予县域城镇体系规划以适当的法律地位，保证规划顺利实施。要加强领导，以规划统揽全局，使规划真正成为城镇建设和管理的指导性文件。

加强建设管理，努力做到有法必依。强调城乡建设标准、规范及相应法规的严肃性，严格执行城镇建设的各项法规、标准及经过审批的城乡建设规划，做好建设项目的审批工作。

3. 健全规划管理机构，理顺城镇管理职能关系

规划管理机构要配套相应人员与资金、设备，形成县—乡镇一条龙的管理体制体系，特别需要加强乡镇规划管理机构与人员的建设，各乡镇要设置机构或配备专职人员，负责村镇规划、建设和管理的具体实施工作。重点培育发展的中心镇可按副县级配备干部。

严格执行城市规划法关系城市规划管理权由市级人民政府及其行政主管部门行使的规定，保证规划管理体制不下放。乡镇开发区管理机构是县级规划管理部门的派出机构，应实行纵向管理，各种规划制定与项目审批权应由县规划管理部门统一行使。各级城镇政府要破除部门利益，改变政出多门、多头管理的状况，将城市建设管理方面的城建、土地、市政、交通、环卫、建筑、环保等领域的分部门执行，改为城镇管理综合执法。

推进小城镇政府职能改革。集中精力抓好小城镇的规划、建设和管理，管好公共行使和公益性事业，创造良好的投资环境和社会环境。

4. 加强对工业小区的建设管理和农村居民点建设的规划引导

打破经济园区和工业小区条块分割、多头管理的状况，建立一体化的建设管理机制。依托城镇的经济园区和工业区应逐步纳入城镇建设统一规划管理，经济园区和工业区规划必须符合

城镇总体布局要求。相对独立设在城镇建设用地控制范围以外的经济园区和工业区，其总体规划应与邻近城镇的总体规划相协调和衔接。

严格农村宅基地审批程度，控制农村居民点建设用地规模，加强规划，积极搞好农村居民点的内部改造，采取鼓励政策引导农村居民建设配套设施较为完善的现代化居住小区；按照经济承受能力和农村剩余劳动力迁移情况，逐步进行分散村庄的迁村并点工作，鼓励自然村向中心村撤并，引导农村新建住宅向城镇与中心村转移，并及时进行旧村的复垦。

二、城镇产业政策

经济增长是城镇化的必要条件和物质基础，经济结构调整是城镇化的动力。推进城镇化必须始终坚持以经济建设为中心，不断增强城镇的经济实力，优化城镇的经济结构。

1. 产业发展政策

要把产业政策与城镇发展政策有机地结合起来，建立与城镇功能相适应的产业政策体系。城镇政府应成立专门的指导和综合协调机构，并吸收经济专家和各方面领导专家组成产业发展指导委员会，具体指导和协调城镇战略、结构转换以及相关边缘政策问题。围绕培育经济增长点，扶持优势产业、优势产品、优势产企业的"一增三优"工程，合理确定各城镇优势产业、优势企业和优势产品。鼓励城镇发展以区域经济为基础，各具特色的主导产业和产业群体。应明确小城镇发展以农副产品加工和资源加工业为主的发展方向，大力发展劳动密集型产业。小城镇第三产业应以为农业服务、为农村经济发展服务、为乡村居民服务为方向，逐步完善教育、文化、信息、社会保险、社区服务功能。制定和执行有利于中心城镇发展的产业政策，促进区域性中心城镇产业结构的高度化、综合化发展。政府制定中心城镇高新技术产业的特别扶持政策，为中心城镇高新技术产业发展创造一个有利于其成长、创新的宏观环境。

2. 产业组织政策

支持规模经济显著行业中竞争力较强的尽快扩大规模。应按照规模经济的要求，鼓励企业通过平等竞争和合并、兼并等方式，自主联合改组，培植以产权连接为纽带的跨地区、跨行业的区域性支柱企业集团，建立以大型企业集团为中心的未来组织结构。鼓励优势企业在市场竞争中兼并和联合低效率企业，通过关、停、并、转、卖，促进生产要素的重新组合，减少企业数目，扩大优势企业规模，以形成适合产业特点的有竞争能力的企业规模结构。

鼓励中小企业在合适的领域中继续发展，以保持经济活力和满足就业需求。对规模经济不显著的产业，应鼓励中小企业的发展，充分发挥中小企业在调整产业结构、保持经济活力，扩大城镇就业方面的作用。尤其要加大对科技型中小企业的支持力度。政府在推动中小企业发展方面的核心工作是建立、健全中小企业社会化服务体系，对中小企业提供必要的金融支持，促进中小企业与大企业形成分工协作关系，并维护中小企业的利益。

大力发展非国有经济。要清理废止在财税、土地、投资等方面对非国有经济的不平等政策，放开非国有经济的行业准入限制，为非国有经济创造平等竞争的环境，积极引导非国有经济建立健全的法人治理结构。

3. 产业布局政策

按照适度集中、成组布局的原则，推进产业集聚和人口集聚。特别是要改变乡镇企业"离土不离乡"的发展模式，把乡村城市化同乡镇企业的转型发展结合起来，促进非农业的合理集聚和规模化发展，发挥规划集聚效益，提高乡镇企业的产业档次。

建立健全工业小区建设制度，及时总结推广乡镇工业小区建设试点经验，继续运用财政、金融、行政等手段，积极进行以城镇为依托的工业小区建设。制定在审批、用地、贷款、税收、搬迁补偿等方面的优惠政策，鼓励分散的企业和新建企业向工业小区集中；限制分散布局的乡镇企业的发展，禁止在中心村、自然村新办工业；加强工业小区基础设施、服务设施和环境建设，增强工业小区的吸引力。

三、人口城镇化政策

1. 全面实行小城镇户籍管理制度改革

深化户籍管理体制制度改革，实行积极的人口迁移政策，放宽市区和重要城镇常住人口的农转非条件，实行按固定住所为主要依据申报户口，逐步用准入条件取代进城镇的计划审批制度。鼓励引进人才，鼓励投资移民，对高级人才和管理人员及具有大专以上学历人员，只要经济社会发展需要，均应积极引进，配偶及子女也可随调、随迁。

鼓励农民进城镇从事非农业，对在城镇购置住所，并有稳定生活来源的农民（包括配偶、子女），均可根据本人意愿转为城镇户口，不再受"农转非"指标、居住小城镇的期限和原居民住地的限制，在就业、子女入学等方面的城镇居民一视同仁，参照个体、私营企业养老保险费管理办法，建立个人账户的养老保险。

2. 认真贯彻在城镇落户农民的土地政策

对在城市落户的农民，可根据本人意愿，在其承包期限内，保留其土地经营权，并承担相应的义务；承包土地允许依法有偿转让他人经营，也可一次性折价收回分年补偿，折成股份转入集体经济组织按股分红。同时，要严格土地承包合同管理，防止进镇农民的耕地撂荒或非法改变用途，对进城农户的宅基地，可采取异地置换形式，适时置换出来，防止闲置浪费。

四、城镇建设投融资政策

1. 改革城镇政府对城镇建设的投资体制

为在政府引导下充分运用市场机制，广泛吸收社会资金发展城镇，城镇政府要收缩投资领域，只承担难以市场化的公共服务领域的支出，加大对公益性基础设施和公共设施的投入，对凡能确定受益者并能计价的设施，通过调整价格和收费，逐步形成投资、经营、回收的良性循环机制；各部门要将城市基础设施、公益性项目优先纳入国民经济和社会发展计划、优先列入投资或贷款计划，并给予建设优惠政策，促进城镇基础设施和公共服务设施的建设，以创造良好的投资环境。

理顺县镇两级财政管理体制。根据财权与事权相统一和调动县、镇两个积极性的原则，明确小城镇政府的事权和财权，合理划分收支范围，逐步建立稳定、规范和有利于小城镇长远发展的分税制财政体制，在实行分税制财政体制之前，将其地方财政超收部分的全部留给镇级财政，增强其城镇建设投资能力。

2. 认真实施经营城镇的策略

对适宜经营性管理的市政公用设施和社会公益性项目，要在统一规划指导下，实行市场运作放开经营，采取拍卖、租赁、转让使用权，或承包开发建设等方式，盘活存量基础设施，建设增量基础设施。在城镇范围内收取的城市维护建设税、房产税、公用事业附加、基础设施配套费、水资源管理费、电力附加费、教育附加费、暂住人口管理费、市场管理费等税费和其他设施有偿使用收益，要足额留给城镇，用于城镇的市政、公用、电力、教育、商贸等基础设施建设，不得截留挪用。

3. 加大土地开发经营力度

土地开发经营是城镇建设资金的重要来源，要在节约用地、合理用地的基础上，树立"以地生材、以地建镇"的观念。深化城镇土地制度改革，建立适应市场经济要求的土地流转机制，盘活土地存量，扩大土地有偿使用的覆盖面，开放土地二级市场和三级市场，规范城镇土地批租，推行公开招标出让，建立和完善城镇土地出让金用途分解机制，充分发挥城镇土地开发经营对建设资金积累的作用。土地开发经营优惠政策应在三方面进一步完善，一是要参照中西部地区和山西省的土地出让金和使用费标准，制定城镇各类土地最高限价；二是要提高现有的工业小区和经济园区土地政策的含金量，对符合县域产业政策的投资项目可以按比例核减甚至全部免征土地使用费和出让金；三是要允许投资人分期支付土地使用费和出让金。

4. 吸引民间资金

明确小城镇以个体和私人投资为主的发展动力机制，鼓励农民带资进镇，吸引民间资金投资小城镇建设。对单位和个人到小城镇投资兴办的企业，可按税法、财政部和国家税务局的有关规定与国家产业政策，在一定期限内减免营业税、所得税和有关费用。按照"谁投资、谁受益"的原则，引导民间资金投资小城镇的产业发展，住宅开发或基础设施建设。鼓励城镇发展合作建房、集资建房，使住宅业成为小城镇建设发展的先导行业，并带动相关产业在小城镇的资金投入；鼓励以工代赈兴办基础设施和公益事业。

5. 拓展多种方式的外引内联投融资渠道

积极制定引进内资和外资的配套政策，进一步加强"政策投入"，改善投资环境，增加城镇基础设施项目投资的商业价值，积极鼓励外部资金直接投资城镇基础设施建设。积极争取世行、亚行等国际金融组织的贷款用于城镇重点工程项目建设。选择经营型、收费型、有回报的市政设施项目，运用 BOT、TOT 等形式吸引外商直接投资和融资。抓住国家经济重点向中西部地区倾斜的有利时机，大力争取国家直接投资，引进东部地区资金。

五、城镇建设行为调控政策

1. 发展小城镇必须坚持的指导原则：尊重规律、循序渐进；因地制宜，科学规划；深化改革，创新机制；统筹兼顾，协调发展。

2. 主要目标：优化小城镇发展布局，构建空间结构合理、职能分工明确的城镇体系；加强小城镇基础设施建设，完善城镇功能。改善居住环境，提高小城镇生活质量和人口素质。

3. 发展小城镇要统一规划，合理布局。

4. 城镇建设要通过挖潜，改造旧镇区，积极开展迁村并点，土地整理，开发利用荒地和废弃地。

5. 城镇建设用地除法律规定可以划拨的以外，一律实行有偿使用。

6. 根据城镇的特点大力发展特色经济，因地制宜地发展各类综合性的或专业性的商品批发市场。

7. 充分利用风景名胜及人文景观，发展观光旅游业。

8. 要严格控制分散建房的宅基地审批，鼓励农民进镇建房或按规划集中建房，节约的宅基地可用于城镇建设用地。

六、水、土资源利用与环境保护政策

1. 加强水资源的保护，建立节水型的生产与生活体系

要实施节流优先、治污为本、多渠道开源的城镇水资源利用战略。加强区域与城镇水源工程建设，合理开采地下水；强化水资源的统一管理和调配，最大限度地利用好区内的水资源，强化水污染治理，调整排污费征收标准，提高工业废水达标排放率。

大力推进节约用水，促进水资源优化配置与高效利用。积极推行水价改革，建立合理的水价形成机制，实行超额累进加价收费制度，限制高耗水量工业发展，限制城镇工业用水指标，提高工业用水的重复利用率，建立节水型的城镇工业体系，适当调整城镇居民用水价格，制定科学合理的居民用水定额指标，积极推行使用节水器具和设备，促进城镇居民用水效率的提高；全面推行城镇供水、用水、节水防洪、污水处理等水务一体化。大力发展工水灌溉技术，建立节水型农业生产体系。提高全社会的节水意识，建立节水型社会。

2. 改革小城镇土地利用制度，保护耕地，合理用地

正确处理好城镇总体规划和土地利用总体规划的关系，使两个规划在国民经济计划统一协调下，在土地开发的目标控制及用地时序上有机结合，确保耕地总量动态平衡。政府要将小城镇建设用地纳入土地利用总体规划和土地利用年度计划，对一般乡镇要严格控制，对国家和省试点城镇及重点的小城镇要积极支持。对于按照统一规划进行成片配套开发建设的一般小城镇，确需占用耕地的，经批准可给予一定数量启动用地指标，允许先征用后复垦或滚动调节使用。对以迁村并点和土地整理等方式进行小城镇建设的要及时安排。

城镇发展要统一规划，集中用地，做到节约用地和保护耕地，大力推行城镇建设集约用地，走以内涵发展为主的道路，充分利用存量土地，加快"空心村"、"城中村"的改造、旧区改造和迁村并点工作，充分挖掘空闲地、弃地和荒地，积极盘活存量土地，严格控制占用耕地。积极引导乡镇企业向工业园区集中，居民住宅向居住小区集中，鼓励农民进镇购房或按规划集中建房，提高土地利用率，实现集约用地。

完善集体土地使用权的流转制度。在符合土地利用总体和城镇总体规划的前提下，城镇建设用地可在全县范围内进行土地使用占补动态平衡。农村集体农用地在不改变性质的条件下，允许以转包、互换、入股、租赁等形式依法流转；允许集体经济组织用城镇规划区内依法取得土地使用权的建设用地，以入股、联营、租赁等形式兴办企业，或用于公益事业和基础设施建设。鼓励农民利用取得使用权的农村建设用地置换成小城镇建设用地，参与小城镇的开发和建设。对于因小城镇建设被征用或占用土地的农民，要依法给予补偿，不得侵占农民的合法要益。

3. 加强城镇生态建设

要从增强区域与城镇长远竞争力出发，把生态建设放在更加突出的位置，走出一条城镇建设与生态建设相统一，城镇发展与生态容量相协调的城镇化道路。为此，要根据不同区域的生态功能以及生态环境容量，划定生态保护区，对经济开发与城镇建设的规模和开发方式进行严格控制。各类城镇都要因地制宜，合理划定规划范围内绿化空间，建设公园绿地、环城绿化带、居住区绿地、工厂绿地和风景园林地，围绕城市干线、城市水系建设绿色走廊，形成点线

面结合的绿地系统，严禁侵占绿地。鼓励各种社会力量植树造林，进行城镇绿化、乡村绿化和通道绿化。

4. 加强城镇污染综合治理

健全环境保护法规，加大执法力度，加强环境监督管理体制，强化排污监管，实行排污总量控制；积极推进清洁能源供应设施的建设，提高供气能力，发展集中供热，启动城市供热单户计量工程，调整和制定城镇居民用电价格体系，鼓励城镇居民积极利用电能，扩大电能消费比重，改善城镇能源结构，减轻城市环境压力。

完善环境经济政策，切实增加环保收入，推广"三同时"保证金制度，提高排污收费标准，逐步完善环境污染防治基金制度，建立生态环境补偿基金；把环保利用外资列入利用外资优先领域，增加利用外资规模。加强环境保护科学研究，搞好环保应用技术的引进、研究与推广，以科技术进步促进环境保护，大力发展环保产业。

附件
规划图

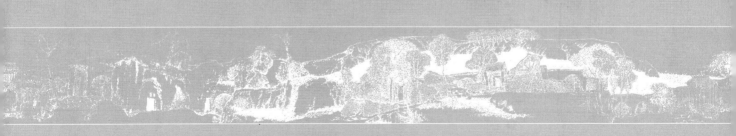

图 纸 目 录

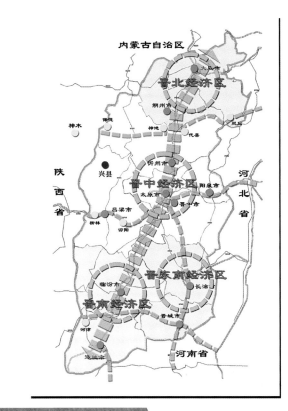

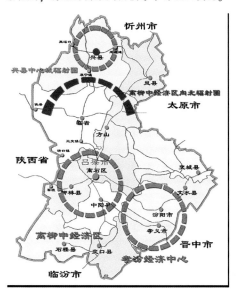

兴县地处黄河中游，吕梁山脉西北部晋西北黄土高原。东依石楼山、石猴山与岢岚、岚县接壤；南傍大度山、二青山和临县毗连；北跨岚漪河同保德为邻；西隔黄河与陕西省神木县相望；蔚汾河自东向西横穿中部注入黄河。

01 区位分析图

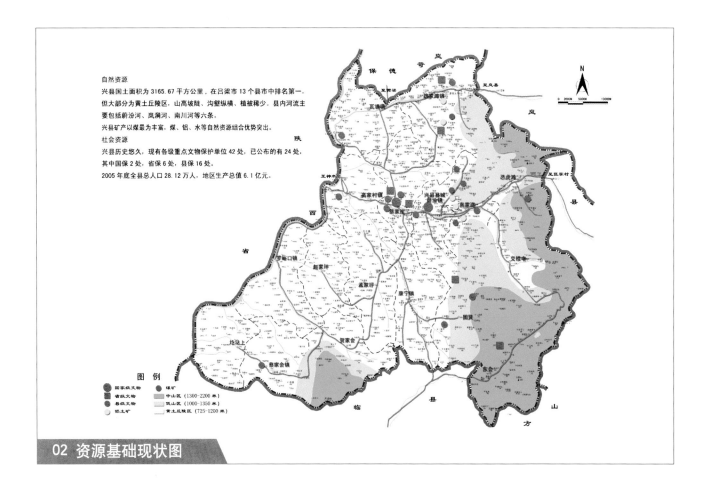

自然资源

兴县国土面积为3165.67平方公里，在吕梁市13个县市中排名第一。但大部分为黄土丘陵区，山高坡陡、沟壑纵横、植被稀少。县内河流主要包括蔚汾河、岚漪河、南川河等六条。

兴县矿产以煤最为丰富，煤、铝、水等自然资源组合优势突出。

社会资源

兴县历史悠久，现有各级重点文物保护单位42处，已公布的有24处，其中国保2处，省级6处，县保16处。

2005年底全县总人口28.12万人，地区生产总值6.1亿元。

图例

02 资源基础现状图

2005 年底，全县共设 7 个建制镇、10 个行政乡、372 个行政村。其中 7 个建制镇，分别为蔚汾镇、魏家滩镇、康宁镇、瓦塘镇、蔡家会镇、罗峪口镇、高家村镇；10 个乡分别为奥家湾乡、交楼申乡、恶虎滩乡、东会乡、固贤乡、孟家坪乡、贺家会乡、蔡家崖乡、赵家坪乡、圪垯上乡。

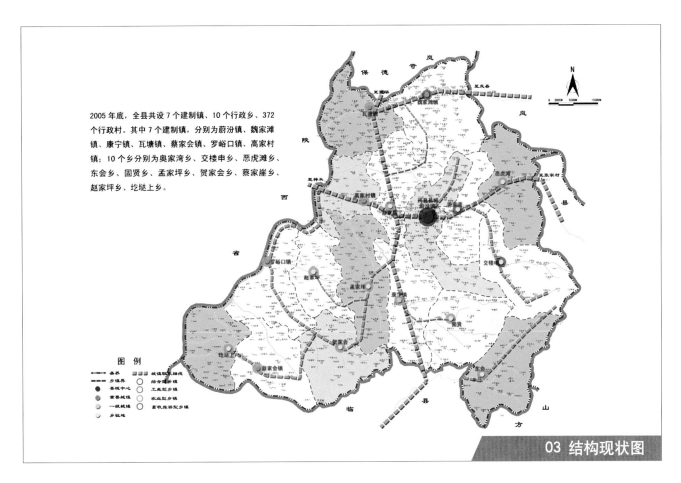

03 结构现状图

公路网
目前，兴县境内有省道 2 条，长 137 公里；县级道路 3 条，长 122 公里；乡村道路 15 条，长 238 公里；全县共有各级公路 20 条，总长 497 公里。
省道 2 条：分别为忻（州）黑（峪口）线和苛（岚）大（武）线。
县级公路有 3 条：分别是曹罗线、枣圪线、交口经交搂申、东会到白文阳坡线。沿黄公路罗峪口—王家塔段已经修竣。
农业水利设施
目前，全县有中型水库 2 座，小型水库 4 座（其中只有 1 处能调洪蓄水），总库容 4749 万立方米，500 亩以上电灌区 4 处，自流灌区 1 处（1000 亩以上）。
电力工程
全县现状共有 110KV 变电站 1 座（蔡家崖站，电源引至临县），总容量 31500KVA；35KV 变电站 6 座（城关、二十里镇、郑家塔、花子、张家坪、魏家滩），总容量 26600KVA。
燃气工程
县域内有"陕京Ⅱ线"天然气输气管道经过，沿忻黑线敷设。

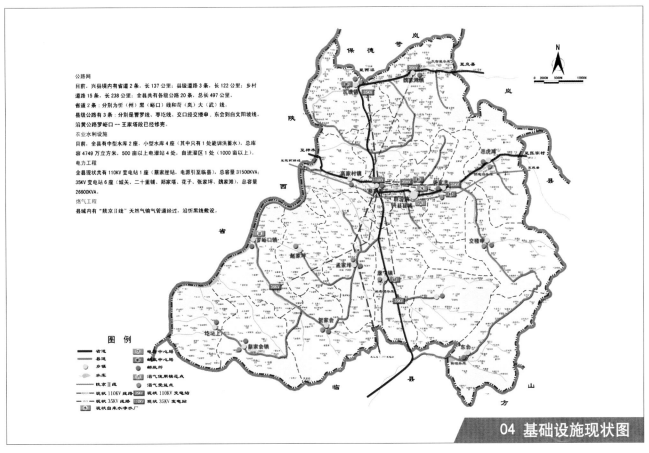

04 基础设施现状图

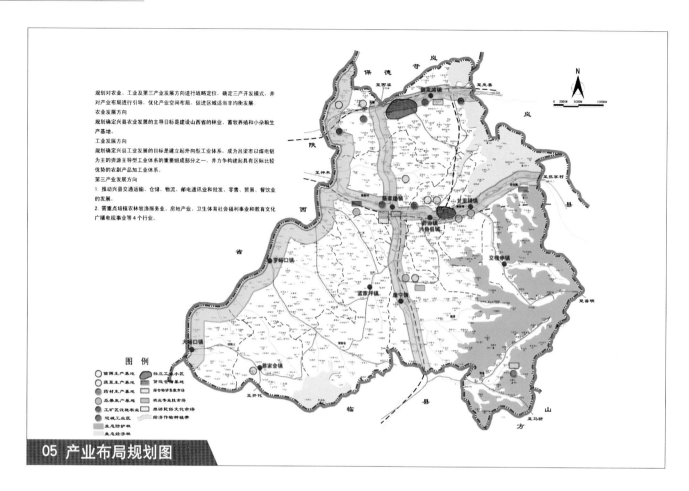

规划对农业、工业及第三产业发展方向进行战略定位，确定三产开发模式，并对产业布局进行引导，优化产业空间布局，促进区域适当非均衡发展。

农业发展方向

规划确定兴县农业发展的主导目标是建设山西省的林业、畜牧养殖和小杂粮生产基地。

工业发展方向

规划确定兴县工业发展的目标是建立起外向型工业体系，成为吕梁市以煤电铝为主的资源主导型工业体系的重要组成部分之一，并力争构建起具有区际比较优势的农副产品加工业体系。

第三产业发展方向

1. 推动兴县交通运输、仓储、物流、邮电通讯业和批发、零售、贸易、餐饮业的发展。

2. 需重点培植农林牧渔服务业、房地产业、卫生体育社会福利事业和教育文化广播电视事业等4个行业。

图 例

05 产业布局规划图

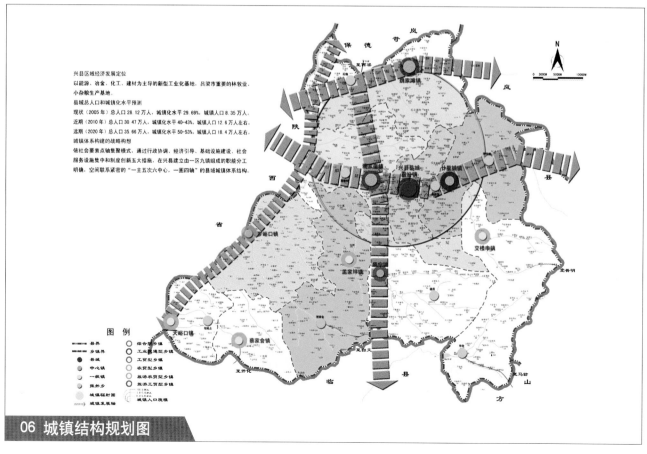

兴县区域经济发展定位

以能源、冶金、化工、建材为主导的新型工业化基地，吕梁市重要的林牧业、小杂粮生产基地。

县域总人口和城镇化水平预测

现状（2005年）总人口28.12万人，城镇化水平29.69%，城镇人口8.35万人。

近期（2010年）总人口30.47万人，城镇化水平40-43%，城镇人口12.6万人左右。

远期（2020年）总人口35.66万人，城镇化水平50-53%，城镇人口18.4万人左右。

城镇体系构建的战略构想

依社会要素点轴集聚模式，通过行政协调、经济引导、基础设施建设、社会服务设施集中和制度创新五大措施，在兴县建立由一区九镇组成的职能分工明确，空间联系紧密的"一主五次六中心，一圈四轴"的县域城镇体系结构。

图 例

06 城镇结构规划图

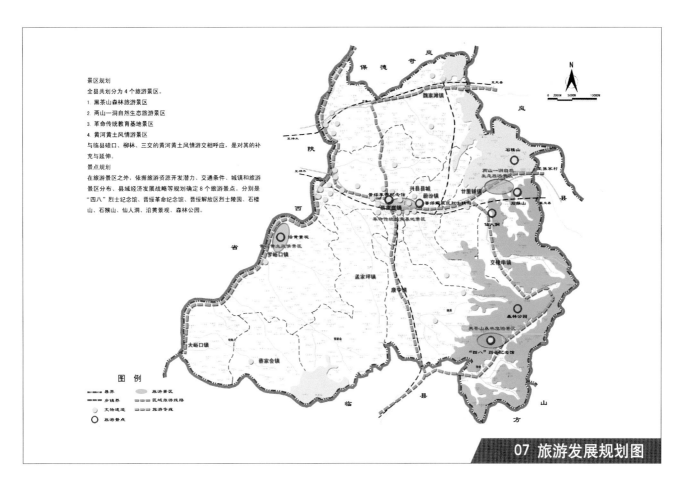

景区规划

全县共划分为4个旅游景区。

1. 黑茶山森林旅游景区
2. 两山一洞自然生态旅游景区
3. 革命传统教育基地景区
4. 黄河黄土风情游景区

与临县碛口、柳林、三交的黄河黄土风情游交相呼应，是对其的补充与延伸。

景点规划

在旅游景区之外，依据旅游资源开发潜力、交通条件、城镇和旅游景区分布、县域经济发展战略等规划确定8个旅游景点，分别是"四八"烈士纪念馆、晋绥革命纪念馆、晋绥解放区烈士陵园、石楼山、石猴山、仙人洞、沿黄景观、森林公园。

07 旅游发展规划图

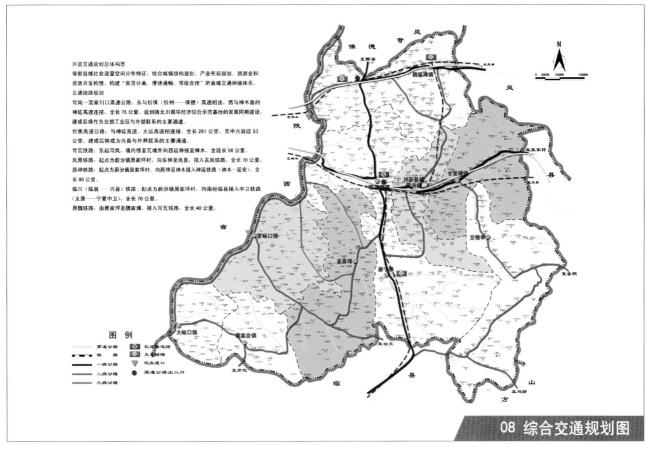

兴县交通规划总体构思

依据县域社会流量空间分布特征，结合城镇结构规划、产业布局规划、旅游业和资源开发构想，构建"客货分离、便捷通畅、等级合理"的县域交通网络体系。

交通线路规划

岢岚—裴家川口高速公路：东与忻保（忻州——保德）高速相连，西与神木县的神延高速连接，全长75公里。规划随北川循环经济综合示范基地的发展同期建设，建成后将作为北郡工业区与外部联系的主要通道。

忻黑高速公路：与神延高速、大运高速相连接。全长281公里，其中兴县段53公里，建成后将成为兴县与外界联系的主要通道。

岢瓦铁路：东起岢岚，境内修至瓦塘并向西延伸接至神木，全段长56公里。

凤原铁路：起点为蔚汾镇原家坪村，向东伸至岚县，接入古凤铁路，全长70公里。

原神铁路：起点为蔚汾镇原家坪村，向西伸至神木接入神延铁路（神木—延安），全长80公里。

临兴（临县——兴县）铁路：起点为蔚汾镇原家坪村，向南经临县接入中卫铁路（太原—宁夏中卫），全长70公里。

原魏铁路：由原家坪至魏家滩，接入岢瓦铁路，全长40公里。

08 综合交通规划图

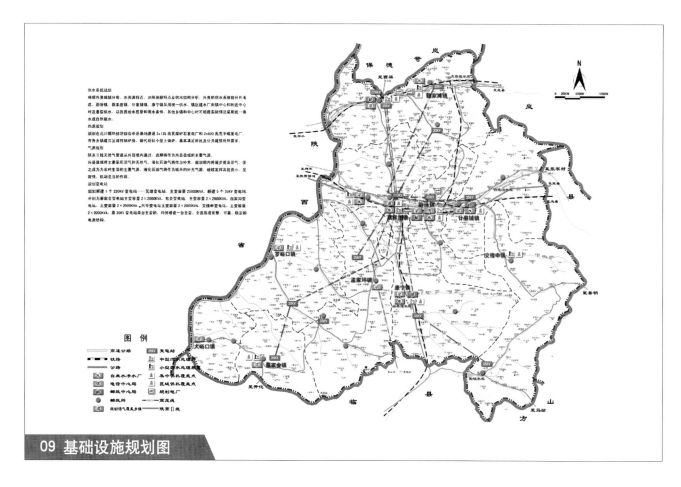

09 基础设施规划图

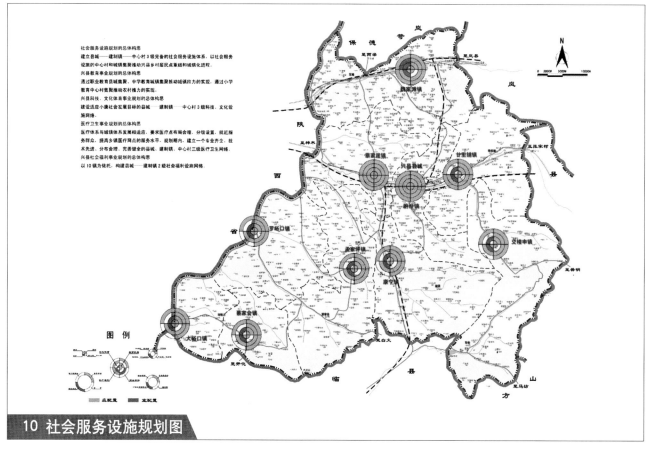

10 社会服务设施规划图

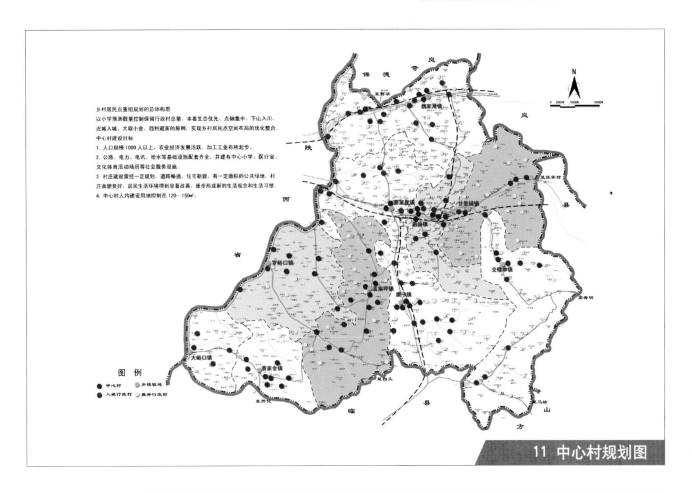

乡村居民点重组规划的总体构思
以小学预测数量控制保留行政村总量，本着生态优先、点轴集中、下山入川、近城入城、大取小舍、趋利避害的原则，实现乡村居民点空间布局的优化整合。
中心村建设目标
1. 人口规模1000人以上，农业经济发展活跃，加工工业有所起步。
2. 公路、电力、电讯、给水等基础设施配套齐全，并建有中心小学、医疗室、文化体育活动场所等社会服务设施。
3. 村庄建设需经一定规划，道路畅通，住宅新颖，有一定面积的公共绿地，村庄面貌良好，居民生活环境得到显著改善，逐步形成新的生活观念和生活习惯。
4. 中心村人均建设用地控制在120—150m²。

11 中心村规划图

生态保护的目标
2020年，全县环境污染和生态恶化将得到有效控制，环境质量进一步改善。饮用水源保护区水质不得低于国家规定的《GB3838-88地面水环境质量标准》Ⅱ类标准，并须符合国家规定的《GB5749-85生活饮用水卫生标准》工农业生产水质达到《GB3838-88地面水环境质量标准》类；大气环境质量和噪声环境质量进一步提高，基本实现人口、资源、环境与经济社会的可持续发展。

12 生态环境保护规划图

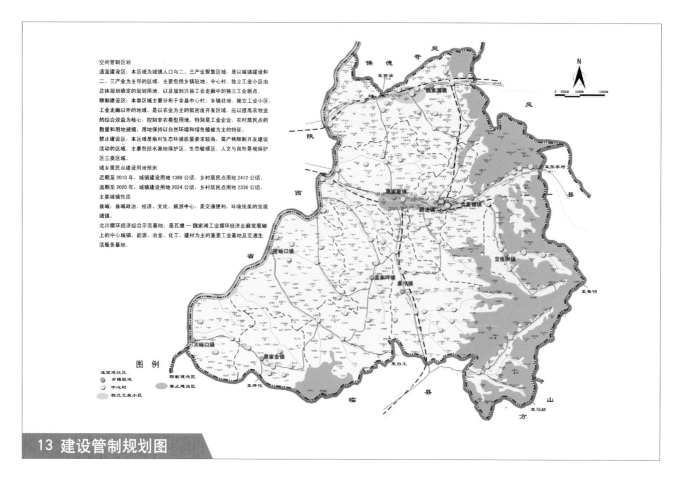

空间管制区划

适宜建设区：本区域为城镇人口与二、三产业聚集区域，是以城镇建设和二、三产业为主导的区域，主要包括乡镇驻地、中心村、独立工业小区由总体规划确定的规划用地，以及规划兴县工业走廊中的集中工业摘点。

限制建设区：本类区域主要分布于全县中心村、乡镇驻地、独立工业小区、工业走廊以外的地域，是以农业为主的低密度开发区域，应以提高农牧业的综合效益为核心，控制非农类型用地，特别是工业企业、农村居民点的数量和用地规模，用地保持以自然环境和绿色植被为主的特征。

禁止建设区：本区域是指对生态环境质量要求较高，需严格限制开发建设活动的区域，主要包括水源地保护区、生态敏感区、人文与自然景观保护区三类区域。

城乡居民点建设用地预测

近期至2010年，城镇建设用地1386公顷，乡村居民点用地2412公顷。
远期至2020年，城镇建设用地2024公顷，乡村居民点用地2336公顷。

主要城镇性质

县城：县域政治，经济、文化、旅游中心，是交通便利，环境优美的宜居城镇。

北川循环经济综合示范基地：是瓦塘—魏家滩工业循环经济走廊发展轴上的中心城镇，能源、冶金、化工、建材为主的重要工业基地及交通生活服务基地。

图例

适宜建设区：
○ 乡镇驻地
● 中心村
▨ 独立工业小区
□ 限制建设区
▨ 禁止建设区

13 建设管制规划图

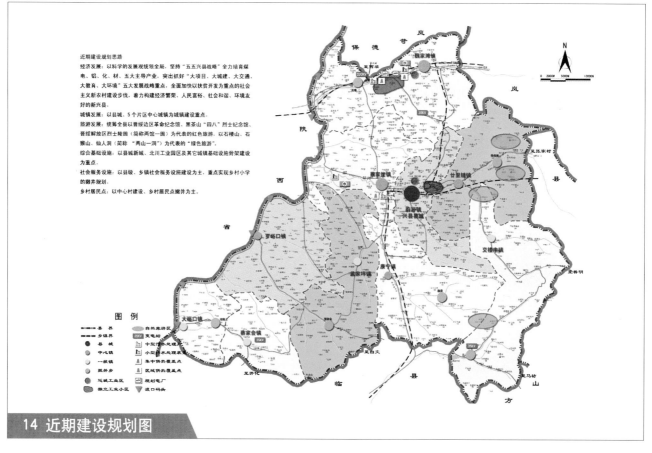

近期建设规划思路

经济发展：以科学的发展观统领全局，坚持"五五兴县战略"全力培育煤电、铝、化、材，五大主导产业，突出抓好"大项目、大城建、大交通、大教育、大环境"五大发展战略重点，全面加快以扶贫开发为重点的社会主义新农村建设步伐，着力构建经济繁荣、人民富裕、社会和谐、环境友好的新兴县。

城镇发展：以县城，5个片区中心城镇为城镇建设重点。

旅游发展：统筹全县以晋绥边区革命纪念馆、黑茶山"四八"烈士纪念馆、晋绥解放区烈士陵园（简称两馆一园）为代表的红色旅游，以石楼山、石猴山、仙人洞（简称"两山一洞"）为代表的"绿色旅游"。

综合基础设施：以县城新城、北川工业园区及其它城镇基础设施骨架建设为重点。

社会服务设施：以县级、乡镇社会服务设施建设为主，重点实现乡村小学的撤并规划。

乡村居民点：以中心村建设、乡村居民点撤并为主。

图例

━━━ 县界
─── 乡镇界
━━━ 公路
● 县城
○ 中心镇
○ 一般镇
○ 撤并乡
▨ 兴镇工业区
▨ 独立工业小区
▨ 自然旅游区
25KV 变电站
中型污水处理厂
小型污水处理厂
集中供热覆盖点
区域供热覆盖点
规划电厂
进口码头

14 近期建设规划图

山西省普通高校人文社会科学重点研究基地课题[编号:0505206]成果

国家自然科学基金项目[编号:40771050]阶段成果

兴·县之城

山西兴县县城总体规划

霍耀中　张其俊　刘平则　著

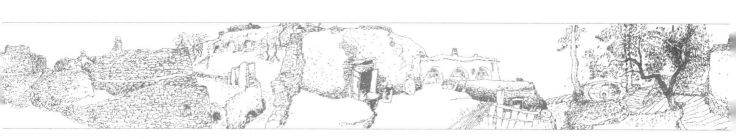

中国林业出版社

山西兴县县城总体规划编委会

主　任：孙善文

副主任：白树栋　白永厚

委　员：霍耀中　邢超文　张其俊　白鹏昊　贾虎信

　　　　尹亮旭　刘平则　高海清　张玉儿　王永计

　　　　李旭平　王　平　樊尚友　贾炎琼　李　荣

　　　　白海泉　白永胜　张改清　张凌燕　谭惠杰

　　　　杨　哲　秦彦超

图书在版编目（CIP）数据

晋绥风土.下册，兴·县之城：兴县县城总体规划／霍耀中，张其俊，刘平则著.
—北京：中国林业出版社，2008.1
ISBN 978-7-5038-5130-8

Ⅰ.晋…　Ⅱ.①霍…②张…③刘…　Ⅲ.城市规划—兴县　Ⅳ.TU984.225.4

中国版本图书馆 CIP 数据核字（2007）第190200号

出　　版	中国林业出版社（100009　北京西城区德内大街刘海胡同7号）
责任编辑	刘先银
电　　话	(010)66177226
发　　行	中国林业出版社
印　　刷	北京百善印刷厂
版　　次	2008年1月第1版
印　　次	2008年1月第1次
开　　本	889mm × 1194mm　1/16
印　　张	8
彩　　页	20页
字　　数	215千字
印　　数	1～2000册
定　　价	69.00元（上下册）

序

去年 6 月，我来到兴县工作。其时，兴县正面临着千载难逢的发展机遇，山西省"两区"开发战略开始实施，西山煤电等大集团相继入驻，大项目建设热火朝天，县域经济发展前景大好。与此同时，国家建设社会主义新农村步伐不断加快，城镇化浪潮扑面而来……所有这些，都预示着老区兴县将要发生剧烈而深刻的变化。

空前的发展机遇对兴县县城提出了新的要求和更高标准。老县城名曰"县城"，实不如发达地区的一个村庄，一是建筑密度大、建筑质量差、交通拥堵、污染严重、市政设施老化，城市功能极不健全；二是仅 4 平方公里的面积容纳了 8 万余人，"个头不断长高、穿的还是童装"的问题相当严重，城区明显不堪重负。县城的落后，已严重制约了县域经济发展和人民生活质量提高，如何改变落后现状，使之满足县域经济飞速发展的需要，是新一届县委、政府必须认真解决的问题！

改变现状，不是喊两句口号、开几次大会就能实现。就此，我和县委书记郭颖同志多次讨论，并广泛征求多方意见，一致认为必须先从修编规划入手，只有通过高水平的规划才能帮助我们理清思路，才能真正体现科学决策，才能减少建设的盲目性。此前，兴县已进行过两次县城总体规划的编制，一次在 1984 年，一次在 2002 年。两次规划在当时都发挥了很重要的作用，但由于 2002 年批准的规划实际编制于 1997 年，时代局限性过重，已失去了指导意义和可操作性。

既然决定了修编，接下来的问题就是请谁来修编。当时，众说纷纭，意见不一，有人建议找清华，有人建议请同济。但我认为，山不在高，有仙则名，对于贫困的兴县，与其耗巨资攀高结贵，倒不如请一家知根打底、可靠实惠的规划单位。挑来拣去，最终我们选择了山大文景城乡规划设计事务所，该单位尽管没有清华、同济的名气，但近几年来依靠敬业的精神、扎实的功底、高素质的团队赢得了业内的普遍好评和尊重，是一支实捶实打的队伍。

公允地说，山大文景规划编制组确实不负众望。接受任务后，负责人霍耀中教授很快投入大量精力，调配精干力量，不辞劳苦，多次到现场踏勘调研，收集掌握了大量详实的基础资料，并充分发挥专家龙头作用，积极听取有关单位和社会各界意见，努力使修编后的规划经得起历史的检验。经过多次论证，规划修编的核心思想逐渐形成，即：扩容提质。扩容的实质是"跳出县城抓县城，建设蔡家崖新区"。提质的内涵是加大老城区的改造力度，以此实现新旧区的同步发展，全面改善人民生活质量。

作为政府，我们同样对规划倾注了大量心血。俗话说："拙匠人、巧主家"，没有人比主家更了解自己的家底，更清楚自己想要什么、不要什么。所以在整个修编过程，特别是确立"开发建设县城蔡家崖新区"思想时，我们参与了规划编制组的每一次讨论，召开了近20次专题会议。我们深知新区建设直接关系和影响着兴县未来的发展走向，直接关系和影响着几代兴县人的生活质量，是比天还大的事，是事关百年的大计。我们追求的目标是：在规划的指导下，通过若干年的努力，逐步把兴县县城打造成一座功能齐全、具有浓郁地方特色的宜居精品小城。这一思路在规划中得到了充分体现。

在政府、规划组和社会各界的共同努力下，规划修编工作圆满完成，并于今年4月得到吕梁市人民政府的正式批准。现我们已在规划的指引下全面铺开了如火如荼的县城蔡家崖新区开发建设工作。适逢此时，山大文景规划事务所也即将把《兴县县城总体规划》（修编）作为一项成果正式出版。我相信，这是山大文景对规划付出极大心血的体现，是山大文景对规划凝聚深厚感情的一种表达方式。在此，我要说一声：谢谢你们！同时，希望此书能够给其它地方的规划修编工作提供参考和帮助。

规划修编完成，兴县人民从此有了一幅法定的城市建设的宏伟蓝图，让我们万众一心，认真执行规划，携手打造和谐宜居城市，共同创造兴县美好明天。

兴县人民政府县长　　孙善文

2007.10

目录

附件规划图

上编

规划纲要

第一章　总　则

第一条　本规划是兴县城市规划区内各项建设的指导性文件,在规划区内进行各项建设活动的一切单位和个人,均应按照《中华人民共和国城市规划法》的规定执行本规划。

第二条　本规划是对 2000 年批准的《兴县城市总体规划》的重新修编,原规划自本次规划批准之日起作废。

第三条　凡因城市建设需要编制的控制性详细规划,修建性详细规划等,均应按照本规划的要求进行。

第四条　本规划的具体落实由兴县建设行政主管部门负责,由县人民代表大会常务委员会负责监督。

第五条　县人民政府可以根据经济和社会发展需要对本次规划的内容作局部调整,并报县人民代表大会常务委员会和吕梁市政府备案;但涉及城市性质、规模、发展方向和总体布局重大变更的,须经县人民代表大会常务委员会审查同意后报吕梁市人民政府审批。

第六条　规划期限为

近期:2006～2010 年;

远期:2011～2020 年;

远景:2020 年以后的远景设想

第七条　规划指导思想

1. 正确处理区域与兴县城区的关系

兴县城区建设及发展与全县及周边地区的建设与发展紧密相关,脱离区域背景论城区规划是不客观的。只有辩证地处理好区域关系,才能使中心城镇在全县城镇体系的发展中求得发展;同时,中心城镇的发展强有力地推动县域城镇体系的发展。

2. 正确处理整体与局部的关系

从区域入手,修编兴县县城总体规划,从宏观到微观,由局部到整体,步步反馈,使区域城镇与兴县城区的整体发展相辅相成,互相促进。

3. 正确处理近期与远期的关系

根据近、远期发展的需要,实事求是地确定规划目标,并加强对规划分阶段实施步骤的研究,拟定合理的规划建设速度、步骤和程序,使规划切实可行,远近结合,分期实施。

4. 正确处理城市与乡村的关系

城乡协调发展,是城市规划工作重要内容之一,必须寻求合理的城乡关系,可行的城乡人口转换方式与速度,以及合适的土地使用原则,以确保城乡经济协调发展。

5. 正确处理经济、环境、社会三者效益关系

第八条　规划编制依据

1.《中华人民共和国城市规划法》；

2. 建设部《城市规划编制办法》及实施细则；

3.《城市用地分类与规划建设用地标准》（GBJ137-90）；

4. 国发［1996］18 号《国务院关于加强城市规划工作的通知》；

5.《中华人民共和国环境保护法》；

6.《中华人民共和国土地法》；

7.《山西省实施＜中华人民共和国城市规划法＞的办法》；

8.《兴县县城总体规划》（2000～2020 年）；

9.《兴县国民经济和社会发展的"十一五"计划和 2020 年远景目标设想》；

10.《兴县国土综合开发整治规划》；

11. 国家相关的法律、法规、规范等。

第九条　凡在本规划划定的城市规划区内利用土地和进行各项建设活动，必须按照《中华人民共和国城市规划法》的规定，并实施本规划。

第十条　规划范围

兴县县城的规划区范围：东至奥家湾乡交口村，西至蔡家崖镇石岭子村，北至北山顶，南至南山顶。面积约为 70 平方公里。石猴山、石楼山风景区属规划区控制范围。

第二章　县域城镇体系规划

第十一条　县域国民经济和社会发展主要目标如下：

1. 国内生产总值（GDP）：2010 年达到 40.5 亿元，年递增 50％；2020 年达到 100 亿元，年递增 10％。

2. 人均国内生产总值：

2010 年为 1.3291 万元；

2020 年为 2.8043 万元。

3. 三大产业比重：

2010 年为 18：54：28

2020 年为 8.0：47：45

4. 人口城镇化水平：2010 年总人口 30.47 万人，城市化水平 40％；

2020 年总人口 35.66 万人，城市化水平 50％。

5. 科教文卫水平：

（1）科技贡献率：

2010 年达 30％

2020 年达 40％

（2）每万职工拥有科技人员：

2010 年 200 人

2020 年 400 人

（3）教育：普及九年义务教育，青年接受高等教育

2010 年 15％

2020 年 30％

（4）每千人拥有病床：

2010 年 3 张

2020 年 4 张

6. 基础设施水平：

（1）公路密度及道路铺装率

2010 年 1.5 公里/平方公里   100％

2020 年 2 公里/平方公里   100％

（2）自来水普及率：2020 年 100％

（3）城市人均生活用电量：

2010 年   800 千瓦小时

2020 年   1000 千瓦小时

（4）话机普及率及有线电视开通率

2010 年 40 部/百人   95％

2020 年 50 部/百人   100％

7. 生态环境水平：

（1）绿化覆盖率和城市人均绿化

2010 年 30％人均 7 平方米

2020 年 40％人均 10 平方米以上

（2）三废治理率及垃圾无害化处理率：

2010 年达 80％   70％

2020 年达 100％   90％

8. 社会保障目标

（1）享受社会保险人口：

2010 年 90％

2020 年 95％以上

（2）社会福利床位及人均寿命：

2010 年 10 张/千人   75 岁

2020 年 20 张/千人   75 岁以上

（3）刑事案件下降：

2010 年 10 件/万人

2020 年 10 件/万人以下

第十二条　城镇化水平预测

到 2010 年全县总人口为 30.47 万人，到 2020 年全县总人口为 35.66 万人。到 2010 年城镇人口达到 12.6 万人，城镇化水平为 40％～43％；到 2020 年城镇人口达到 18.4 万人，城镇化水平为 50％～53％。

第十三条　县域城镇体系发展战略

1. 加快发展县域中心城市，增强辐射和集聚功能，提高其在吕梁市城市体系中的地位与作用。不断完善中心城市功能。至规划期末（2020 年），县域中心城市总人口达到 11 万左右。

2. 合理发展小城镇。大力提高小城镇积聚程度和建设水平，在进一步加大撤乡并镇力度的基础上，有所侧重地选择建设重点镇。改变乡镇企业和农村居民点在空间上"低、小、散"的格局。

第十四条　城镇体系结构规划

1. 等级结构

规划确定城镇体系职能结构分为 3 个等级：县城——中心镇——一般镇。

Ⅰ级：县城（蔚汾镇、蔡家崖镇）。蔚汾镇作为第一组团，其县域中心的地位历史悠久；蔡家崖镇作为第二组团，是县城新的发展方向，也是县域内最大的增长极。

Ⅱ级：中心镇——即魏家滩镇、罗峪口镇、廿里铺镇、康宁镇四个中心城镇。

Ⅲ级：一般镇——即大峪口镇、蔡家会镇、交楼申镇、孟家坪镇。其中交楼申镇为风景旅游区的旅游服务城镇；大峪口镇为沿黄新兴城镇；孟家坪镇城镇发展条件一般。

兴县城镇等级规模结构规划表

等级	规模（万人）	2010 年		2020 年	
		城镇数量（个）	城镇名称及规模（万人）	城镇数量（个）	城镇名称及规模（万人）
Ⅰ	>5.0	1	县城 蔚汾镇（7）蔡家崖镇（1.7）	1	县城 蔚汾镇（7）蔡家崖镇（4）
Ⅱ	1.0-5.0	1	魏家滩镇 瓦塘（1.8）魏家滩（0.4）	1	魏家滩镇 瓦塘（3）魏家滩（1）
Ⅲ	0.4-1.0	7	廿里铺镇（0.3）、康宁镇（0.3）、蔡家会镇（0.2）、罗峪口镇（0.3）、交楼申镇（0.2）、大峪口镇（0.2）、孟家坪镇（0.2）	7	廿里铺镇（0.6）、康宁镇（0.6）、蔡家会镇（0.4）、罗峪口镇（0.6）、大峪口镇（0.4）交楼申镇（0.4）孟家坪镇（0.4）

2. 职能结构

根据各城镇的区位条件、资源状况、经济发展及其区域意义，划分兴县城镇为综合型、工贸型、交通型、旅游型、工业型、农贸型职能类型。

表 10-01　兴县城镇体系职能结构规划表

职能等级	职能类型	城镇名称	主导职能
Ⅰ县城	综合型	蔚汾镇	全县政治、经济、文化中心，以商贸物流业为主的经济增长极核
Ⅱ中心镇	综合型	魏家滩镇	县域内瓦塘、魏家滩工业走廊发展轴上的中心城镇，能源、冶金、化工、建材为主的重要工业基地及交通生活服务型城镇
	工业交通型	廿里铺镇	县域东部重要的煤电化工生产基地，以交通、高效设施农业、畜牧业为主的城镇
	旅游交通型	罗峪口镇	县域西南部黄河沿线重要的商贸流通城镇
	工贸型	康宁镇	县域南部片区的中心城镇，重要的县级商贸流通基地

职能等级	职能类型	城镇名称	主导职能
Ⅲ一般镇	农贸型	大峪口镇	县域西南部黄河沿线重要商贸流通城镇，以高效农业、农副产品加工业为主的城镇
	农贸型	蔡家会镇	县域西南部重要的商贸流通城镇，以发展农副产品加工业为主
	旅游农贸型	交楼申镇	以旅游业、高效农业、农副产品加工、畜牧业为主的城镇
	农贸型	孟家坪镇	以高效农业、农副产品加工业为主的城镇

3. 空间结构

根据现状分布特征、发展趋势和城镇化总体战略，城镇体系空间结构调整的总体构思：突出增长极核，引导空间集聚，加强中心地建设，协调城乡关系，形成"1主5次6中心、1圈4轴"的向心放射状的城镇空间格局。

1圈指兴县以县城为中心由6个城镇构成的近圆形城镇分布带。

4轴分别指忻黑线、岢大线、裴家川口沿岢大线至魏家滩沿线、沿黄公路为区域重要的交通通道地区，亦是县域三大重要的产业布局走廊。

第十五条 县域交通系统规划原则

1. 提高公路等级，减少时空距离，加强县域内各地区间及与县域外的便捷联系。

2. 有利于对外交流，扩大对外辐射冲力。

3. 改善树枝状公路网布局结构，提高主要公路的连通水平，保证交通走廊的可靠性、安全性。

4. 协调交通干线与旅游线路的关系，缩短中心城区与主要旅游景点的时空距离，有利于旅游路线的组织，并能对周边风景区公路有较好衔接。

5. 有利于分期建设、统筹规划、条块结合，保障公路、铁路的良好衔接。

第十六条 公路网规划

1. 对外交通公路布局

规划主要由以下公路组成：

——岢岚——裴家川口高速公路：东与忻保（忻州——保德）高速相连，西与神木县的神延高速连接，全长75公里。规划随西川循环经济综合示范基地的发展同期建设。

——忻黑高速公路：与神延高速、大运高速相连接。全长281公里，其中兴县段53公里。

——省道忻黑线：东起忻州，途经静乐、岚县西至兴县蔡家崖镇黑峪口村。规划期内公路等级提升为一级。

——省道岢大线：北起岢岚县城，经兴县、临县，南至方山县大武镇。规划期内改建瓦塘——白文段65公里，公路等级提升为一级。

——沿黄公路：兴县境内北起保德冯家川，南至大峪口。近期内全部完成93公里的建设，公路等级均为二级。

另外，规划期内将打通瓦塘——西梁（保德）、交楼申——普明（岚县）、东会——马坊（方山）、贺家会——白文（临县）、蔡家会——开化（临县）等几个公路出县口。

2. 县域内部交通公路布局

规划以县城为中心的县级交通路线有：

——杨家坪—裴家川口 17 公里二级公路。

——石佛则——白家沟——杨家坪——石盘头二级公路，全长 60 公里。

——木崖头——关家崖——廿里铺——交楼申——东会二级公路，全长 110 公里。

——圪洞——肖家洼——红月——刘家庄二级公路，全长 30 公里。

——曹罗线二级公路。

——枣林坡——蔡家会——圪垯上二级公路。

——圪垯上——大峪口二级公路。

——旅游路线：

在修建或改建县级道路的同时，要重点新修和完善县城至各旅游景点，如"四八"烈士纪念馆、千佛洞、晋绥军区司令部旧址、晋绥日报社旧址、裴家川口古合河县遗址等的旅游公路。

3. 乡、村网络型布局

乡、村公路网是在第一、二层次基础上，连接各个乡镇与村落之间、乡村居民点与公路干线之间的连接线。以乡村公路为主，现状技术等级为四级，规划逐步提高为三级，并改善路面情况，实现村村通公路。

专用线：

——新建郝家沟——白家沟二级公路专用线 10 公里。

——新建固贤——花子村 10 公里一级专用线。

4. 公路网节点规划

县域内规划四个中心镇，中心镇与县城及各镇之间要有三级以上公路双向连通。一般镇之间、重点镇与一般镇之间建立四级以上的公路联系，兴县城区内布置两处客运站，三处货运站。

重点乡镇设置专业客运站及货物转运中心。

一般乡镇设置客货运停靠点。

完善公路站场设施，在岢岚——裴家川口，忻黑高速公路和二级以上高等级公路交叉处设置立体交叉，并在靠近主要城镇方向设置高速公路出入口。

第十七条 水源工程

县域内符合《地面水质量标准 GHZB1-1999》Ⅱ类以上的主要水源地为天古崖水库、明通沟水库、阁老湾水库、阳湾则水库。上述水库和河段必须严格进行保护，不得污染水源。

第十八条 给水工程

近期有条件的乡镇、村庄尽可能采取集中供水系统，提高供水质量，到 2010 年县域各中心镇全部使用自来水，农村基本普及简易自来水，到规划末期，县域内自来水的普及率达到 100%。

第十九条 排水工程

完善已建成的排水系统，由合流制逐步过渡到分流制。在规划期内，完善中心镇排水设施，城镇污水设施普及率达到 80% 以上，有条件的乡镇、村庄也尽可能采取污水管道收集，污水管道设施普及率达到35％以上。

第二十条　污水处理工程

县域内各级新建污水处理厂，污水处理率达到80％，处理要求达到《污水综合排放标准GB8978-1996》城市污水处理厂一级排放标准。有条件的乡镇农村也尽可能采取分散收集，集中处理污水，污水处理率达到30％以上。

第二十一条　防洪

1. 水库防洪规划

县域内中型水库两座：天古崖水库、阁老湾水库采用100年一遇防洪标准。小型水库四座防洪标准为50年一遇防洪标准。

2. 河道防洪排涝规划

兴县城区河道：蔚汾河城区段防洪标准为50年一遇，其它沟渠为20年一遇，乡村及千亩以上农田采用10年一遇标准。

3. 城镇防洪标准

兴县城区规划区末人口为11万人，其防洪标准为20年一遇。中心镇人口3～5万人，防洪标准为10年一遇，一般镇人口1～3万人，防洪标准为10年一遇。

第二十二条　供电

1. 县域用电与负荷

规划期末县域人均综合用电量为1000千瓦时/人·年，市域供电量为46672.8千瓦时。

2. 县域供电设施规划

（1）电厂

规划新建2×135兆瓦煤矸石发电厂一座，2×600兆瓦中煤发电厂两座。

（2）变电站

规划新建1个220KV变电站——瓦塘变电站，主变容量25000KVA；新建5个35KV变电站，分别为蔡家会变电站，主变容量2×2000KVA；蔡家崖变电站，主变容量2×2000KVA；东会变电站，主变容量2×2500KVA；白家沟变电站，主变容量2×2500KVA；兴华变电站，主变容量2×2000KVA。

第二十三条　电信工程

近期县域程控总容量达到11.6万门，远期达到17.8万门。全县达到村村通电话，规划期末电话普及率达到100％以上。

第二十四条　广播电视

完善服务体系，广播、电视覆盖率到规划期末达到98％。增加自办节目，增设电视频道，丰富人民精神文化生活。

第二十五条　邮政工程

规划期末县域内邮政局所全部电子化，健全由县局—支局（所）组成的邮政网络系统。

第二十六条　燃气工程

陕京Ⅱ线天然气管道从兴县境内通过，远期将作为兴县县城的主要气源。

兴县县域将主要采用沼气和天然气，液化石油气将作为补充。规划期内将逐步普及沼气。

第二十七条 县域生态保护规划

1. 生态保护的目标

2020 年，全县环境污染和生态恶化将得到有效控制，环境质量进一步改善。饮用水源保护区水质不得低于国家规定的《GB3838-88 地面水环境质量标准》Ⅱ类标准，并须符合国家规定的《GB5749-85 生活饮用水卫生标准》工农业生产水质达到《GB3838-88 地面水环境质量标准》类。

2. 生态保护措施

搞好大环境绿化，加强全县低山、丘陵和河沿岸绿化。大力发展生态林、经济林；平川区建设农田防护林带，沿主要交通干线及河流两侧建设宽度不等的绿化带；加强村镇内部绿化，尤其是县城等重点城镇绿化。

第二十八条 环境保护规划

1. 大气环境规划

按环境功能及各乡镇生态建设要求，调整产业布局。推行清洁生产，控制产生污染的环节。县城建成区周围禁止建设高污染企业，已有的高污染企业应搬迁或改产。扩大烟尘控制面积，积极发展集中供热，集中供气等，使用煤气化炉灶，控制面源污染。

2. 水污染控制措施

建设污水处理设施。对已有污染企业与新建企业要加强管理，减少废水排放量，做到循环利用与达标排放；在建与新建锅炉采用湿式除尘系统，应建沉淀池，做到除尘废水闭路循环；严禁在河道、水库附近倾倒和堆积各种固体污染物，严禁建污染企业。

3. 固体废弃物环境规划

（1）规划目标

以兴县的实际情况为基点，规划近期（至 2010 年）内各类污染源固废处置率达 100％。规划远期（至 2020 年），全县固废污染源排放各项指标均达到国家规定标准。

（2）固体废弃物污染控制措施

搞好固体废弃物的综合利用与资源化、无害化处理，基本消除固体废弃物污染。加强垃圾管理，推行垃圾分类，消除白色污染；积极建设符合要求的固体垃圾处置厂。

4. 噪声污染规定

制定规范措施，控制城镇交通噪声污染，通过城镇的各种机动车辆严禁鸣笛；加强对交通、建筑施工作业、工业噪声和商业娱乐场所等噪声源的监测与管理，确保区域环境噪声质量。

第二十九条 县域旅游规划

1. 县域旅游发展战略

（1）对以自然景观为主的风景区进行有步骤、分层次的规划建设和管理，有计划地保护、修复、重建一批文物景点。

（2）加大旅游市场开发力度，以区域市场为基础，针对不同市场需求，开发不同旅游产品，重视人才培养和旅游市场宣传。

2. 旅游景区规划

全县共划分为 4 个旅游景区。

（1）黑茶山森林旅游景区

以"四八烈士"纪念馆所在地黑茶山为中心，在黑茶山附近分布有县域内最大面积的再生林原始森林，风光秀丽，具有开发自然生态旅游资源的绝佳条件，可以把红色革命纪念旅游与自然生态风光旅游结合起来，打造黑茶山革命纪念地森林旅游景区。

（2）两山一洞自然生态旅游景区

"两山一洞"总面积约 30 平方公里。远景建设规模是集宗教旅游、革命传统教育、娱乐、休闲为一体的晋西北综合旅游场所。开发华北第一大溶洞——仙人洞。

仙人洞位于县城以东 13 公里处的桃花山下，与石楼山、石猴山遥相呼应，浑然一体。为华北第一大石灰岩溶洞。

（3）革命传统教育基地景区

以晋绥边区革命纪念馆和晋绥解放区烈士陵园为代表，以革命传统教育为主题的旅游景区。

（4）黄河黄土风情游景区

重点在裴家川口到大峪口镇发展以黄土风情为主题、弘扬几千年黄河文化的黄河黄土风情游，开发红枣经济，挖掘民俗风情，体验风土人情，该景区与临县碛口、柳林、三交重点的黄河黄土风情游交相呼应，是对其的补充与延伸。

3. 旅游线路组织

（1）一日游项目

兴县城区—石楼山风景区

兴县城区—石猴山风景区

兴县城区—仙人洞风景区

（2）二日游项目

兴县城区—石楼山风景区—石猴山风景区

兴县城区—石楼山风景区—仙人洞风景区

兴县城区—仙人洞风景区—黑茶山革命纪念地风景区

（3）三日游项目

兴县城区—石楼山风景区—石猴山风景区—仙人洞风景区—黑茶山革命纪念地风景区

第三章　城市空间布局

第三十条　城市发展的目标

1. 生产效率高，产业结构合理，城市人均国内生产总值达到 0.36 万美元左右，第三产业占国内生产总值的 45％左右。

2. 完善的基础设施，通畅便捷的内外交通网络，城市人均道路面积 13 平方米左右；先进的通讯设施，市话普及率达到 50％；可靠的供电网络，人均生活用电量达 1000KW·小时·年；高质量的供水条件，人均综合用水量达到 300 升/人·日；良好的供气条件，城市管道供气达到 90％（规划期末可考虑使用天燃气）；城市污水处理率达到 90％以上，环卫作业机械化率、垃圾粪便无害化处理率达到 100％。

第三十一条　城市用地选择

根据城市用地评价、用地现状和城市发展的趋势，在规划期内城市用地不宜向东、向南发展，东面为水源保护区，南面为南山阻挡。因此，城市用地发展方向以西、北为主，适当向南发展。

用地发展方向分析表

	向西发展	向北发展	向东发展
用地条件	用地平坦、完整、地势开阔	地形坡度大，发展空间小，用地破碎	用地较完整、背离城市物流、交通流方向
交通条件	靠近忻黑公路、岢大公路，公路交通便捷	靠近忻黑公路，公路交通较便捷	靠近忻黑公路，公路交通较便捷，但远离岢大公路，南北向交通不便
环境条件	西部处于城市下游，为创造宜人环境，奠定了良好基础	受城市用地的限制无法创造良好环境。	东部处于城市上游，工业用地受一定限制
与老城区联系	脱开老城建新城，形成两个独立的中心	依托老城发展	依托老城发展，与老城联系密切
基础设施投资	发展西部地形无需大的改造，但市政设施投资大	地形需较大的改造，但市政设施投资较小	地形需适当改造，但市政设施投资大

第三十二条　城市性质

综上所述，规划确定兴县县城城市性质为：兴县县城是全县的政治、经济、文化中心；以商贸为依托，兼具旅游功能，适合人居的文明城市。

第三十三条　城市规模

现状城市人口 6.5 万人。规划 2010 年城市人口 8.7 万人，规划 2020 年城市人口 11.0 万人。现状城市总用地 4.12 平方公里。规划 2010 年城市总用地 7.38 平方公里，规划 2020 年城市总用地 9.56 平方公里。

第三十四条　布局结构

1. 城市布局强调轴向分片成组团发展，形成适当分工并相对独立的具有综合型功能的片区结构形式。分片区根据水系划界为主，以及城市集中成片发展的原则，将城市总体规划范围内的建设用地发展成相对独立的“一带双心”结构形态。

2. 旧区规划结构为：一廊，两片，六组团。一廊为蔚汾河景观走廊，两片为河南片、河北片，六组团为三个居住组团、两个公园、一个工业组团。形成居住、商贸金融中心。

3. 新区规划结构为：一心，一廊，三片。一心为公共服务中心，一廊为蔚汾河景观走廊，三片为河南片、河北片、河东片。新区规划为行政办公、商贸金融及文化娱乐中心。

第三十五条 远期（2020 年）规划居住用地 403.14 公顷，占城市总建设用地的 42.14%，人均 36.65 平方米。主要为多层住宅区，局部地段结合城市景观可考虑建部分小高层。

第三十六条 城区行政办公用地规划

规划期末，行政办公用地 12.97 公顷，占城市总建设用地的 1.36%，人均 1.18 平方米。

在蔡家崖新区北侧台地上规划集中的行政办公区，形成一个相对集中的行政办公区，以适应建立公共财政报帐制、行政单位联合集中审批制度和行政办公信息化制度的推广。

第三十七条 城区商业金融业用地规划

规划期末，商业金融业用地面积 76.5 公顷，占城市总建设用地的 8.0%，人均 6.96 平方米。

旧城区晋绥路重点是要加强和提高服务质量，改造人民路，形成商贸服务步行街。

蔡家崖新区规划将商业、文化娱乐、体育用地适当集中，形成较大的商业组团，商业建筑形成点、线、面相结合的布局形式，这既利于形成重要街区的景观效果，又避免人流对交通的过度干扰。

第三十八条 文化娱乐用地规划

规划期末，城区文化娱乐用地 56.65 公顷，占城市总建设用地的 5.93%，人均 5.15 平方米。

规划在新区中心部位规划集中的文化娱乐用地，周边布置青少年活动中心、中老年活动中心、歌舞厅、健身房等文化娱乐设施，以对内服务为主，同时兼有对外服务的功能。

第三十九条 城区体育用地规划

规划期末，城区体育用地 9.12 公顷，占城市总建设用地的 0.95%，人均 0.83 平方米。

规划在新区蔚汾河北岸布置一处体育用地，占地 2.24 公顷，要求设施完善，设备齐全，建成集体育训练与居民日常活动使用一体的体育中心，包括田径场、体育馆、游泳馆和健身房，要求现代化水平较高，配置一批先进的运动器材。

第四十条 城区医疗卫生用地规划

规划期末，城区医疗卫生用地 3.43 公顷，占城市总建设用地的 0.36%，人均 0.31 平方米。

旧区主要改造现有的陈旧建筑及落后的医疗设施，随着城区的不断扩大，其用地面积需有所扩大，并做到医疗资源平衡利用。在新区西北侧规划一处综合医院，规划用地 2.0 公顷。

第四十一条 城区教育科研用地规划

规划期末，城区教育科研用地 34.67 公顷，占城市总建设用地的 3.63%，人均 3.15 平方米。

规划除保留晋绥中学外，还将在新区规划高中一所，其服务范围除城区外，还将服务于整个县域。保留旧区高中一所，规划中学 4 所，其中新区 2 所，旧区 2 所，小学 7 所，其中新区 3 所，旧区 4 所。在新区和旧区各规划一处成人教育用地。在新区规划职业学校 1 所。

第四十二条 工业用地规划

规划远期工业用地共计 23.74 公顷，占城市总建设用地的 2.48%，人均 2.16 平方米。

规划期内对处在城市上风向且污染严重的工业予以撤迁和关闭。在旧城区西部规划少量工业用地，主要是小杂粮或农产品加工等无污染企业，规划工业用地集中布置在西川循环经济示范区。

第四十三条 仓储用地规划

远期规划仓储用地 2.29 公顷，占城市建设用地的比例 0.02%，人均 0.21 平方米。

结合旧城区工业用地布置仓储用地，城区内不规划大规模仓储用地。蔡家崖新区结合批发市场规划物流用地。

第四十四条 旧城改造

1. 通过土地级差和容积率优惠等措施，鼓励开发商投资公益事业、基础设施建设和道路绿化工程。调整用地布局，成片改造。

2. 旧城区的住宅，在统一规划的前提下，有步骤地分期分批进行改造，鼓励开发住宅微利房，并以改善居住环境为重。

3. 加强旧城改造管理的力度，通盘考虑改造实施计划，使房地产开发建设顺利有序地进行。未能成片改造的地区，应加强维修力量，改善居住质量和环境质量。

第四十五条 凡改建项目应降低建筑净密度，改善居住区环境，提高绿地率，居住建筑密度应控制在 25％以下，绿地率控制在 25％以上。

第四十六条 文物保护

晋绥边区革命纪念馆和晋绥解放军区烈士陵园都属国家级文物，其用地范围外 100 米为建设控制区，胡家沟明代砖塔属省级文物，其用地范围外 50 米为建设控制区。

第四章　城市绿地景观规划

第四十七条 公共绿地规划

规划远期公共绿地共计 82.04 公顷，占城市总建设用地的 8.58％，人均 7.46 平方米。

1. 公园

城区内规划建设大中型公园 6 个，公共活动广场 6 个，保证每一个片区居住组团内都至少有一座公园，服务半径为 800 米的步行距离；并通过生活性绿色通道相连接，绿地系统形成一廊带多点的结构，由蔚汾河形成的绿廊串起各个绿化结点。

2. 小型公共绿地

小型公共绿地应统一部署安排，严格控制用地，目标是建设一批面积大约为 0.4 公顷的小型绿地，兼有休憩与娱乐场地，配备老年健身和儿童娱乐设施，布局基本接近居住小区的中心，使居民步行 300～400 米就可到达。

3. 滨河绿化

滨河绿化是城区绿化体系的一大特色，尤其是蔚汾河两侧沿河的带形绿地，作为生活性岸线的一部分，功能上可大致分为生态防护、休闲、景观游乐等功能。

第四十八条 园林绿化目标

城市公园绿地布局合理，分布均匀，设施齐全，维护良好，特色鲜明。

城市绿化覆盖率不低于 35％，建成区绿地率不低于 30％，人均公共绿地面积不低于 6 平方米。

兴县城区主要公共绿地规划一览表

	名　称	面积（公顷）	级　别	性　质
城市公园	南山公园	47.05	县级	综合公园
	植物园	9.61	县级	专题性公园
	儿童公园	6.63	县级	专题公园
	体育公园	2.89	县级	综合性公园
	雕塑公园	1.44	区级	专题公园
	红色文化公园	2.31	区级	专题公园
绿地广场	行政广场	1.62	区级	休闲广场
	市民广场	3.46	区级	休闲广场
	科技广场	0.68	区级	休闲广场
	文化广场	0.40	区级	休闲广场
	商业广场	0.69	区级	休闲广场
	纪念广场	1.10	区级	休闲广场

第四十九条 景观系统规划

城市的景观风貌是自然景观与人文景观的有机结合，通过城市的建筑、街道、广场和绿地等体现，使城市具有优美的景观、宜人的环境和鲜明的特点。城区南北为山，东西沿蔚汾河生长，规划中充分利用南北向的多条冲沟"绿楔"，结合沿河绿化、广场绿化、公园绿地等与城市道路绿化相通，使整个城市绿地成为一个整体，让人们与自然息息相通。

第五十条 特色街区景观

特色街区是城市景观的主角。如商业街、文化中心、行政中心等地段，是公共活动最为集中的地方，同时也是最能展示城市面貌给人以深刻印象的中心。

1. 商业街：

晋绥路与福胜街这两条商业街是目前区内商业发展相对发达的街区，拥有一定的行业基础与知名度。是城区内最主要的商业街和引导进入城市中心的标志。

2. 商业中心：

行政中心南侧为全区商业活动最为集中的点。这里的建筑群体无论从心理认知还是从视觉景观认知上讲，作为城市中心的地位毫无疑问会得到不断加强。

第五十一条 滨河休闲区

蔚汾河是城区景观的最宝贵资源，位于河畔的绿化景观与休闲活动是展示城市景观与活力的又一特色片区，绿化休闲带串联着文化中心、公园、滨河广场多项公共活动场所，因此在建设以绿色为主环境基调的同时，还需对步行空间作系统的设计，使得人们可以舒适方便地使用沿线各公共设施。

第五十二条 道路景观组织

道路在城市中不仅起着交通联系的作用，同时还是城市景观的重要组成要素。道路的方向、城市路网的形式、道路沿线的建筑、树木等要素等，都对城市形象发生重要的影响。

第五十三条 地标

地标是人们认识城市、观察城市、形成印象、便于记忆的外向型标志物。城区南部长途客运站建筑以其独特的地理区位、绿化与建筑间的关系处理，可依此作为一个地区的标志。河道主要转折处两侧的绿地，可以设计一些雕塑、小品，作为出入城区的标志性识别点。还有商业中心的建筑群，行政中心的建筑，都可以建设成为全市性的标志。

第五章 道路交通系统规划

第五十四条 远期规划对外交通用地 26.07 公顷，占城市建设用地面积的 2.73％，人均用地 2.37 平方米。对外交通用地主要是指在城区规划两处长途客运站，一处专业货运站及忻黑公路。

第五十五条 公路站场规划

保留在建的西关桥长途汽车客运站，兼货运站场。在新区南入口规划一处长途客运站，在新区西侧规划一处货运站，在旧区西侧规划一处专业货运站，形成兴县城区客货周转中心。

第五十六条 城市路网规划

道路总面积 143.41 公顷，人均占有道路面积 13.04 平方米。

规划道路等级分为主干道（包括交通性主干道、生活性主干道、综合性主干道）、次干道和支路三级。以城市主、次干道构成城市的基本路网骨架，便捷联系各功能分区，形成城市的骨干道路交通系统。

城市干道路网间距为 400～600 米左右，支路间距 200 米～300 米，主干道红线宽度为 24～36 米，次干道红线宽度为 18～20 米，支路红线宽度为 16～18 米。

第五十七条 建筑后退

规划城市主干道建筑后退红线 8～10 米，次干道建筑后退红线 5～8 米，支路建筑后退红线 3～5 米；从城市景观和人流集散需要考虑，规划若沿主次干道布置的是大型公共建筑或高层建筑后退道路红线 10 米以上。

第五十八条 社会停车场

在城市入口和城中心地段共设大型停车场 14 个，其中旧区规划 6 个停车场，新区规划 8 个停车场，每处停车场规模 100～150 辆，停车场面积为 2500～4000 平方米。市中心地段如果没有条件设置大型停车场，应结合大型公共设施和城市广场设置中小型停车场，新区河北片区可布置地下停车场。其它一般地段可结合大型公建设置 50～100 辆的中小型社会公共停车场。

第五十九条 公共交通设施规划

规划近期按城市人口的 1000～1200 人一辆的标准增加公交车辆。组织两个层次上的公共交通线网：市区线、郊区线，市区线站距控制在 500～800 米，郊区线站距控制在 800～1200 米，保证公共交通站服务面积以 300 米计算，不小于规划用地面积的 50％，以 500 米半径计算，不小于 80％，市区公交线网密度达到 3～5 千米/平方千米，郊区线线网密度达到 1.8～2.0 千米/平方千米。

规划公交首末站 2 座，新区一座，旧区一座，总用地面积为 2.0 公顷，结合规划的客运站场规划设置 3 条市区公交线路。

第六章　市政工程规划

给水工程规划

第六十条　城市人均综合生活用水量近期150升/人·日，远期人均综合用水量为250升/人·日。近期用水总量为1.75万立方米/日，远期为2.80万立方米/日。

第六十一条　保留兴县城区现有水厂并扩大水厂供水能力，在蔡家崖新区五龙堂村以东莱地的北山上规划一座新给水厂，规模为日供水量2.0万吨。城市供水方式是环形管网状加树枝状管线供应。

排水工程规划

第六十二条　县城排水系统为雨污分流制。近期雨水采用预埋涵管和明沟加盖板就近排入自然沟河。远期采用雨水管网就地势坡降方向，分成若干片就近排入沟河水系。

第六十三条　规划将污水处理厂布置在新区以西，蔚汾河南岸绿化带中，使其位于城市下风向和城市水源地下游，在西关大桥西侧蔚汾河以北建污水泵站一座，对城市环境景观影响较小，污水处理厂近期日处理能力为1.4万吨，远期日处理能力为2.3万吨。

供电工程规划

第六十四条　城区主要由城关35KV变电站和蔡家崖110KV变电站及新区规划一座35KV变电站

通讯工程规划

第六十五条　兴县电讯通讯采用程控电话交换设备，近期装机总容量达到60000门。市话线路在城区主干道的电缆线全部采用地下敷设，一般道路可采用电缆线架空方式。县城设县邮政中心局，各乡镇设邮政分局，城区内设4～5个邮政所，开办邮政业务，以满足城市用户需求。

燃气工程规划

第六十六条　预测兴县县城用气量远期为2.64万立方米/天。城区内燃气在规划期内全部采用管道输送，气源以"西气东输"为主，利用已有的燃气门站，占地0.6公顷。县城内燃气输配管网采取中压一级管网系统，为保证供气的可靠性与经济性，中压输配干管为环状布局。

热力工程规划

第六十七条　至2020年，县城区总热负荷250兆瓦，其中集中供热负荷210兆瓦。至规划期末全面普及区域锅炉房集中供热。规划期内建区域锅炉房6座，每座锅炉房集中供热面积为20～30万平方米，每座锅炉房锅炉不宜超过4台。

环境卫生设施规划

第六十八条　规划于县城南部的化塔沟布置一座垃圾处理厂。距城市中心区约5公里，垃圾处理以深度填埋为主，工程总规模为远期年处理垃圾5.7万吨，近期年处理处理垃圾4.5万吨。近期面积按1万平方米控制，远期应预留有2万平方米用地，并留有扩展余地。垃圾量按1～1.4公斤/人·日计。

第六十九条　环境卫生车辆按每万人2台配备，近期需18台大中型环卫车辆，远期需22台。每辆停车面积不少于200平方米计算，环卫停车场占地约0.5公顷。

第七十条　城市主干道每600米，次干道每1000米设置一座公共厕所，每座建筑面积不少于 50 平方米。果皮箱主干道每 50～80 米、次干道 80～100 米应设一个。

第七十一条　城市垃圾中转站（小型）每 1.5 平方公里设置一座，每座用地不小于 150 平方米，需设 12 座。

环境保护规划

第七十二条　污染控制目标

新建工业企业三废必须达标排放，近期工业废水与工业废气年均处理率均大于 85％，烟尘控制区覆盖率达到 100％，噪声达标覆盖率达到 85％，工业固体废气物综合利用率达到 95％，生活垃圾无害化处理率达到 100％，规划期末上述指标应尽可能达到 100％。

第七章　城市防灾规划

建立和完善城市灾害预测、应急报警、抗灾指挥和相应工程等总体防灾系统，确保城市安全。

第七十三条　防洪

1. 城市防洪，坚持全面规划、综合治理、防治结合、以防为主的方针，与流域规划相结合，河道治理与城市美化、环境保护相结合。

2. 兴县城区防洪标准为 50 年一遇，蔚汾河城区段防洪标准为 100 年一遇。非城区段防洪标准为 50 年一遇，100 年一遇洪峰流量校核，规划做好兴县河道的防洪设施工程，疏浚县城蔚汾河支流及现有的天然河道、水塘，提高河道过水能力，达到 20 年一遇防洪标准。

消防

第七十四条　消防原则：本着"预防为主，防消结合，远近结合"的方针。根据《中华人民共和国消防法》和公安部、建设部《城市消防规划建设管理规定》，做到以预防为主，减少重大火灾、限制一般火灾的发生，保证国家财产及人民生命财产的安全。

第七十五条　消防水源

消防用水由城市给水管网提供，规划沿主要道路按 120 米间距设置市政消火栓，管网末端消火栓水压不应小于 0.15MPa，流量不应小于 15 升/秒。消防管网最小管径大于 150 毫米。

第七十六条　消防站

规划将城区划分成两个消防责任区，以中间的永久绿化带为界分为东西两个区。新旧区内各设二级消防站一处：在新区西侧规划一处消防站，规划用地 0.25 公顷，保留旧区现有消防站。

第七十七条　城区消防指挥中心按 4～5 辆消防车配置，占地约 2500 平方米。其他消防站按 3 辆消防车配置，占地约 2000 平方米。

消防水源主要靠消防管线和消火栓供水，蔚汾河城区段靠近主要路口处为辅助消防水源地。

第七十八条　加强消防通讯。消防支队火警调度台建成能同时受理二路火警的调度台，同时增加无线联系。消防中队及专职消防队设置专线火警电话。消防重点单位和高层一类建筑、人防地下工程设置独立外线电话。

第七十九条　各项建筑，尤其是高层建筑，确定防火等级，严格执行国家规定的防火规范，健全防火措施。

人防

第八十条　留出足够的绿地、广场和南北向的疏散通道。市区易燃、易爆、剧毒或其他有害物质的工厂、仓储设施，逐步迁出。

第八十一条　完善人防工程。合理布置医疗救护、消防、防化、治安、运输等专业人员掩蔽工程，粮油、副食品、燃料油、医疗器械和药品库等物资保障工程，人员掩蔽工程按留城人员人均1.5平方米的标准合理布局，留城人口为城市人口的30～40％，主要人防工程全面连通。

第八十二条　坚持平战结合原则。充分利用地下空间，建立立体化城市。人防工程建设与城市交通、商业服务、文化娱乐及医疗卫生等设施有机结合，因地制宜地将人防工程投入平时的经济建设和人民日常生活。至规划期末，人防工程总面积达到6.6万平方米。

抗震

第八十三条　根据《中国地震烈度区划图》，兴县基本烈度为6度，规划城区建设设防标准为6度，重要设施设防标准为7度。

第八十四条　学校操场、公园、广场、街头绿地，要满足作为临时避震场所的规定与要求。

第八十五条　蔚汾河南路、蔚汾河北路、晋绥路、紫石街及玉春街、水泉街以及新区主要道路作为城区主要疏散通道。

第八章　城市近期建设规划

第八十六条　规划年限与规模

根据总体规划，确定近期建设规划年限为2006～2010年。根据人口规模的预测分析，至2010年城区人口规模为8.7万人。近期规划建设用地面积为737.5公顷，人均建设用地为84.77平方米。

近期规划生活居住用地278.83公顷，占城区总建设用地的36.3％，人均居住用地30.77平方米。近期主要开发新区的河北片，同时局部改造老城区危房区。

第八十七条　城区近期公共设施建设规划

1. 改善行政中心的办公条件，在新区新建行政中心，规划总用地9.95公顷，一期建设约20000平方米。

2. 在新区新建体育中心，规划用地2.24公顷，一期建设游泳馆4000平方米、文化娱乐中心，规划用地4.37公顷、综合性医院一处，规划用地2.0公顷，新建医院6000平方米，结合体育中心、文化娱乐中心建设商业中心，规划用地13.5公顷，在蔚汾河南侧建一处批发市场，规划用地2.46公顷。

第八十八条　城区近期工业仓储区建设规划

工业仓储区建设主要是结合旧城区西侧老工业区搬迁改造，规划无污染农产品加工业。

第八十九条　城区近期绿地系统建设规划

在旧区建设植物园规划用地 9.61 公顷，儿童公园规划用地 6.63 公顷，纪念广场规划用地 1.1 公顷。在新区建设红色文化园规划用地 2.31 公顷，体育园规划用地 2.89 公顷，市民广场规划用地 3.46 公顷。提高城区绿化水平，初步形成城区绿环，打造城区生态框架。

第九十条　城市对外交通建设：完成忻黑公路城区段建设。

第九十一条　城市道路建设：完成晋绥路新区段、新区的河北片道路及蔚汾河南路新区段线的道路拓宽，完成紫石街、玉春街、水泉街的拓宽改造等。

第九十二条　完成新区自来水厂建设工程建设，完善新区的河北片给水管网。

第九十三条　排污工程：完成城市污水厂一期工程和配套的城市污水干管工程，完善城区主要排污系统，基本控制市区水体污染。

第九十四条　县城电力规划：在新区西北新建一座 35KV 变电所，占地规模为 0.6 公顷。

第九十五条　电信发展规划：规划期内新区建设设一处电信局，一处邮政局，计划总用地为 0.25 公顷。

广播电视系统规划

第九十六条　在大力建设有线电视网的同时，利用资源优势开通 B-ISDN 宽带综合业务数据网。在完成传递电视节目信号的同时开通计算机网络、数据通信、可视电话图文信息等多功能服务项目。县城与吕梁市采用光缆联网。

燃气工程规划

第九十七条　县城燃气储备规模：液化石油气储配站应满足 15 天以上的用气量。根据兴县自身地理环境特色，近期储气站周期采用 15 天，中远期按 10 天计算。

第九十八条　县城内燃气在规划期内全部采用管道输送，气源以天然气为主，其它村及居民点仍采用瓶装供气。

环卫环保工程规划

第九十九条　县城垃圾处理：规划区垃圾处理以深度填埋为主。规划于县城南部化塔沟设垃圾填埋场，近期面积按 1 万平方米控制，远期应留有扩建余地。

第一百条　县城殡葬设施规划：保留兴县殡仪馆，对各类设施进行改造和完善，对场地进行绿化和硬化。

县城环卫规划

第一百零一条　规划期内设垃圾转运站 5 处，每处 150 平方米，在城市新建区内垃圾中转站按 0.7～1.0 公里一处进行设置。

第一百零二条　城市公厕按 300～500 米服务半径设置，并安装冲洗设备。城市街道垃圾收集设备设施应按国家规划标准配置。

第一百零三条　所有公共、民用建筑均应设相应容量的三级化粪池，并接入城市排污管道。

环保工程规划

第一百零四条　规划控制县城内空气质量优于国家二级，主要饮用水源及近湖河水质保持稳定并且质量稳步提高。噪声达标区、烟尘控制区覆盖率达 90％以上。工业固体废弃物处理率大于 80％，生活垃圾处理率 100％，县城绿地覆盖率≥45％。城市环境清洁优美，生态良性循环。

第一百零五条　注重县城大气环境综合治理；控制烟尘废气排放，改变能源结构。控制机动车辆尾气排放。

第一百零六条 注重水环境综合治理，加强水源附近企业管理，严格执行排放总量控制和达标排放，严禁在水源保护区内新建排污企业；疏通河道，提高地面水环境容量；城市污水集中处理，提高工业用水循环利用率。

第一百零七条 注重固体废弃物综合处理；城市生活垃圾及其它垃圾要分开处理，采取不同的处理方法。

第一百零八条 注重蔚汾河的环境保护。加强对排入河内的陆上污染源综合防治，依照区域可容许纳污量及水质排放控制，制定近河污染治整及环境保护规划并建立相应的环境监测系统。

综合防灾规划

第一百零九条 规划将新建消防站一处位于新区西侧。县域消防指挥中心设在行政中心内。

第一百一十条 城区内道路（尤其是老城区道路改造）要充分考虑预留消防通道；城区内消火栓等消防设施应严格按国家规范标准进行设置。规划消防指挥中心与各消防站有专线电话联系，设置四路以上的"119"火灾报警专用电话，与消防重点单位建立119专线。

第一百一十一条 防洪

兴县城区防洪标准为50年一遇。规划做好蔚汾河的防洪设施工程，疏浚县城现有的天然沟渠，提高沟渠过水能力。

第九章 规划实施措施及建议

第一百一十二条 完善有关的市场体系建设，尤其是建立健全房地产市场，大力发展房地产业，以推动本区的城市建设。小区开发要实行"统一规划、统一开发、统一管理"，提高城市居住环境质量。

第一百一十三条 加强建设的经济研究，运用经济杠杆，促进规划的实施，为提高城市土地使用效率，小区住宅开发要以多层住宅为主。旧城区主要是疏解老城区密度，完善配套服务设施。对城区内及其周边村庄宅基加强管理力度，禁止私搭乱建，提高周边村庄的生活水平，节约用地。

第一百一十四条 加强城市规划管理，加强对各行政单元之间发展的协调。规划是一项综合性的指导城市建设的蓝图，是一定时期建设的主要依据。

第一百一十五条 在规划的指导下，及时编制各层次规划和各项专业规划，深化规划内容，尤其应加强控制性详细规划和城市设计的编制和研究。

第一百一十六条 建设应严格控制城市建设用地标准，并强化环境保护意识，坚持环境保护第一审批权的原则，应坚决制止与环境保护原则相违背的一切建设活动。

第一百一十七条 加强规划管理队伍建设，提高规划管理水平，加强城市规划的宣传教育和公众参与城市规划管理，完善规划管理体制，加强规划宣传和执法检查，坚决查处违法审批、违法占地和违法建设，把城市规划的实施纳入法制轨道。

第一百一十八条 贯彻落实《中华人民共和国城市规划法》，本规划经法定程序批准后，作为兴县城市建设的法规文件，城市各类建设项目必须服从本规划的规定。

第一百一十九条 在兴县城区控制范围内进行的建设项目，必须严格执行"选址意见书"、"建设用地规划许可证"、"建设工程规划许可证"等审批管理制度。兴县行政主管部门有权对城市范围内的建设工程是否符合规划要求进行检查。兴县行政主管部门参加城市范围内重要建设工程的竣工验收，建设单位在竣工验收后六个月内，向兴县城市行政主管部门报送竣工资料。

第一百二十条 深化户籍制度改革，实行积极的人口迁移政策，放宽城区和城镇常住人口的农转非条件，实行按固定住所为主要依据申报户口，逐步用准入条件取代进入城市和城镇的计划审批制度，鼓励引进人才，鼓励投资移民，对高级人才和管理人员及具有大专以上学历人员，应积极引进，随调，随迁。鼓励农民进城镇从事非农业产业，对在城区和城镇购置住房，并有稳定生活来源的农民（包括配偶、子女）准予农转非，在就业、子女入学等方面与城镇居民一视同仁。

第一百二十一条 搞好城市经营。控制土地一级市场，规范放活二级市场，经营好以土地为主的有利资产，实现土地资源向集约化转变。重点抓好新区用地的详细规划、开发和利用，加大对城区房地产清理整顿力度，对建设用地坚持招、拍、挂出让的原则，做到公开、公平、公正、透明，确保土地收益。

第十章 附 则

第一百二十二条 本规划自吕梁市人民政府批准之日起开始实施，原2000年《兴县县城总体规划》同时废止。

第一百二十三条 本规划由规划文本、规划图纸和附件三部分组成，配套使用，规划图纸和附件与文本一样具有同等法律效力。

第一百二十四条 带下划线部分文字为强制性要求。

第一百二十五条 本规划由县人民政府建设行政主管部门负责解释。

第一百二十六条 本规划由县人民政府建设行政主管部门负责组织实施。

现状城区建设用地平衡表（2005年）

序号	用地代码	用地名称	面积（万平方米）	占城市建设用地的比重（%）	人均（平方米/人）
1	R	居住用地	219.02	53.08	33.69
	其中	住宅用地	211.8	51.33	32.58
		中小学	7.22	1.75	1.11

序号	用地代码		用地名称	面积（万平方米）	占城市建设用地的比重（%）	人均（平方米/人）
2	C		公共设施用地	21.82	5.29	3.36
	其中	C1	行政办公用地	9.73	2.36	1.50
		C2	商业金融用地	6.81	1.65	1.05
		C3	文化娱乐用地	0.44	0.11	0.07
		C4	体育设施用地	1.25	0.30	0.19
		C5	医疗卫生用地	2.12	0.51	0.33
		C25	接待用地	0.78	0.02	0.12
		C7	文物古迹用地	0.69	0.02	0.11
3	M		工业用地	14.08	3.41	2.17
4	W		仓储用地	1.87	0.45	0.29
5	T		对外交通用地	2.72	0.66	0.42
6	S		道路广场用地	35.08	8.50	5.40
7	U		市政公用设施用地	1.30	0.32	0.20
8	G		绿地	92.75	22.48	14.27
	其中	G1	公共绿地	53.58	12.98	8.24
		G2	菜地	39.17	9.49	6.03
9	E1		河流	23.52	5.70	3.62
10	D		特殊用地	0.50	0.01	0.08
	合计		城市建设用地	412.66	100.0	63.49

（注：2005年兴县城区人口规模为6.5万人）

城区近期规划用地平衡表（2010年）

序号	用地代码		用地名称	面积（万平方米）	占城市建设用地的比重（%）	人均（平方米/人）
1	R		居住用地	278.83	37.8	32.05
	其中		住宅用地	267.71	36.3	30.77
			中小学	11.12	1.5	1.28
2	C		公共设施用地	171.67	23.28	19.73
	其中	C1	行政办公用地	12.97	1.76	1.49
		C2	商业金融用地	59.34	8.0	6.82
		C3	文化娱乐用地	54.82	7.43	6.30
		C4	体育设施用地	3.73	0.51	0.43
		C5	医疗卫生用地	3.43	0.47	0.39
		C25	接待用地	7.84	1.06	0.90
		C6	教育科研用地	28.77	3.90	3.31
		C7	文物古迹用地	0.77	0.10	0.09
3	M		工业用地	23.74	3.22	2.73
4	W		仓储用地	2.29	0.31	0.26
5	T		对外交通用地	22.94	3.11	2.64

序号	用地代码		用地名称	面积（万平方米）	占城市建设用地的比重（%）	人均（平方米/人）
6	S		道路广场用地	101.46	13.76	11.66
	S1		道路用地	91.60	12.42	10.53
	S3		社会停车场用地	9.86	1.34	1.13
7	U		市政公用设施用地	13.72	1.86	1.58
8	G		绿地	121.86	16.52	14.0
	其中	G1	公共绿地	78.44	10.64	9.01
		G2	防护绿地	43.42	5.89	4.99
9	D		特殊用地	1.0	0.03	0.11
			城市建设用地	737.5	100.0	84.77
	E		河流	55.96		
			合计	793.46		

（注：2010年兴县城区人口规模为8.7万人）

城区远期规划用地平衡表（2020年）

序号	用地代码		用地名称	面积（万平方米）	占城市建设用地的比重（%）	人均（平方米/人）
1	R		居住用地	403.14	42.14	36.65
	其中		住宅用地	390.02	40.79	35.46
			中小学	13.12	1.37	1.19
2	C		公共设施用地	202.95	21.23	18.45
	其中	C1	行政办公用地	12.97	1.36	1.18
		C2	商业金融用地	76.57	8.0	6.96
		C3	文化娱乐用地	56.65	5.93	5.15
		C4	体育设施用地	9.12	0.95	0.83
		C5	医疗卫生用地	3.43	0.36	0.31
		C25	接待用地	8.77	0.92	0.80
		C6	教育科研用地	34.67	3.63	3.15
		C7	文物古迹用地	0.77	0.08	0.07
3	M		工业用地	23.74	2.48	2.16
4	W		仓储用地	2.29	0.02	0.21
5	T		对外交通用地	26.07	2.73	2.37

续表

序号	用地代码		用地名称	面积（万平方米）	占城市建设用地的比重（%）	人均（平方米/人）
6	S		道路广场用地	143.41	15.0	13.04
	S1		道路用地	131.83	13.79	11.98
	S3		社会停车场用地	11.58	1.21	1.08
7	U		市政公用设施用地	14.85	1.55	1.35
8	其中	G	绿地	138.62	14.5	12.60
		G1	公共绿地	82.04	8.58	7.46
		G2	防护绿地	56.58	5.92	5.14
9	D		特殊用地	1.0	0.01	0.09
			城市建设用地	956.07	100.0	86.92
	E		河流	62.87		
			合计	1018.94		

（注：2020 年兴县城区人口规模为 11.0 万人）

下编
实施策略

第十一章 概 况

第一节 地理位置与行政区划

兴县属山西省吕梁地区行署管辖，位于晋西北吕梁山脉北部西侧，地理座标介于东经110°33′00″～110°28′55″，北纬38°05′40″～38°43′50″之间。东南北三面分别与本省岢岚、岚县、方山、临县、保德五县为邻，西隔黄河与陕西神木县相望。区域轮廓近似于梯形，东西宽73公里，南北长80公里，总面积3165平方公里，人口密度为82.65人/平方公里，是山西省国土面积最大的县。

2005年底，兴县辖7镇10乡，总人口281219人，是以农耕为主的山西老区贫困县。县城位于蔚汾河中游地势相对较平坦的河川台地上，河谷宽700～1000米。县城南距吕梁地区行政公署驻地离石市区139公里，西距黄河东岸25公里，北距保德县城120公里，距省会太原市274公里，距首都北京720公里。

第二节 自然条件

一、地形、地貌特征

兴县地处黄土高原，由于长期流水侵蚀切割，地形破碎，梁峁起伏、沟谷纵横，构成中山、低山、丘陵、河谷等多种地形地貌。境内主要山峰有：黑茶山、石楼山、白龙山、大渡山和浩浸山。主要河流有：岚漪河、蔚汾河、南川河，与其它小河组成一系列树枝状，由阳坡入临县的湫水河，自东向西注入黄河均属黄河水系。纵观全县，地势东高西低，东南部的黑茶山主峰最高海拔2203米，西南角大峪口村前坪最低海拔725米，相对高差1478米。

兴县的地貌在漫长的地质历史过程中由于内力地质及外力地质作用，使地形不断隆起和夷平，构成了复杂多样的地貌景观。全县地貌大体为三种类型。

一类为剥蚀、溶蚀构造地形：分布于高唐山、黑茶山、香炉山、望儿山等地，面积为827平方公里，主要由变质岩、火成岩和寒武系、奥陶系石灰岩、白云质灰岩、白云岩组成。海拔高度在1300～2203米之间，沟谷切割深度300～500米。山顶浑圆、微微起伏。基岩被黄土覆盖地带约占60%，裸露地表约占40%。无论降雨或变质岩区及河道的清水均由此渗漏，转为深层岩溶水，表面常呈现一片干枯景观。

二类为构造剥蚀地形：分布于白家沟、固贤南北一线和西南部的大渡山。主要由石炭系、二迭系砂岩、页岩和紫金山火成岩类构成，面积约346平方公里，海拔在1300～1800米左右，相对切割深度300～400米，山顶浑圆，山坡较缓，地表常被黄土覆盖，沟坡及谷底部基岩裸露，沟底常有清泉水。

三类为侵蚀堆积地形：分布于黄河沿岸至瓦塘、高家村、孟家坪、蔡家会一线黄土梁峁丘陵地区和岚漪河、蔚汾河及其支流南川河、岚漪河、湫水河道中，面积为 1992 平方公里，海拔在 725～1200 米之间，切割深度 200 米左右。山顶圆帚状，山脊不明显，沟谷呈"V"字型，平面呈树枝状。河谷区最宽处约 1500 米，最窄也有 500～800 米，多为一级阶地和河漫滩，局部地段有二级阶地。

二、气候特征

兴县属暖温带大陆性季风气候。其基本特征是冬季漫长，寒冷干燥；夏季较短，炎热多雨；春季干旱多风，气温回升快；秋季凉爽，降水强度减弱。

春旱严重。由于历年冬季寒冷干燥，底墒不足，加之春季降水少、风大、气温回升迅速，蒸发加剧，使得土壤水分入不敷出。春旱频率很高，占到总年份的 50％ 以上。

夏季短暂，雨热同步。夏季雨量集中，时间较短暂．一般为 50 天左右。夏季气温年际变化小，雨热同步。7 月份平均气温为 22.3～25℃，极端最高气温 38.4℃，6～8 月份多出现雷阵雨、大雨、暴雨和冰雹，多年平均降水量可达 285.8 毫米，占全年总降水的 58％，是全年雨量分布较多的季节。1996 年 7 月 23 日不到 50 分钟时间降雨 120 毫米，产生暴雨，形成泥石流洪水，洪峰漫顶，冲毁河堤 10000 米，县直机关 45 个单位 35 个企业，121 个商店，1600 户居民进水，死亡 26 人，水电通讯全部中断，直接经济损失 2.27 亿元。

秋高气爽，云淡雨少。入秋以后，由于日照时数偏短，辐射强度减弱，北方冷空气侵入，温度逐渐下降，降水减少，空气清新，能见度好。10～11 月份晴天日数一般为 25～28 天。

冬季漫长，寒冷干燥。气温降至 10℃ 和翌年春季回升到 11℃ 的中间日数为冬季。兴县入冬日一般在 10 月 13 日，出冬日一般在 4 月 15 日，冬季达 184 天左右，占全年总天数的 50.6％。在此期间，封冻日数为 100 天左右，封冻土厚度达 1.0 米左右。最冷的 1 月份，平均气温 7.8℃，极端最低气温 -29.3℃。

冬季多年平均总降水量仅为 13 毫米，占全年总降水量的 2.3％；多年平均降雨日数为 14.2 天，占全年降水天数的 17％。

降水年际变幅大。据多年观察记载，易出现涝害和特大干旱年份，如 1964 年降水量达到 844.6 毫米，出现洪涝；而 1965 年降水量仅 187.1 毫米，发生特大旱灾。

兴县位于黄土高原中西部。区内云量较少，晴天日数多，空气干燥，大气能见度好，日照百分率高，全年太阳总辐射量在 120.4 千卡/平方厘米～140 千卡/平方厘米之间。

兴县气温分布规律是由西向东递减，气温等值线呈南北向。城关附近，多年平均气温 9.8℃，西部黄河为 10.6℃，东部山区为 6.8℃。分布规律自西向东海拔每增高 100 米，年均气温下降 0.7℃ 左右。

兴县冻土，县城附近冻结深度为 100 厘米左右，最大为 123 厘米，城关以东最大冻结深度为 130 厘米。

兴县无霜期随地势高低而变化。黄河沿岸无霜期可达到 190 天左右，中部 174 天左右，东部 160 天左右。

兴县降水规律为由东向西递减。东部山区年降水量 550 毫米；中部城关为 500 毫米；西部黄河沿岸仅为 450 毫米左右。

兴县蒸发量规律与降水规律相反，中部地区年平均蒸发量为 2090 毫米。

兴县多年平均风速 2.4 米/秒，主导风向是东风，占全年风向的 28％。一般春秋两季大风较多，最大风速 14～18 米/秒，其次是西风，占 16％。8 级或 8 级左右的大风天气平均 5.0 天/年。

三、工程地质

1. 地质

兴县地处鄂尔多斯黄土高原东部边缘，区内地层发育齐全，主要有太古界、元古界、下古生界、上古生界、中生界和新生界。

该县的地质构造西部简单东部复杂。从已出露的地质层状来看，总体上表现为向西倾斜的单斜构造，从东向西地层倾角逐渐变缓，从十几度至几十度的倾角缓缓插入黄河之下，其间伴有平缓的褶曲，所处构造部位归属黄河东岸—吕梁山西坡北向挠褶带的北部，主要表现为一些走向南北或近南北的平缓褶曲构造。其次中部有一组从北向东延伸的平缓褶曲；它与东部北东向构造有密切联系。南部紫金山—大渡山为中心的隆起构造形态。

本区东部，地质构造属祁吕贺兰山山字型构造前弧东翼的一部分，表现出一系列褶皱和断裂等复杂的构造形态，形成的原因是前寒武纪地质历史时期中强烈的区域的变质作用、混合岩化作用、岩浆活动及火山喷发作用。

本县主要构造有：

河东南北向挠褶带：主要指黄河两岸南北向构造的东岸部分，主要有一系列南北走向，平缓开阔的小型褶皱和挠曲组成。其构造形迹有南向北减弱的趋势，展布范围遍及全县。影响地层的中生界为主，古生界中仅有微弱显示。两翼岩层倾角较缓，仅在 3°～30° 之间变化，多在 5° 左右，一般对称，又大部分被黄土覆盖，其长度一般只有几公里，最长可达 20 公里，宽 1～2 公里，个别较宽者在 4 公里左右。

北东向褶皱带：该褶皱带是一个超直型构造体系，在本区东南部广泛展布，奥家湾至黑茶山一线以东的广大区域均属这一构造带，属祁吕贺兰山山型构造前弧东翼的组成部分，从太古界到中生界都卷入了这一构造体系。

恶虎滩带状构造：主要分布在芦芽山西坡的廿里铺、交楼申、官庄、中寨等地，南北长30 公里，东西宽 40 公里，整体为扫帚状，从恶虎滩—交楼申一线向东方向收敛，向西和北西方向撒开，卷入地层有界河口群寒武系、奥陶系。

龙泉弧形褶皱带：该带由孟家窑、贺家圪台背斜、郝家沟—马塔向斜组成，均为向西突出的弧形褶皱、弧顶在龙泉附近，都是开阔的背斜和向斜，两翼倾角只有 10° 左右，长约 10 公里。与此有联系的是，在兴县县城和关家崖之间的地带，有一系列倾向南西和南的地层。另外，在此褶皱的北东约 5 公里处，有后温泉逆断层，也呈弧形，向西突出。它们都包括在南北向构造带之内。

2. 地震

兴县在山西省地震基本烈度区域内，为 6 度设防区。元至顺二年（1331 年）四月，全县地震，声鸣如雷，裂地尺余，民房倾倒甚多。清康熙六十年（1721 年），地大震，有声如雷，民舍多倾倒，人畜压死者甚众，约一刻许而始定。

清嘉庆二十年（1815 年）年陕西发生大地震，本县有震感。1919 年冬地震，房屋摇晃，门环作响，家具摆动，片刻即停。1966 年 3 月 8 日，河北邢台地区发生 6.8 级地震波及兴县，大部分人从梦中惊醒，有响声，房屋顶棚震响，屋内落尘土，墙壁有泥皮脱落。同年 3 月 22日，邢台又发生 7.2 级地震波及兴县，室内大多数人有感，窗户响，电灯摆动，崖落土。

四、水文地质

1. 地表水

兴县地势东高西低，河流及沟谷发育。较大河流有岚漪河、蔚汾河、湫水河，这些河流与其它沟道组成一系列树枝状水系。总流向由东向西，均属黄河支流。

岚漪河和蔚汾河，常年有清水，但旱季和旱年也经常发生断流，其它沟道则以季节性洪流为主，小泉小溪为辅。

全县河川经流的主要补给源是大气降水，亦有部分小泉小溪汇入。全县多年平均径流量为1.64亿立方米，折合径流深48毫米。最大年径流量为4.68亿立方米，最小年径流量为0.524亿立方米

本县境内沟谷发育10公里以上河道计有27条，5～10公里的沟道574条，形成乔木树枝状和灌木树枝状水系特征，地面山河相间，梁峁林立，破碎不堪。

2. 地下水

兴县位于吕梁背斜四翼，境内地层从东到西由老变新，并呈5°～15°倾角西倾。地表水排泻通畅。随着地层的变化，地下水的储存及分布也有明显差异。东部的古老变质岩构造裂隙及风化裂隙发育，裂隙水较丰富。恶虎滩至车家庄的寒武系、奥陶系石灰岩溶水，储量大，水质好。车家庄以西的大部分区域为石灰系、二叠系、三叠系砂页岩，地层构造简单，岩层平缓，裂隙不发育，含水较少。

本县的地下水资源原由省水文地质一队，在多次钻孔勘探和一系列野外调查、分析、取样化验的基础上，依据三水转化原理，采用水文分析法，水文图成因分解法，降雨入渗系数等多种方法进行了计算和平衡，取得了较为相近的结果。本县地下水资源总流量在3.50～3.6立方米/秒之间，合1.133亿立方米/年。地下水可采量为2.713立方米/秒。全年可采0.856亿立方米，占地下水总储量的75.6%。

兴县地下水类型较多，但水质类型基本相同，除个别地段受煤矿煤层地质影响和工业废水污染外，一般全属于一级好水，不加任何处理，完全适宜生活、工业及农业灌溉用水的水质标准。

3. 水资源

兴县境内水资源总量，由地表水和地下水两部分组成。本县自产地表水多年平均径流量为1.642亿立方米/年，地下水资源为1.133亿立方米/年，重复量为0.665亿立方米/年，全县的自产水资源总量为2.11亿立方米/年，人均水量806立方米，经吕梁地区水文分站计算，本县地表水可利用量（清水径流）在保证率为75%时，是地表径流总量的62.6%，即地表水可利用率为1.03亿立方米/年。地下水的可利用量与可开采量相同，为0.856亿立方米/年。地下、地上两部分可利用水量共合1.886亿立方米/年（不包括入境水和深层岩溶水）。

4. 矿产资源

兴县地层出露较为齐全，这是拥有丰富矿产资源的必备前提。地层东部老、西部新，呈南北向条带状展布。矿产资源遍及全县，种类较多，储量丰富。现初步探明的矿产有23种，而且大部分有开采利用价值的矿种都集中在东面魏家滩及关家崖一线，其中，尤以煤炭、铝土矿、石灰岩、硅石、白云石、石墨储量多，品位高，易开采，有很高的工业价值，是本县资源

的主要优势。

兴县矿产以煤最为丰富，为全县第一优势矿种，资源总量达到461.54亿吨，含煤面积占全县总面积的63.2%，现年开采量60万吨。境内主要可开采煤层有14号、13号、8号、6号、4号。13号煤层为兴县主采煤层，煤层厚5.26～15.773米，平均厚12.75米，一般为13米左右。煤质属于中低磷、硫，中灰分气煤。而且层位稳定，倾角平缓，瓦斯含量小，埋藏浅，地质构造及水文地质条件简单等优势。但目前交通闭塞，采掘工艺落后，回采率较低，资源浪费大，煤未深加工，仅限于原料，加之能源结构调整，销路不畅，这一资源优势得不到发挥。

铝土矿资源是兴县的突出优势矿种，远景储量大于5亿吨，探明储量为2.79亿吨。铝矿分布集中，便于开采，部分矿区埋藏浅宜于露天开采。铝矿品位具有铝高、硅低、中高铁、灼减量小等特点，居全省之首。且与保德县偏梁铝土矿相连，构成一个储量巨大，质量高的富矿区。同时与本县丰富的水资源、矿产资源、土地资源相匹配，形成建设大型铝厂的空间组合优势。

除煤铝外，兴县还拥有比较丰富的石英、石墨、石灰石、白云岩等资源，储量可观，品种较高，可开发利用价值大。

五、生物资源

兴县生物资源比较丰富，从东到西，随着土壤、气候、地形以及植被的变化，植物和动物也因地而异。

1. 植物资源

东部为温带阔叶、针叶灌丛草地带，分布植物以油松、侧柏、紫椴、刺五加、核桃楸等东亚、东北地区植物较多；中西部则以白草、猪毛菜、藜藜等亚科、禾本科农植物和狗尾草、蒿草等欧亚大陆草原区系植物为主，兴县野生植物种类共77种。

（1）林业资源

全县共有林地面积114.5万亩，占总土地面积的24%。除省直林场面积23.9万亩外，真正达到森林标准的不多，其森林覆盖率仅达到13.6%。在林地面积中用材林48.49万亩，灌木林44.47万亩，未成林13.82万亩，疏林地7.37万亩。

全县的活木蓄积量244.9万立方米，其中用材林蓄积217.5万立方米，防护林蓄积量2.2万立方米，疏林地蓄积量0.3万立方米，散生木蓄积量0.2万立方米，四旁树蓄积量24.9万立方米。

兴县林地资源少，分布不均，树龄幼小，质量较差，特别是中西部主要是近年来营造的幼林，成活率低，保存率也小。

（2）牧草资源

兴县土地广阔，草地资源丰富，有可供放牧的荒草地110.48万亩，草地面积2.44万亩，占土地面积的0.5%。其中天然牧草地面积0.25万亩，人工牧草地面积为2.1975万亩。主要分布在木崖头、恶虎滩、交楼申、东会、固贤、贺家会等乡，还有零星牧草地分布兴县中部和西部各乡镇。

全县范围内，牧草种类繁多，营养价值高的草种有紫花苜蓿、兰花棘豆、马达里胡枝子、沙打旺等，鲜草年产量为60409万斤，平均亩产量510斤。

兴县牧草坡面积大，分布范围广，人均占有量多，产草量较低，质量欠佳，载畜水平偏低，开发利用潜力大。

2. 动物资源

兴县动物资源分布也由于地理位置的垂直变异和植被的差别有所不同，东部多有凶猛大型食肉兽类和珍稀禽兽出入山林，西部以狐、兔、鼠、雀类野鸽等小动物多见，以人们饲养的家禽家畜为主。动物种类有两栖类、爬行类、鸟类、哺乳类。据调查，境内动物有4纲、25目、55科、125种。

兴县境内东部山区林密草茂，气候凉爽，是各种野生动物的天然乐园，栖息着哺乳类食肉动物金钱豹、云豹、狼、狐等。有国家一类保护珍禽动物褐马鸡和黑鹳，二类保护动物金钱豹和麝，三类保护动物金雕、大鸨、大壁虎。

兴县畜牧业事业发展迅速，饲养动物种类日渐增多，并向优种型转化和过渡，传统牛种"四黄牛"是全省第二个地方优良品种，以其个高力大，性情温柔，能驮善跑，使役耕地灵活等特点，驰名省内外。

六、土地资源

兴县国土面积为3165.67平方公里，折合474.9万亩，人均17.66亩，已利用土地262.4万亩，土地利用率达55.25%，其中耕地124.8万亩，2005年人均4.46亩，为全区之首。

从土地利用现状、自然条件和社会经济看，土地资源特点是国土面积比较广大，资源相对丰富，生产潜力较大。但由于大部分为黄土丘陵区、山高坡陡、沟壑纵横、植被稀少，遇暴雨季节，极易产生地面径流，形成水、肥、土流失，切割、蚕食、淤积、埋压、破坏耕地，重用轻培，存在掠夺性经营的短期行为，使土层中大量的氮、磷、钾养分被水冲走，降低土地肥力和蓄水保墒能力，危及农业和生态环境，导致气候恶化，灾害频繁，影响农、林、牧的发展，土地处于整体劣势。另外，城乡建设缺乏统一规划，用地外延，特别是农村非农业建设用地浪费严重，加剧了平川耕地的减少，造成耕地的永久浪费。

兴县土地利用总体规划中，通过对土地适宜性评价，全县未利用土地中有荒山、荒坡、荒草地、荒滩、田坎，可供开发利用的土地约90万亩，其中耕地后备资源达1.275万亩。

七、旅游资源

兴县历史悠久，人杰地灵，人才辈出，晋绥边区革命纪念地闻名中外。明清之际，兴县可称鼎盛时期，三晋名将张旺、三朝元老协办大学士孙嘉淦、治河专家康基田等一大批人物闻名遐迩。抗日战争和解放战争时期，兴县作为晋绥边区首府所在地，兴县人民更是为中华民族的解放和振兴做出过巨大的牺牲和贡献。贺龙、关向应、续范亭等老一辈无产阶级革命家在此战斗过十余个春秋。1948年3月25日，毛泽东、周恩来、任弼时等中央领导从陕北东渡黄河到蔡家崖进行了为期10天的革命实践活动。期间，毛泽东主席发表了著名的《晋绥干部会议上的讲话》和《对晋绥日报编辑人员的谈话》，阐明了中国新民主主义革命的总路线和总政策。如今，战火虽去，战迹犹存，兴县晋绥边区革命纪念馆和晋绥解放区烈士陵园已分别被列为全国重点文物保护单位，吸引了一大批国内外旅游客来此瞻仰观光。

兴县地处黄河中游，文物古迹较多。共有各级文物保护区点13个，其中，石椤则仰韶文化遗址、蔡家崖革命文化遗址、明代砖塔、北魏雕刻的南山石窟等，既有较好的观赏价值，又为研究我国当时的政治、经济、文化提供了宝贵的资料。兴县境内还有许多名山大川及自然景观。如"茶山积雪"、"石楼照晚"、"蓬峰石猴"为兴县古代十景之一。新近考察记载的"仙人洞"，据省旅游部门有关专家论证，此洞为"华北第一大溶洞"。

第三节 国民经济与社会发展状况

一、国民经济概况

2005 年，全县完成国内生产总值 6.1 亿元，比上年增长 46％，"十五"期间年递增率 30.3％，比"九五"期间翻了近两番。财政总收入完成 7586 万元，年递增 38.5％，是"九五"期末的 4 倍，但在吕梁市 13 个县、市、区中排第 10 位，全省第 97 位。

农民人均纯收入 1050 元，低于同期山西省人均指标 2891 元和吕梁地区人均指标 1973 元。农民人均纯收入在山西省 108 个县、市、区中排第 100 位，在吕梁市 13 个县、市、区中排第 8 位。城镇居民人均可支配收入 6713 元。

二、工业经济

由于工业区位条件较差，对资金技术人才等的吸引力不够，导致工业实力不强，工业技术水平不高，工业结构仍以传统重工业为主。据山西省统计年鉴资料，2005 年兴县工业总产值、农林牧副渔业总产值、财政总收入、社会消费品零售总额、城镇居民人均可支配收入、农民人均纯收入分别位居吕梁市 13 个县市区的第 9、6、9、11、4、10 位，详见表 11－01。

表 11－01 吕梁市 13 个县市区主要经济指标比较表（2004）

名　　称	地方生产总值（万元）	人均生产总值（元/人）	工业总产值（万元）	农林牧渔业总产值（万元）	财政总收入（万元）	社会消费和零售总额（万元）	城镇居民可支配收入（元）	农业人均纯收入（元）
兴　县	4.17 亿	1550.19	7.94 亿	3.18 亿	4926	8331	6034.6	957
离石区	19.52 亿	8000	22.98 亿	1.03 亿	3.22 亿	9.2 亿	6300	948
孝义市	61.13 亿	14136.16	87.75 亿	4.38 亿	9.27 亿	10.24	7256	3022
汾阳市	32.11 亿	8027.75	22.26 亿	6.7 亿	5.7 亿	6.7	6317.6	2777
文水县	16.22 亿	3883	23.7 亿	8.59 亿	2.1 亿	2.5	5053	2608
交城县	12.32 亿	5730.23	24.51 亿	1.83 亿	2.44 亿	2.3 亿	5601	2151
临　县	6.77 亿	1179.44	1.42 亿	4.25 亿	7200	3.16 亿	3415	984
柳林县	31.51 亿	10754.27	45.1 亿	1.25 亿	5.19 亿	2.7 亿	5633	1897
石楼县	1.56 亿	15113.21	3100	1.21 亿	4519	4300	3500	678
交口县	16.02 亿	14303.57	33.79 亿	9787	1.65 亿	7436	5871	1806
方山县	2.59 亿	1836.88	1.42 亿	1.09 亿	4617	8620	5026	960
中阳县	15.45 亿	11277.37	50.56 亿	7525	4970	1.91 亿	5915	1782
岚　县	4.17 亿	2467.75	2 亿	7595	4571	9098	5480	766

1. 工业发展

兴县工业最早的是小手工艺和元末明初的煤炭采掘业，清初至民国年间又有一定的发展。

抗日战争时期，晋绥边区政府创办了一座70千瓦发电厂和生产炸药、地雷、手榴弹等武器的兵工厂。解放战争初期，其规模有所扩大，为兴县工业发展奠定了基础。新中国成立以后，国营集体工业企业相继产生，到70年代初，"五小"工业迅速发展、壮大，形成煤炭、电力、化工、建材、冶金、机械、轻纺等门类比较齐全的工业体系。进入九十年代以后，特别是近二、三年，随着东南亚金融危机的影响，国内外市场疲软，兴县原有"五小"企业，设备陈旧、技术落后，加工粗放，原料浪费，产品质量低，环境污染严重，在市场经济由量向质转变竞争的过程中先后相继落马，1999年，除电力工业外，都出现了亏损。

2. 工业结构特征

现状工业结构以重工业为主，在2005年乡及乡以上独立核算工业企业总产值中，重工业占90％以上，轻工业占10％以下，在兴县工业发展历史中重工业一直占主导作用。

历年来，从工业部门结构看，煤炭工业产值占全县工业产值的30％左右，最高年达到58.8％，其次是电力、冶金、建材、化工等。规模结构全部为小型企业。

表 11-02　兴县地区生产总值构成表（2005年按当年价格计算）

兴县		2005 年（元）	所占比重（％）
地区生产总值		6.1 亿	100
第一产业		1.403 亿	23％
第二产业		3.172 亿	52％
其中	工业	2.88 亿	47.21％
	建筑业	0.29 亿	4.75％
第三产业		1.525 亿	25％

3. 工业地域组合与布局特征

兴县工业的区域分布处于相对集中状态，主要分布在蔚汾河公路沿线，50％以上企业集中在城关，车家庄、关家崖、斜沟在煤层出露地分布小煤矿和建材厂，乡镇企业分布与当地资源相关。东山林区以林产品加工为主，沿川交通要道以运输、建材工业为主。黄河沿岸以红枣加工为主。

4. 工业发展存在的主要问题

（1）兴县工业企业大多数是六、七十年代发展起来的，设备已运行三十多年，大部分到了淘汰的程度，产品质量差，没有市场竞争力。

（2）企业规模小，缺少骨干企业，资源浪费，产品成本高，没有市场。

（3）科技力量薄弱，管理机制不活，经营不善，企业大多数亏损。

三、农业经济

兴县境内土地广阔、类型多样，为发展农、林、牧、副业提供了极为有利的条件，耕地面积124.8万亩，人均4.46亩，名列全省之首。但由于地形破碎，坡耕地多，加之植被稀少，土壤疏松，水土流失严重，使耕地质量整体上处于劣势，农业还很落后。农村建筑业、运输业、商贸服务业虽呈递增趋势，但仍然是农村经济发展的薄弱环节。

第四节 城市发展现状及存在问题

一、城镇建设现状

近几年来，兴县城镇建设发展较快，城镇规模发展迅速，非农业人口由 2.1 万人（99 年末）增长 3.2 万人，城镇化水平到 2005 年由 8.9％增为 18.81％，县城区由 3.85 平方公里增长到 4.13 平方公里。

城镇基础设施建设明显加快。县城区道路总长度由 5.08 公里增长到 9.01 公里。

二、存在的问题

兴县"十五"期间改革开放力度不足，使得经济增长低于全省平均经济增长速度。由于城市建设资金短缺，在城镇建设中存在着一些主要问题，严重制约着城镇的进一步发展。

1. 近些年国有企业经济滑坡，而且工业布局分散，产业结构不合理，形不成有效规模，生产力水平偏低，一些污染企业严重影响了城镇环境的质量。

2. 城镇房地产开发还刚刚起步，城镇居民居住仍以私人建房为主，单位建房为辅，而且布局零乱，见缝插针，造成建筑密度过高，土地利用率低，居住环境质量差。

3. 城镇道路系统不完善，路网结构不合理，现有城区人均道路面积偏低，而且路面质量较差。同时，城镇静态交通设施匮乏，居民交通安全意识较差，环境卫生问题比较突出，不能满足城镇交通发展的需要，而且制约了经济的发展。

4. 市政基础设施薄弱，供水、供电紧张、生活、生产得不到保障。市政设施简陋，不成系统，尤其排污问题较为突出，雨污合流，未经处理直接就近排放，严重影响了市容和周边地区的环境质量。环卫、消防设施也相当缺乏，不配套；集贸市场不足，专用场地小；大型公共绿地几乎没有。

第五节 历史沿革

兴县地处中华民族文化的发祥地——黄河流域中游，国土开发具有悠久的历史。远在旧石器时代，这里就有人类生息繁衍。夏、商、周各朝，兴县为要塞腹地，属冀州；春秋属晋，战国归赵，秦属山西雁门郡。东汉末年，魏、蜀、吴三国鼎立，兴县属魏，经魏、晋、南北朝几百年的分裂割剧与战乱演变，到北齐时，兴县始设县治，称蔚汾县。它标志着社会的进步与发达，形成了一定区域内政治、经济和文化的中心。

公元 581 年，隋文帝改蔚汾为临泉，属娄烦郡。唐武德 7 年（公元 624 年）改称临津县。贞观元年迁县治于今裴家川口村，更名合河县。

公元 960 年，宋王朝实行路、府、县三级行政区，兴县属河东路，太原府。金、元时称兴州，明洪武二年始称兴县。清王朝沿袭明制，山西分为九州，兴县属太原府。辛亥革命推翻清政府，废除州府增设道，直至废道后由省直辖。

抗日战争时期，兴县是举世闻名的晋绥根据地首府，是革命圣地延安的重要门户。1940年，兴县获得解放，并在此设立了晋西北行政公署，到 1943 年划归晋绥边区行署第一分区专署，直到 1949 年中华人民共和国成立。

新中国成立后，曾设立兴县专署。1952 年撤消兴县专署。1958 年归雁北专署，1971 年划归吕梁行政公署，一直到今。

第十二章 上一轮总体规划回顾

第一节 上一轮规划的作用及存在的问题

一、规划有效地指导了建设

1. 对城市建设起到了指导作用

上一轮城市总体规划编制后，强有力地推动了城市发展，近五年来兴县城区的开发建设基本上是在规划的控制下进行的。按照总体规划确定的城市发展方向和布局，坚持以基础设施建设为重点，从强化城市功能入手，城市面貌发生了一定变化。

2. 有效地解决了防洪问题

上一轮城市总体规划推动城市往丘陵地带发展，减轻了城市的防洪压力，并为城市充分利用丘陵地形创造了良好的条件。

二、上轮规划存在的问题：

1. 公共绿地较少，居住环境较差

城区居住密度大，居住环境差，对沿河景观环境重视不够。绿地不成系统，城市公共活动空间考虑太少。没有提出一个完整的绿化体系，不利于形成有特色的城市用地形态和城市风貌特色。

2. 道路系统不完善

由于过于迁就现状，道路系统密度过低，间距太大。部分区域不能满足基本的消防要求。

3. 城市空间局促

原有的城市发展空间局促，框架没有拉开，抗冲击性能差。城市发展无法留有足够的远景用地。

三、对原规划的评价

从这些年规划实施的情况来看，上版规划所确定的城市功能分区基本合理，对兴县城区这些年的建设和发展起到了科学的指导作用。但对城市规模预测偏低，城市规模不能满足现状发展要求，随着县城经济的快速发展，兴县城区用地规模的扩大，上版规划的许多方面已不能满足经济持续快速发展需要。为了适应新的经济变化，更好地指导县城建设和发展，促进县域城镇体系的合理布局，保持规划的指导性，超前性和持续性，结合兴县的实际情况，重新修编兴县城区总体规划是必要和紧迫的。

第二节　规划指导思想与规划依据

一、修编总体规划的必要性

1. 随着城市化水平的不断提高，为了适应新世纪的进一步发展，需要形成一个能促进经济繁荣的良好城区格局和空间开发态势，从城区布局和城区发展结构上作好准备，为了使总体规划既有现实性又有超前性，促进区域经济协调、发挥城区在区域经济发展中特有的作用，特进行本次城市总体规划的编制。

2. 上版规划为二000年修编，按照国民经济和社会发展规划和"十五"计划，对原规划的规划期限、用地和人口发展规模必须进行适当调整。

3. 原规划用地局促，无法从根本上解决老城区居住环境差的问题，只有跳出旧区建新城才能改善现有居住环境。旧城区周边土地价格奇高，与房价不成比例，为旧区扩展带来压力。

4. 新的工业区建设为新城区选址提供了良好机遇，在旧区与工业区之间起到承上启下的桥梁作用。

二、本次规划的目标

本次总体规划编制的主要目标是使规划不仅满足近期城市建设的需要，还能适应新世纪城市发展的要求，建设经济繁荣、社会稳定、生活殷实、文明开放的新城区。

1. 依托地区内丰富的自然、人文资源、较雄厚的经济实力、较优越的交通条件，主动接受邻近城市的辐射，转变经济增长方式，增强综合经济实力。加快经济结构调整，努力提高经济素质，发展高新技术产业和第三产业，为发展现代农村经济提供健康的经济环境。

2. 规划尊重多样性的社会结构，公平地分配资源，给予安定的生活医疗保障和价格合理的住房、高质量的教育，为社会的弱势个体和群体提供帮助。鼓励公众参与、提倡社会公平、改进生活品质、加强社区意识、解决居住区质量分化、保护地方特色。

3. 节约土地资源，降低能源消耗，高效地利用基础设施。积极保护自然环境，尊重自然环境与自然景观。改善生活质量，减少环境破坏，对饮用水的卫生、污水的处理、垃圾的处理和噪声进行控制。

4. 优化城区结构，扩展建设发展空间，改善城区各组团的交通联系。

5. 结合城区用地扩展，完善道路系统，加强给水、排水、电力、电信、邮政、燃气等基础设施建设，振兴支柱产业，促进社会经济发展。

三、规划指导思想

以市场经济为导向，立足于本地资源和条件来开辟内外经济市场；以基本实现现代化为目标，使规划具有高起点、高标准及超前意识；以实现城镇建设的全面发展为中心，保障城市"持续、快速、健康"和"可持续"发展，同时，正确处理以下几个关系：

1. 正确处理区域与兴县城区的关系

兴县城区建设及发展与全县及周边地区的建设与发展紧密相关，脱离区域背景论城区规划是不客观的。只有辩证地处理好区域关系，才能使中心城镇在全县城镇体系的发展中求得发展；同时，中心城镇的发展强有力地推动县域城镇体系的发展。

2. 正确处理整体与局部的关系

从区域入手，修编兴县县城总体规划，从宏观到微观，由局部到整体，步步反馈，使区域城镇与兴县城区的整体发展相辅相成，互相促进。

3. 正确处理近期与远期的关系

根据近、远期发展的需要，实事求是地确定规划目标，并加强对规划分阶段实施步骤的研究，拟定合理的规划建设速度、步骤和程序，使规划切实可行，远近结合，分期实施。

4. 正确处理城市与乡村的关系

城乡协调发展，是城市规划工作重要内容之一，必须寻求合理的城乡关系，可行的城乡人口转换方式与速度，以及合适的土地使用原则，以确保城乡经济协调发展。

5. 正确处理经济、环境、社会三者效益关系

四、规划编制依据

1. 《中华人民共和国城市规划法》；
2. 建设部《城市规划编制办法》及实施细则；
3. 《城市用地分类与规划建设用地标准》（GBJ137-90）；
4. 国发〔1996〕18号《国务院关于加强城市规划工作的通知》；
5. 《中华人民共和国环境保护法》；
6. 《中华人民共和国土地法》；
7. 《山西省实施〈中华人民共和国城市规划法〉的办法》；
8. 《兴县县城总体规划》（2000～2020年）；
9. 《兴县国民经济和社会发展的"十一五"计划和2020年远景目标设想》；
10. 《兴县国土综合开发整治规划》；
11. 国家相关的法律、法规、规范等。

第三节　规划原则与规划期限

一、编制规划的原则

1. 面向21世纪、面向现代化，科学合理确定城市发展目标，高起点、高要求，规划适应新世纪物质和精神需求的城市环境、设施和景观；

2. 坚持经济、社会、环境三个效益的统一。以经济建设为中心，优化调整、完善城市布局结构，为市场及第三产业的发展提供空间条件；

3. 从实际出发，在充分研究现状和发展条件的基础上，使远景规划与现实能得以统一；

4. 重视城区发展的"可持续性"，使城区布局形态结构、分区、道路系统网络保持时空上的连续性和发展的弹性。近远结合，为城区更长远的发展留下空间；

5. 保持良好的生态环境和自然景观，注重城市特色的塑造，使城区建设、人文景观与自然景观相融合。

6. 节约型发展原则

优化提升产业结构，改变经济增长方式，发展循环经济，倡导节水、节地、保护环境的发展方式，建立资源节约型和环境友好型社会。

7. 以人为本的原则

贯彻以人为本的原则，调整城市空间布局结构，落实城市基础设施和公共服务设施的配套，保证和促进城市的合理发展，增强城市综合实力，提高生活环境质量。

8. 远期发展与近期建设相结合的原则

总体规划的实施是一个长期、动态的建设过程，理想与现实兼顾，远期发展与近期建设相结合，充分考虑兴县的现状条件，统一规划、分步实施、合理确定。

二、本次规划编制重点

1. 论证城区发展目标，确定发展性质

兴县县城在新形势下和新机遇面前，必须建立新的战略目标和战略起点，立足兴县县城广阔的发展视野，分析论证城区发展的外部区位条件与自身的优劣条件，确定城区的性质和发展方向，以保证区域社会经济发展向科学、合理、可行的方向不断前进。

2. 调整城区发展规模，拓展城区发展空间

随着社会经济的发展、人口的增长，原有的建设用地过于拥挤，需要在总体规划层面加以调整和引导。

3. 优化城区空间布局，健全综合服务功能

现状城区功能布局不合理，居住与工业分区混杂，城市各项建设用地不相协调，道路设施不完善，公共设施用地比例偏低，影响了城区综合服务功能的发挥。

4. 加强基础设施，改善城市投资环境

随着城区社会经济的迅速发展，城区基础设施滞后问题将进一步显露，影响了包括社会经济各项事业的发展，也影响了城区投资环境质量。

5. 五线、四区控制

为了落实科学发展观，实现城市可持续发展，规划对城市重点区域实行"五线、四区"的规划管理控制。

五线包括：

(1) 紫线：指历史文化街区及历史建筑的保护范围界线。

(2) 红线：指城市道路广场用地、对外交通用地和交通设施用地的控制线。

(3) 绿线：指各类绿地界线以及山体控制线。

(4) 蓝线：指城市较大面积的水域、湿地保护范围的控制线。

(5) 黄线：是指对城市发展全局有影响的城市基础设施用地的控制界线。

四区包括：

(1) 禁止建设区：为保护生态环境、自然和历史文化环境，满足基础设施和公共安全等方面的需要，在总体规划中划定的禁止安排城镇开发项目的地区。

(2) 限制建设区：不宜安排城镇开发项目的地区；确有进行建设必要时，安排的城镇开发项目应符合城镇整体和全局发展的要求，并应严格控制项目的性质、规模和开发强度。

（3）规划期内适宜建设区：规划期内适合安排城镇开发项目的地区。

（4）远景储备用地：在规划期内不宜建设，但作为远景建设的储备用地。

三、规划期限

根据《城市规划法》和《城市规划编制办法》的有关规定，结合兴县实际情况，确定本次规划的期限为：

近期 2006～2010 年

远期 2011～2020 年

远景 2020 年以后的远景设想

四、规划区控制范围

《城市规划法》规定："本法所称城市规划区，是指城市市区、近郊区以及城市行政区域内因城市建设和发展需要控制的区域"。

城市规划控制用地包括城市发展需要的备用地和河流、水源地、风景名胜区以及需要控制的独立地段。

兴县县城的规划区范围：东至奥家湾乡交口村，西至蔡家崖镇西岭子村，北至北山顶，南至南山顶。面积约为 70 平方公里。石猴山、石楼山风景区属规划区控制范围。

第十三章　城市发展战略目标

第一节　城市发展条件分析

一、区域优势

1. 矿产资源丰富，铝煤优势突出，发展潜力巨大

兴县境内地层发育比较齐全，在漫长的地质历史发展过程中，形成了多种矿产资源，初步查明有煤炭、煤层气、铁矿、铝土矿、石灰岩等 23 种，矿产地 72 处，其中：大型矿床 5 处、中型矿床 12 处，小型矿床 2 处，矿点及矿化点 53 处。

最突出的优势矿种是铝土矿、煤炭，铝土矿预测储量大于 5.0 亿吨。其中：D 级储量 4575 万吨。此外，与兴县铝土矿区紧密相连的保德县郭偏梁至雷家峁铝土矿，探明 D 级储量 5055.6 万吨，从而构成一个储量大、质量高的富矿区，是山西省五大铝土矿之一。兴县含煤面积约 2000 平方公里，占总面积 63.2%，属河东煤田重要组成部分，煤田地质呈单斜构造，地质稳定，产状平缓断层少。煤炭预测储量约 461.54 亿吨，其中探明储量 93.99 亿吨，相对优势矿种—石灰岩、硅石。石灰岩储量达 1000 亿吨以上，属化工、水泥、冶炼、溶剂优质原料，目前仅有少量开发。硅石本县仅 2 处，探明储量 500 万吨，是化工、建材和尖端工业的基础原料，开发利用前景十分广阔。

潜在的优势矿种白云岩、石墨。兴县拥有数 10 亿吨的白云岩，是提炼金属镁的主要原料。

分布在变质岩区的石墨，已探明 C＋D 级储量 124.43 万吨，具有开发利用价值。

表 13－01　兴县矿产资源情况一览表

矿产名称	探明储量	主要分布区域
煤　炭	561.54 亿吨	魏家滩、城关、奥家湾等乡镇
铝土矿资源	2.79 亿吨	魏家滩、黄辉头、贺家圪台、杨家沟、奥家湾等矿区
煤层气资源	502.01 亿立方米	赵家坪一带
石灰石	10 亿吨	县境的东部
白云石	10 亿吨	恶虎滩周围地层中

2. 水资源丰富，相对集中，便于发展大工业

在山西这个严重缺水的省份，兴县水资源相对丰富，据省水文地质一队和吕梁地区水文站勘察评价，兴县水资源总量 2.11 亿立方米，人均 807.5 立方米，是全省的 1.77 倍，属相对富水区。可采总量 1.89 亿立方米，目前年开采约 0.24 亿立方米，占可采总量 12.6%，且相对集中于岚漪河川魏家滩至裴家川口一带和蔚汾河川魏家湾至高家村一带以及交楼申，东会等部分区域。其资源总量 1.48 亿立方米，占全县水资源总量的 71%，深层岩溶水开发前景可观，在蔚汾河川的高家村和岚漪河川的裴家川口各有一地下水源，日采水量可达到 6.56 万吨和 8.56 万吨，为较大工业区的发展提供了便利的条件。

3. 土地资源相对丰富，生物资源种类多样，光热充足，发展潜力大

兴县国土面积 3165 平方公里，折合 474.8 万亩，人均 18 亩，为全省人均较多的县份之一。境内地形起伏较大，地貌类型多样，为各种生物繁衍提供了条件，据不完全统计，全县共有各种植物 101 科，477 种，农作物品种 76 个，蔬菜品种 30 余个，干鲜果品种 120 多个，各种家、野生动物 4 级、55 科、125 种，有国家一类保护珍禽褐马鸡和二类保护动物金钱豹等。土地的组成中，90% 以上为黄土覆盖，由于地形、气候、土壤、植被等因素的长期综合作用，形成山地系列、沟谷坪地系列和广泛分布于全境各地的黄土丘陵系列，且昼夜温差大，光能资源丰富，有效积温高，能够满足多种植物对热量的需求，为农业生产和多种经营提供了有利条件。本县岚漪河和蔚汾河川地势平坦宽阔，平均海拔 900～1000 米，有平地约 5.5 万亩，且交通便利，人口较稠密，与丰富的矿产资源、水资源匹配，形成较好的工业布局场所。

表 13－02　兴县主要河流概况表

名称	流域面积 （平方公里）	境内长度 （公里）	年径流量（亿立方米）		
			最大	最小	平均
黄河	——	82.0	505	159	293
岚漪河	373.3	350	4.0	0.22	0.91
蔚汾河	1269.8	55.0	2.66	0.22	0.76
湫水河	245.8	20.0	0.56	0.08	0.76

4. 旅游资源开发发展前景广阔

兴县历史悠久，文物古迹较多，革命纪念地闻名中外。已列入各级文物保护点 13 个，其中，石楞则仰韶文化遗址，蔡家崖仰韶文化遗址，明代砖塔，北魏雕刻的南北石窟等有较高的观赏和艺术价值。特别是抗日战争时期，兴县作为晋绥边区首府，毛泽东、周恩来、任弼时、贺龙、李井泉、肖克等老一辈无产阶级革命家，在这里进行过革命实践和斗争活动，晋绥边区革命纪念馆和晋绥解放区烈士陵园已分别被国家列为全国重点文物保护单位，每年吸引一大批国内外游客来此瞻仰观光。

兴县境内还有许多名山大川及自然景观，具有亟待开发的旅游资源，特别是旧称兴县十景之一的石楼山、石猴山、仙人洞，也是古代有名的宗教活动圣地。隋末唐初，这里即有僧道活动，鼎盛时期，这里寺庙林立，常住僧众数百人。现在，寺庙旧址仍存，经省地旅游部门、古建部门、五台山高僧、忻州禹王洞旅游区等有关专家考察，认为这里自然风光独特，文物古迹众多，尤其是仙人洞属"华北第一大溶洞"具有极高的开发价值。因此，开发以蔡家崖革命纪念馆为龙头，以石楼山、石猴山、仙人洞为主体，集宗教、娱乐、休闲为一体的旅游活动大有作为。

表 13－03　2001～2006 年各旅游景点接待人数

名　称	接待人数
晋绥革命纪念馆	5.2 万人
"四·八"烈士纪念馆	4.9 万人
晋绥烈士陵园	4.1 万人
仙洞口	3.5 万人
石楼山	1.4 万人
石猴山	1.8 万人

二、制约因素

1. 交通闭塞落后，区位条件差

兴县有一条对外交通从城区穿过，为省道二级公路，路面等级不高，交通条件不够理想。兴县东、南、北三面环山，西临黄河，长期处于封闭状态。境内无铁路，仅有二条省级公路与山西中部地带沟通，对外交通十分困难，全县公路里程 519 公里，其中柏油路仅 147 公里。公路密度 16.4 公里/100 平方公里。交通闭塞落后，制约本县国土资源的发挥和经济社会的发展。

2. 中心城市辐射不强，聚集能力有限

兴县距离吕梁市 139 公里，距离太原市 274 公里，这些城市对兴县经济发展没有明显的带动作用，兴县接受大、中等城市的辐射不够明显。同时，从兴县本身来看，兴县城区的首位度较低，中心积聚能力不够强。

3. 市区内部缺乏有价值的旅游资源

兴县旅游资源丰富，但大部分不在市区内，同时旅游景区的管理水平低下，虽然大多数景点需要经由城区到达，但对市区发展的直接促进作用不大，市区内部缺乏有价值的旅游资源。

4. 科技教育落后，人才短缺

据第四次人口普查，全县大专文化程度人数占总人口的 0.26％，高中（包括中专）文化程度人数占 4.2％，文盲、半文盲人数占 19.2％，由于社会条件欠佳，导致人才流失严重，文化教育落后，科技力量不足，智力资源短缺，劳动力素质低下，已成为兴县当前及今后国土资源开发的重要制约因素。

5. 城镇化水平低，商品经济不发达

全县非农业人口 5.29 万人，非农业人口占总人口的比重仅 18.81％，2005 年兴县按户籍人口计算的城镇化水平为 29.7％，远远低于全国 41％、山西省 39.6％，吕梁地区 34.2％的水平，现有城镇功能主要为农副产品交易、集市和人民生活用品供给，属典型的封闭式农业县，且周围山、老、贫县连片。特定的地理位置，封闭的环境条件，使商品经济很不发达。

第二节　城市经济社会发展战略

一、发展战略思想

以社会主义市场经济为导向，以区域经济为依托，充分发挥人力、地缘、资源优势，广泛集聚生产要素，依靠科技进步，全面提高整体经济素质和运行质量，以发展外向型、开放型经济为主导，以"分类指导、层次推进、梯度发展、共同富裕"为举措，以"中部地区领先，东西两翼齐飞，广大区域崛起"为区域发展的战略目标。

因此，兴县经济社会发展战略的基本思想是在继续发展的同时，应强调内涵的提高和优化，在提高中增强实力，加快发展。

具体包括四个方面：

强调集聚——改变分散状态，促进人口和经济向城区集中，向重点镇集中；调整行政体制，实行合理撤乡并村和农业规模经营，以形成强大的中心城市和全县城镇体系，带动和组织全县发展；

强调协调——实施资源的优化配置，实行有序分工，县域间进行协调，减少盲目竞争，从而形成全县的整体实力，即"整体大于局部之和"；

强调统一——实行水、电、土资源的统一安排，基础设施、公共设施区域化；

强调质量——提高产品质量，实行名品和精品的生产战略；提高企业质量，加强企业的技术改造；提高生活质量，充实和完善城区各项设施；提高区域环境质量，为城乡居民创造良好的工作和生活空间。

在重视内涵，强调提高的基本思路下，国民经济增长速度，也应相应调整，建议 2006～2010 年，以年增长 50％为宜，2010～2020 年，可以取年增长 10％幅度，逐步达到省内中等偏上地区的水平。

财政总收入

近期（2006～2010 年）财政总收入增长率保持在 13％左右，远期（2011～2020）年保持在 9％左右。

——现 2005 年，财政总收入达到 0.76 亿元，占 GDP 比重 12.5％；

——到 2010 年，财政总收入达到 5.68 亿元，占 GDP 比重 14％；

——到 2020 年，财政总收入达到 15 亿元，占 GDP 比重 15％；

二、发展战略的原则

围绕上述指导思想、应贯彻以下原则：

——加速建立现代企业制度和发展市场经济，建立符合社会主义市场经济运行机制和符合国际惯例的经济运作方式；

——重点发展中心城市，增强中心城市辐射吸引能力，加快发展中心城镇，配套建设一般镇和中心村，逐步形成城乡一体化的城镇体系；

——强化农业、基础设施、科学技术三个基础，提高经济素质，尽快实现经济增长方式由粗放型向集约型转变，投资拉动型向提高内涵型转变。

——按可持续发展的要求，协调人口、资源、环境三者关系。

三、发展战略目标

在规划期内，把兴县城区建成现代化小城市，把各中心城镇建成各具特色、初具规模的现代化城镇。全县人均国内生产总值达到吕梁地区中等水平，基本建立社会主义市场经济运行机制和基本实现城市现代化、集镇城市化和城乡一体化；在全县形成经济集约化格局、服务社会化格局和城镇园林化格局。

其具体发展战略目标：

1. 国内生产总值（GDP）：2010 年达到 40.5 亿元，年递增 50％；2020 年达到 100 亿元，年递增 10％。

2. 人均国内生产总值：2010 年为 1.3291 万元；2020 年为 2.8043 万元。

3. 三次产业比重：2010 年为 18：54：28；2020 年为 8.0：47：45

4. 人口城镇化水平：2010 年总人口 30.47 万人，城市化水平 40％；2020 年总人口 35.66 万人，城市化水平 50％。

5. 科教文卫水平：（1）科技贡献率：2010 年达 30％；2020 年达 40％

（2）每万职工拥有科技人员：2010 年 200 人；2020 年 400 人

（3）教育：普及九年义务教育，青年接受高等教育；2010 年 15％；2020 年 30％

（4）每千人拥有病床：2010 年 3 张；2020 年 4 张

6. 基础设施水平：（1）公路密度及道路铺装率：2010 年 1.5 公里/平方公里 100％；2020 年 2 公里/平方公里 100％

（2）自来水普及率 2010 年 95％

（3）城市人均生活用电量：2010 年 800 千瓦小时；2020 年 1000 千瓦小时

（4）话机普及率及有线电视开通率：2010 年 40 部/百人 95％；2020 年 50 部/百人 100％

7. 生态环境水平：（1）绿化覆盖率和城市人均绿化 2010 年 30％人均 7 平方米；2020 年 40％人均 10 平方米以上

（2）三废治理率及垃圾无害化处理率：2010 年达 80％，70％；2020 年达 100％，90％

8. 社会保障目标（1）享受社会保险人口：2010 年 90％；2020 年 95％以上

（2）社会福利床位及人均寿命：2010 年 10 张/千人，75 岁；2020 年 20 张/千人，75 岁以上

（3）刑事案件下降：2010 年 10 件/万人；2020 年 10 件/万人以下

四、经济发展预测的目标

城市的发展和建设，受到政治、经济、社会、自然等多种因素的影响，但在社会主义市场

经济体制下，经济的发展是城市发展的基本动因，因此在编制总体规划时，首先应该研究城市在总体规划期内的经济发展。

城市经济的发展有其内在的规律性，根据城市经济发展的过去和现状，参考国内城市经济发展的一般历程和经验，在城市经济发展一般规律基础上，可以预测出城市经济在未来发展过程中可能达到的水平和目标。

本次规划所选择的方法，是对城市经济未来发展轨迹的定量描述，对近期的测算力求做到准确度高，可信度大，可以用来指导当前的城市经济发展和建设；对远期预测要求有较大可信度，对城市发展的重要方面能起引导和控制作用。

1. 经济发展预测

（1）社会经济发展状况

在社会经济发展的各项主要指标中，地区生产总值与人均地区生产总值最能反映出经济发展的绝对水平与相对水平，因此在设定经济发展方案时，以地区生产总值与人均地区生产总值的年增长状况，作为确定不同发展方案的依据。

（2）发展预测

从1999年至2005年期间，兴县国民经济稳步发展，其中以第三产业发展较为迅速，从1999年到2005年，兴县的地区生产总值增长了68.2%。其中，第一产业增长了71%，第二产业增长了67%，第三产业增长了68.2%。第一产业、第二产业和第三产业的涨幅都超过了50%，速度较快。

2006～2010年，以年增长55%为宜，2010～2020年，可以取年增长12%幅度，逐步达到省内中等偏上地区的水平。

（3）经济发展目标与时序

第一步，到2010年确保全县经济总量和人均水平比2005年翻两番以上，人民生活达到稳定小康，全县增长率达到50%左右。

第二步，到2020年，人均地区生产总值达到全市平均水平以上。人民生活更加富裕，把兴县建成在吕梁市域体系中具有更大影响的小城市。

第三节　城市在区域中的战略地位和城镇布局

一、中心城市区域中的战略地位

2004年吕梁市域总人口350.4万，地区生产总值179.59亿元，人均5125元。兴县在吕梁市域处下游水平。

表13-04　吕梁市各县市人均GDP水平对比

指标值	地县名称
D>2.5	孝义市（2.93）交口县（2.79）
2.0<D<2.5	中阳县（2.2）柳林县（2.1）
1.0<D<2.0	离石（1.56）汾阳市（1.5）交城县（1.12）
0.5<D<1.0	文水县（0.76）
D<0.7	岚县（0.48）方山县（0.36）兴县（0.3） 石楼县（0.29）临县（0.23）

注：D为各县人均GDP与吕梁市人均GDP的比值

按照城市和经济发展规律，合理布局城镇形态和生活空间，加强中心城区与一级城镇的分工协作，提高城市整体功能，建设以县城为中心城市，蔡家崖、魏家滩、廿里铺、罗峪口、康宁为中心城镇（一级城镇）的结构合理、类型完备、等级优化的城镇网络。

中心城市作为全县的政治、经济、文化、科技中心外，重点以农副产品加工、煤电、铝业、化工等工业为主，形成支柱产业，通过县城城区带动县域中心城镇和二级城镇群，实现"中部地区领先、东西两翼齐飞、广大区域崛起"的区域发展战略目标。

二、产业结构与产业布局

兴县国民经济结构在"十五"期间得到了较快调整和改善，在三大产业均有较快增长的同时，第二产业发展较快，由90年代Ⅰ＞Ⅱ＞Ⅲ的结构形态转变为Ⅱ＞Ⅲ＞Ⅰ的格局，但其总体特征表现为：①兴县的农业生产一直占据较大的份额，说明第一产业在国民经济中不可忽略的地位；②第三产业发展速度较慢，比重徘徊在25％左右，随着市场竞争的逐步加强，周边地区商贸发展势必截流一部分经济潜势；③兴县工业所占比重还有待进一步提高。可以预计，兴县产业结构Ⅱ＞Ⅲ＞Ⅰ形态将维持较长的一个阶段，国民经济的工业化是今后兴县经济发展的总体趋势，而工业的超常规增长是其主要动力。

通过对本县发展条件、区位、区域背景、现实基础的综合评价，确定本县的区域经济发展战略定位为：以能源、冶金、化工、建材为主导的新型工业化基地，吕梁市重要的林牧业、小杂粮生产基地。

三、产业发展的重点为

第一产业——种植业以保障粮食自给的前题下按"三高"、"四化"要求推进农业产业化。组建大型农业企业集团。推广"农、工、技、贸一体化"的经验，采取股份合作制、公司＋农户、联合投资、挂钩联营等多种方式，组建一批以优稀"拳头"产品为主导的农业企业集团，建立各种农业商品基地，相应建立精细加工、保鲜、贮藏、包装、技术服务、运销等配套体系，通过这些集团公司，以合作经营补偿贸易直接出口，代办出口等形式开拓市场。林业着重于稳定，林木覆盖率保持在35％以上。

第二产业——本着生态环境保护和实现可持续发展的目标，确定兴县工业布局的总体构思：采掘业沿山分布，依据工业项目"近城近路近站、避风避景避水"和"重污染工业远城、轻污染工业近城"两大布局原则，对县域工业进行重组。调整工业结构、优化产品结构是今后工业发展的重点，按照规模化、集团化、产业系列化的发展思维，突出技术进步，从无序、分散、低层次竞争格局向有序的充满区域活力的产业群转化。扶优扶强，规模经营，打破部门、地区、所有制和内外贸易及内外商界限，采取调、并、合、挂等形式，形成区域总体实力。

第三产业——在大力改善交通、通信等基础设施的基础上，重点是一要抓好市场网络的建设，逐步提高市场档次，形成市场网络的完整框架；在资金、土地、生产资料、市场等领域进行改革创新；二要把城镇房地产开发纳入经济发展的重要环节考虑，引导农民进镇、进城，扩大生产要素集聚，启动城镇规模的扩大；三要逐步把旅游业发展到一定的水平，满足今后生活水平提高后游憩的需要。在搞好旅游景点的基础上设计旅游线路，培育旅游市场。

本着降低第三产业投资风险和集约有效化原则，确定兴县第三产业布局的总体构思是以干线公路沿线村镇为依托，建立起县域"一轴三线"4条第三产业走廊。其中，忻黑线沿线为县域第三产业发展主轴，岢大线（瓦塘以南）、魏家滩到裴家川口、沿黄公路为第三产业布局的次重要轴线。

四、县域经济布局规划

1. 农业空间布局

本着土地资源利用效益的最大化原则，确定农业空间布局的总体构思："粮食进川、林业上山、畜牧近村、渔业入库"，具体布局如下：

（1）农业种植业

以县域平原农业区、台地农业区、丘陵农业区、山地农业区4类地貌类型农业区为基础进行布局，其中：

粮食种植业：以平原农业区、台地农业区、丘陵农业区为主分布，重点扩大台地农业区和丘陵农业区中节水灌溉农业和生态旱作农业的面积。

经济作物种植业：结合中心村和城镇布局，重点建设花卉苗圃、蔬菜、瓜类和药材等4类经济作物生产基地。在忻黑线、岢大线、沿黄公路沿线形成3条经济作物种植带的同时，在县城和魏家滩镇建设2个花卉苗圃生产基地；在县城、蔡家崖镇、廿里铺镇、康宁镇、魏家滩镇、蔡家会镇建设6个蔬菜生产基地；蔡家崖镇、康宁镇、廿里铺镇建设3个瓜类生产基地；在蔡家崖镇、交楼申镇建设2个药材生产基地。

（2）林业

防护林：结合境内山地丘陵绿化建设，重点加强蔚汾河、岚漪河两岸林带，忻黑线、岢大线、沿黄公路沿线林带和农田林网的建设和维护，此外，结合岢瓦铁路建设铁路沿线防护林带。

经济林：

中部地区以针叶树和仁用杏为主种植防护林，西部黄河沿岸地区以红枣柠条种植为主的生态经济林板块。

特种用途林：规划形成沿蔚汾河、岚漪河、黄河东岸三条风景林带，风景林主要结合城镇，农业生态观光区和交通结点（桥梁）周围分布，此外结合风景名胜和革命纪念地建设适当规模的风景林区。

用材林：主要结合农田防护林网和公路防护林带布置。

（3）畜牧业

草场治理重点是改造区内的荒地；人工草场发展重点在退耕或垦荒地区和区内水库周边地区。畜牧业区内布局基本思路是丘陵山区重点发展养牛山区、养羊、养鸡、平川地区重点发展奶牛、养猪。传统圈养养殖小区以近中心村和城镇布置为主；绿色放养养殖小区主要结合牧草区、林区、风景区分布，重点在县城、廿里铺镇两个城镇各建设一个大型奶畜和禽蛋养殖基地，并配备相应的加工工业。

（4）渔业

依托现有水库布置，重点建设天古崖水库，东方红水库，阳坡水库三处水产养殖基地。

（5）工矿区设施农业

规划结合县域工业区建设综合设施园艺农业园区（集种养为一体的高科技生态观光设施农业），充分利用工矿企业的资金流和能量流，在提升兴县农业档次的同时，拓展工矿企业经营范围，实现农工间的循环经济。

（6）地方特色农业

规划建立孟家坪镇葵花加工基地，分别在县城，魏家滩镇、蔡家会镇、罗峪口镇、康宁镇、交楼申镇建设6个小杂粮加工基地。其中精加工3个，粗加工3个。在蔡家崖镇建设一个现代化农副产品交易市场。

2. 工业空间布局

本着生态环境保护和实现可持续发展的目标，确定兴县工业布局的总体构思：采掘业沿山分布，依据工业项目"近城近路近站、避风避景避水"和"重污染工业远城、轻污染工业近城"两大布局原则，对县域工业进行重组。

（1）矿产资源采掘业

本着保护地下水资源、建立煤炭储备的目的，规划期内煤炭采掘业主要布置在兴县县域低山区，禁止在中部平川丘陵布置矿产资源采掘点。

（2）北川循环经济综合示范基地规划

◆主要建设项目

工业区内的项目及附属工程分两期建设，2006 年 10 月～2008 年底为一期，2009～2013 年为二期。

表 13－05　一期主要建设项目

序　号	项　目	规模和内容	用地（公顷）
工业园区	煤　矿	1500 万吨煤矿及配套选煤厂	40
	电　厂	2×135 兆瓦煤矸石发电 2×600 兆瓦中煤发电	200
	铝工业	100 万吨氧化铝及配套矿区	200
	建　材	80 万吨废渣原料水泥，12000 万块煤矸石烧结砖	16.67
	镁合金	3 万吨镁合金厂迁址重建和技术改造	
附属工程	铁　路	岢岚至瓦塘 58.45 公里	
	公　路	兴县至魏家滩 60 公里和铝土矿区至任家湾公路	
	电　网	110KV 变电站 1 座，110KV 输电线路 2×40 公里	
	供　水	水库加固和黄河提水工程	

◆项目建设布局

在兴县北部，沿岚漪河南岸——东起魏家滩，西至裴家川口距黄河口 5 公里，以原魏家滩、瓦塘两镇为中心，建立 15 公里"西川工业循环经济走廊"。在煤铝开采矿区，庙沟东河滩建设大型煤铝综合开采矿井——斜沟煤矿（东蔚汾河岸建设兴县煤矿），并配套建设选煤厂；紧邻斜沟矿井和洗煤厂，在皇家沟附近新建煤矸石和中煤电厂；距黄河 5 公里外，任家湾附近新建大型氧化铝厂及电解铝厂；在瓦塘镇附近的龙儿会新建煤化工厂，生产低碳烯烃；在原魏家滩镇和瓦塘镇之间，电厂西侧附近建设新型建材厂，生产水泥和烧结砖。

表 13－06　二期主要建设项目

序　号	项　目	规模和内容
工业园区	煤　矿	1500 万吨煤矿及配套选煤厂
	铝加工	30 万吨电解铝，20 万吨铝材深加工
	水　泥	220 万吨废渣原料水泥
	煤化工	60 万吨烯烃产品
附属工程	铁　路	岢兴铁路 60.8 公里
	公　路	铝土矿区公路改造
	电　网	110KV 输电线路 2×40 公里（续建）

3. 第三产业空间布局

本着降低第三产业投资风险和集约有效化原则，确定兴县第三产业布局的总体构思是以干线公路沿线村镇为依托建立起县域"一轴三线"4条第三产业走廊。其中，忻黑线沿线为县域第三产业发展主轴，岢大线（瓦塘以南）、魏家滩到裴家川口、沿黄公路为第三产业布局的次重要轴线。

（1）交通运输、仓储、邮电通讯业

在县城规划两个长途客运站，此外结合县城北川循环经济综合示范基地在高家村镇、奥家湾镇建立两个货运仓储基地，主要承担北川循环经济综合示范基地及忻黑线上大型工业项目提供原料供给和产品储备的作用。

（2）批发、零售、贸易、餐饮业

在县城和魏家滩镇规划2个区域性综合物资集散市场，在蔡家崖镇和康宁镇规划2个农业专业性市场，在县城和交楼申镇结合旅游景点规划2个较大型的旅游民俗文化市场。

（3）农林牧渔服务业、房地产业、卫生体育社会福利事业和教育文化广播电视事业等4个行业主要依中心村——乡镇驻地布局。

五、县域城镇空间布局

1. 空间发展规划

（1）总体战略构想

为保证经济发展、社会进步、生态优化三者的协调，县域规划应在宏观上把握合理的用地发展方向与空间分配。

（2）空间功能分区规划

全县域分为三类功能地域：城镇地域、农业地域、生态敏感地域。按照地域的功能对各类建设加以引导和控制，将保证区域的可持续发展。

◆城镇地域

以培育和发展城镇型生产力要素为目标，以城镇型景观为主体的地域，是县域二、三产业中心。地域单元包括城镇以及为保证城镇的发展需加以控制的地区，主要是城镇周围地区，县域城镇的发展应控制在此地域内。同时，为保证城镇在此地域内理想的发展空间，应将这些地区统一纳入城镇规划区范畴，依法控制管理。

城镇地域在形态上包括两类："面"状的城镇密集区和"点"状的独立城镇区。城镇密集区的建设应努力做到"统一规划、协调管理、分头实施"。

◆农业地域

以发展第一产业为核心的地域，地域单元包括各类农业区，以及为农业服务的农村居民点。

保证农业的基础地位是国家的既定方针。县域农业具有资源优势和传统技术优势，在山西省占有重要地位。划出农业地域就是要保证农业的发展空间，对土地利用采取集中战略，即将城镇型生产力要素在城镇地域中集中发展，而农业地域就不应再有妨害农业发展的工业项目等，农业地域中的农村居民点也要逐步撤村并点，集中发展，这样既保证农业发展的高质量生态，又保证农业产业化、规模化、集约经营的集中空间。

◆生态敏感地域

对环境质量要求较高、具有生态脆弱性、对维护县域生态环境具有重要作用地域。地域单元包括水源保护区、防护区（如蔚汾河堤坝保护区、石猴山风景区、高压线走廊等）及不宜高强度开发的生态环境脆弱区（如山体、堤岸带等）。

生态敏感地域是维护生态平衡的"心脏"，在地域形态上应以维护其原生环境为最高目标，即使有轻度改造，也应充分考虑地域的接受可能，以不妨害原有平衡为原则。

2. 经济社会发展的用地平衡

经济社会发展的用地平衡的核心是解决建设、吃饭、生态保护三者在空间上的平衡。

建设用地主要包括城建居民点用地和区域交通用地两类。

表 13－07　规划期发展指标综合值

类别　指标	指标名称		小康值	现代化值	2020 年（规划）
经　济	人均国内生产总值（美元）		800	＞3000	3595
	产业结构				III＞II＞I
	三产比重（％）		＞33.3	＞50	＞40
社　会	恩格尔系数（％）		＜50	＜20	＜35
	万人拥有卫技人员（人）		＞20	＞40	＞20
文　化	馆藏图书人均拥有量（册）			＞0.3	
教　育	文盲率（％）			＜15	－
	青年人口受高等教育比重（％）			＞15	＞10
科　技	科技进步贡献率（％）			＞50	＞50
基础设施	人均居住面积（平方米）	城镇 8		＞15	30
		农村 20			
	城镇人均道路面积（平方米）			＞15	＞9.0
	人均年生活用电量（度）		＞600		＞800
	人均生活用水量（升/日）			＞350	＞300
	电话主线普及率（线/百人）			＞40	50
	城镇公共绿地（平方米/人）	城市			＞9
		镇			＞6

现状城镇居民点用地为人均 75 平方米左右，根据国家标准及各地区发展经验，2005 年人均城镇居民点用地 90 平方米左右，其中城市建设保证人均 95 平方米；2010～2020 年人均 100 平方米。城镇建设用地略宽裕一是为了城镇建设现代化，二是体现城镇优先原则，鼓励县域中居民点及工业等建设向城镇集中。

县域交通用地的发展依赖于高效交通的支撑，随着县内各类交通线的大发展，交通用地必将大幅增加。以县域路网密度提高 1 倍、路幅扩大 1 倍框算，2010 年交通用地约为 1.0 公里/平方公里，2020 年至少应达 1.5 公里/平方公里。

第十四章　县域城镇体系规划

第一节　总人口和城镇化水平预测

一、总人口预测

1. 人口现状和发展特征

根据统计资料，2005 年末兴县总人口 281219 人，人口总量在吕梁市 13 个县市区中排名第 6 位，仅少于临县、孝义市、文水县、汾阳市、柳林县。总人口中农业人口 228322 人，非农业人口 52897 人，分别占总人口的 81.19％、18.81％；男性人口 144206 人，女性人口 137013 人，男女性别比为 105.25。全县人口密度为 88.8 人/平方公里，相当于同期吕梁市和山西省平均水平的 0.56 倍和 0.42 倍，属于省内人口稀疏县市之一。

2. 总人口发展特征

（1）总人口增长较快，但增速有所放缓

兴县 1949～2005 年总人口年均综合递增率为 16.69‰，低于山西省 17.1‰的平均水平。在这 56 年间，境内农业人口增长率全省、全市相比也持平，属于山西省内人口增长平均水平地区，但非农业人口增速明显慢于全省、全市的平均水平，从另外一个侧面反映出兴县土地、经济等条件相对较差，对人口吸引能力不足，且城镇化发展速度较慢。

（2）总人口持续增长，但增速不稳，有放缓趋势，总人数在增加

1949 年以来，兴县总人口均呈递增状态，56 年间没有出现负增长情况。将 1949～2005 年这 56 年总人口变化情况分为 6 个阶段，1949～1960 年兴县总人口年均递增率为 24.86‰，1961～1970 年总人口年均递增率为 25.9‰，1971～1980 年总人口年均递增率为 10.61‰，1981～1990 年总人口年均递增率为 16.58‰，1991～2000 年总人口年均递增率为 9.40‰，2001～2003 年总人口年均递增率为 8.73‰。从以上 6 阶段总人口年均综合递增率变化来看，总体而言，兴县人口综合递增率都在分阶段波动下降，说明随着国家计划生育政策的深入实施以及社会经济文化的变化，兴县总人口递增速度逐渐入缓，且在未来一二十年之中其总人口递增率不会出现较大的上升，仍将呈一种下降趋势，但总人数仍在增多。

（3）总人口增长以自然增长为主

1949～2005 年 56 年间总人口年均综合递增率为 16.69‰，其中几乎全部为自然增长率。兴县总人口递增的主要推动力来自于人口的自然增长。

3. 总人口预测

依据人口增长与年龄构成特点，总人口预测以近 20 年以来人口数据为基础，采用综合增长率预测法和自然增长率法相校核。

（1）综合增长率预测

选择人口综合增长率指标时，主要以 1991～2000 年实际增长率作为依据，规划确定：2006～2010 年人口平均综合增长率 10‰，2011～2020 年平均综合增长率为 9.0‰。

2010年县域总人口：28.1×（1＋10‰）5＝29.53（万人）

2020年县域总人口：29.53×（1＋9‰）10＝32.30（万人）

（2）自然增长率法

公式：Pt＝P₀（1＋r）t－2005＋K（t－2005）

式中：Pt——预测期末人口数

   P₀——预测基期人口数

   r——自然增长率

   t——预测期末年度

   K——年均净迁入人口

根据兴县人口发展特征，确定主要参数 r 取值，2006～2010 年为 9‰，2011～2020 年为 8‰；K 取值为 4000 人；P₀ 取 2005 年人口数 281219 人。代入公式得：

2010年县域总人口：31.41（万人）

2020年县域总人口：38.02（万人）

（3）预测结果

综合分析，规划近期（2010 年）县域总人口为 30.47 万人；远期（2020 年）总人口为 35.66 万人。

二、城镇化水平预测

1. 城镇化现状

本次规划对城镇化水平的计算采用城镇驻地人口占总人口的比重这一指标。

2005 年兴县县域共有城镇 7 个，分别是蔚汾镇、瓦塘镇、魏家滩镇、康宁镇、高家村镇、罗峪口镇、蔡家会镇。7 个城镇驻地人口 83481 人，城镇化水平为 29.69%。在城镇驻地人口中，非农业人口、农业人口分别为 33293 人、49965 人，占驻地人口比重分别为 39.89%、60.11%。

2. 城镇化水平预测

考虑到兴县城镇体系发展战略构想，规划期末兴县县域将由现在的 7 个建制镇和 7 个城镇驻地调整为 10 镇和 10 个城镇驻地，所以规划期内撤乡建镇的 10 个行政乡驻地人口应该算在城镇人口的预测基数之内；此外考虑到将建蔡家崖新区，所以蔡家崖乡驻地人口中的非农人口和暂住人口应记入县城城镇人口的预测基数之内。本次规划将以蔚汾镇、蔡家崖镇、魏家滩镇、大峪口镇、廿里铺镇、交楼申镇、康宁镇、罗峪口镇、蔡家会镇、孟家坪镇这 10 个城镇为对象来对兴县城镇化发展现状和未来状况进行分析和预测。

目前常用的城镇化水平预测的方法主要有非农业人口指数增长法、城镇人口趋势外推法、联合国法、经济水平相关分析法和农村剩余劳动力转移法，由于本县城镇人口中非农业人口比例较小，又缺乏实际城镇人口的历年资料，前两种方法应用效果差，故规划采取后 3 种方法进行预测。

（1）联合国法

预测公式为：

$$\frac{Pu(t)}{1-Pu(t)}=\frac{Pu(1)}{1-Pu(1)}e^{URGD*t}$$

其中：

$$URGD=\ln\left(\frac{Pu(2)/1-Pu(2)}{Pu(1)/1-Pu(1)}\right)*\frac{1}{n}$$

式中 $Pu(t)$ 为预测期末的城市化水平；$Pu(1)$ 为预测数据段起始年的城镇化水平；$Pu(2)$ 为预测数据段结束年的城镇化水平；URGD 为城乡人口增长率差；n 为预测数据段的年数；t 为预测期至预测数据段起始的年数。

依据《兴县县城总体规划（2000～2020）》调查分析，对其进行一定修正，1999 年兴县非农业人口城镇化水平 8.9%，到 2005 年同口径城镇化水平提高到 18.81%，6 年间城镇化水平提高了 10 个百分点，年均提高 1.67 个百分点，按 11 个城镇考虑，2005 年兴县按户籍人口计算的城镇化水平为 29.7%，2010 年按户籍人口计算的城镇化水平为 39.2%，2020 年按户籍人口计算的城镇化水平为 51.25%。按 2005 年实际城镇化水平与按户籍人口计算的城镇化水平的比例计算，2010 年实际城镇化水平为 43%；2020 年实际城镇化水平 51%。

（2）农村剩余劳动力转移法

预测公式为：

$$P_n = P_1 (1+r_1)^n + \{F * P_2 (1+r_2^n) - S/\psi\} * W * V$$

式中：P_n 为预测年末城镇人口；P_1 为预测基年即 2005 年末城镇人口，为 8.3 万人；r_1 为城镇人口自然增长率，2006～2010 年取 8‰，2011～2020 年取 6‰；n 为预测年限；P_2 为预测基期农村人口，为 19 万人；F 为农村人口中的劳动力比例，2005 年为 44.0，根据人口年龄构成及其发展趋势，取 F＝45%；r_2 为农村人口自然增长率，2005～2010 年取 10‰，2011～2020年取 8‰；S 为预测年末宜农耕地，2005 年兴县有耕地 1248000 亩，根据规划期内实现耕地总量动态平衡的战略目标，确定规划期内耕地数量不变，故预测年末宜农耕地取 1248000 亩；ψ 为每个农村劳动力负担耕地数，2005 年为 4.3 亩，考虑到兴县水土条件一般，2010 年取 5 亩，2020 年取 8 亩；W 为农村劳动力转移比例，考虑到兴县农村人口总量较大，城镇和农村人口劳动力之比较小，城镇在农村人口总量中接收转移劳动力人口的比例会很高，确定 2010 年为 8%，2020 年为 120%；V 为还着系数，近期取 2.0，远期取 2.5。计算结果：

2010 年城镇总人口为 14 万人，城镇化水平为 45%。

2020 年城镇总人口为 18 万人，城镇化水平为 52%。

（3）结论

由上述三种方法预测结果综合得：

2005 年，城镇化水平 29.69%，城镇人口为 8.35 万人。

2010 年，城镇化水平 40～43%，城镇人口为 12.6 万人左右。

2020 年，城镇化水平 50～53%，城镇人口为 18.4 万人左右。

第二节 城镇体系结构规划

一、城镇体系职能结构规划

1. 等级结构

规划确定城镇体系职能结构分为 3 个等级：县城——中心镇——一般镇。

Ⅰ级：县城（蔚汾镇、蔡家崖镇）。蔚汾镇为第一组团作为县治所在地，其县域中心的地位历史悠久，二、三产业基础较好，各项设施较完善，是县域内目前建设的最好的城镇；蔡家崖镇作为第二组团在县域西侧 10 公里，是县城新的发展方向，也是县域内最大的增长极。

Ⅱ级：中心镇——即魏家滩镇、罗峪口镇、廿里铺镇、康宁镇四个中心城镇。这 4 个镇的发展历史悠久，小区位条件均较为优越。其中廿里铺镇、康宁镇。分别承担着县域城镇体系与外界发生经济联系的门户位置，而魏家滩镇、康宁镇承担着县城向南北诸镇经济社会辐射的中转地职能。罗峪口镇是沿黄公路上的重要节点。随着城镇附近独立工业小区和近城工业区的建设，各城镇经济实力将显著增强，且随着和周边县市区以及县域各城镇原材料及工业产品的交流，将有效的提高兴县县域城镇体系的经济联合度、综合经济实力和区域竞争力。

　　Ⅲ级：一般镇——即大峪口镇、蔡家会镇、交楼申镇、孟家坪镇。其中交楼申镇为风景旅游区的旅游服务城镇；大峪口镇为沿黄新兴城镇；孟家坪镇城镇发展条件一般。

　　2. 职能结构

　　根据各城镇的区位条件、资源状况、经济发展及其区域意义，划分兴县城镇为综合型、工贸型、交通型、旅游型、工业型、农贸型职能类型，详见表14-01。

表 14-01　兴县城镇体系职能结构规划表

职能等级	职能类型	城镇名称	主导职能
Ⅰ县城	综合型	蔚汾镇	全县政治、经济、文化中心，以商贸物流业为主的经济增长极核
Ⅱ中心镇	综合型	魏家滩镇	县域内瓦塘、魏家滩工业走廊发展轴上的中心城镇，能源、冶金、化工、建材为主的重要工业基地及交通生活服务型城镇
	工业交通型	廿里铺镇	县域东部重要的煤电化工生产基地，以交通、高效设施、农业、畜牧业为主的城镇
	旅游交通型	罗峪口镇	县域西南部黄河沿线重要的商贸流通城镇
	工贸型	康宁镇	县域南部片区的中心城镇，重要的县级商贸流通基地
Ⅲ一般镇	农贸型	大峪口镇	县域西南部黄河沿线重要商贸流通城镇，以高效农业、农副产品加工业为主的城镇
	农贸型	蔡家会镇	县域西南部重要的商贸流通城镇，以发展农副产品加工业为主
	旅游农贸型	交楼申镇	以旅游业、高效农业、农副产品加工、畜牧业为主的城镇
	农贸型	孟家坪镇	以高效农业、农副产品加工业为主的城镇

二、城镇体系规模结构规划

　　遵循"突出重点，促进集聚"的总体指导思想，根据以下依据和方法进行规模结构调整。以全县城镇人口预测结果作为总量控制指标。

　　第一，以各城镇发展条件、经济布局趋势和其在城镇体系中的地位，以及近年来人口增长率作为调整依据。

　　第二，兴县县城人口根据《山西省城镇体系规划文本（2004～2020 年）》（2004.7 报批稿）、《兴县县城总体规划文本（2000～2020）》确定的人口规模，结合人口综合预测法预测结果相校核确定，其他城镇采取布点法确定。规划结果详见表14-02。

表 14—02　兴县城镇等级规模结构规划表

等级	规模（万人）	2010 年			2020 年		
		城镇数量（个）	城镇名称及规模（万人）		城镇数量（个）	城镇名称及规模（万人）	
Ⅰ	>5.0	1	县城	蔚汾镇（7） 蔡家崖镇（1.7）	1	县城	蔚汾镇（7） 蔡家崖镇（4）
Ⅱ	1.0-5.0	1	魏家滩镇	瓦塘（1.8） 魏家滩（0.4）	1	魏家滩镇	瓦塘（3） 魏家滩（1）
Ⅲ	0.4-1.0	7	廿里铺镇（0.3）、康宁镇（0.3）、蔡家会镇（0.2）、罗峪口镇（0.3）、交楼申镇（0.2）、大峪口镇（0.2） 孟家坪镇（0.2）		7	廿里铺镇（0.6）、康宁镇（0.6）、蔡家会镇（0.4）、罗峪口镇（0.6）、大峪口镇（0.4）交楼申镇（0.4）孟家坪镇（0.4）	

规划规模结构特点是：县城作为县域中心城镇，规模得到显著提高，其中心地位进一步增强，在实力上得到壮大，可以更好地发挥县域中心和吕梁市重要城镇的作用。

中心镇和一般镇人口规模也得到显著提高，魏家滩镇西川循环经济综合示范基地片区中心城镇人口上升到 4.0 万人之上，罗峪口镇、廿里铺镇、康宁镇、蔡家会镇、大峪口镇、交楼申镇、孟家坪镇 7 个中心城镇及重要城镇人口均上升到 0.4 万人之上。

两乡合并建镇后的一般城镇人口也有显著提高，达到目前国家设立建制镇的人口标准。

三、城镇体系空间结构规划

县域城镇体系空间布局具有明显集聚型特征，从县域地貌特征、资源分布和经济布局趋势分析，规划期内城镇空间布局将有进一步走向非均衡发展的态势。根据现状分布特征、发展趋势和城镇化总体战略，城镇体系空间结构调整的总体构思：突出增长极核，引导空间集聚，加强中心地建设，协调城乡关系，形成“1 主 5 次 6 中心、1 圈 4 轴”的向心放射状的城镇空间格局。

1 主 5 次 6 中心

由规划期末的县城、魏家滩镇、罗峪口镇、廿里铺镇、康宁镇组成县域重点发展的 5 个主次城镇增长极核，在县域工业产业发展和升级中承担着重要作用。其中，县城为县域城镇主增长极核，为县域轻工业发展的推动基地，魏家滩镇为县域北部次一级增长极核，为煤电铝重工业大型化发展的推动基地。罗峪口镇、廿里铺镇为县域西部东部次一级城镇增长极核，康宁镇为县域南部的次一级增长极核。

1 圈 4 轴

1 圈指兴县以县城为中心由 6 个城镇构成的近圆形城镇分布带。

4 轴分别指忻黑线、岢大线、裴家川口沿岢大线至魏家滩沿线、沿黄公路为区域重要的交通通道地区，亦是县域 3 大重要的产业布局走廊。

四、乡村居民点重组规划

1. 乡村居民点现状分析

2005 年末，兴县共设 7 镇、10 乡、372 个行政村，行政村密度为 22 个/百平方公里。同期，兴县农业人口为 22.8 万人，平均每个行政村 613 人。

兴县各行政村、自然村人口规模相差很大，现状乡村居民点具有以下特征：

（1）数量多，规模小

全县平均每个乡镇 22 个行政村。人口在 1000 人以下的行政村高达 316 个，占全部行政村的 84.72％，而小于 500 人的行政村就占 61.13％，自然村村庄的人口规模更是很小。

（2）布局分散，居住环境差

自然村呈散居状分布于全县各个角落，保持着农业社会的聚居特征，缺少规划指导，很多村庄依山傍水而居，周边环境较好，但村庄内部缺乏对环境的塑造，整体景观较差。

（3）基础设施和社会服务设施建设落后

由于居民点比较分散，基础设施配套建设比较困难，社会服务设施更是功能不全。社会服务设施方面只解决了基础教育设施，文化、体育设施的建设很难普及。

（4）部分临近城镇建成区的村庄正逐步融入城镇用地之中

随着城镇化进程的加快，城镇人口规模的扩张，城镇用地规模也在相应扩大，从而必然导致原来还处于城镇建成区之外的村庄建设用地被城镇建设所征用，致使村庄在行政建制和居民性质上发生了质的变化。这部分村庄用地成为城镇用地的一部分，村庄建制被取消，村庄居民由农村人口转化为城镇人口。

（5）很多条件恶劣的村庄正在消失

随着市场经济开放程度的提高，人口流动性加大，山地丘陵区人口在外出打工的同时也开始了居住环境的外迁，全县东西部山地丘陵区的自然村正悄然消失，人口向城镇和河谷川地集中。

（6）全县存在两大乡村居民点密集分布区

从乡村居民点空间布局上来看，依地貌形态，兴县共存在着两个较大规模的乡村居民点密集分布区：第一个是蔚汾河谷地乡村居民点密集区；第二个是岚漪河谷地乡村居民点密集区。除这两大乡村居民点密集分布区，在各乡镇中还存在若干较小规模的乡村居民点密集分布区和分布带，这些地区将是本次乡村居民点重组规划中要着重改造建设的地区。

2. 乡村居民点重组规划

依据县域社会流空间分布特征，结合城镇结构规划、产业布局规划、旅游业规划、综合基础设施规划和资源开发构想，确定兴县乡村居民点重组规划的总体构思：以小学预测数量控制保留行政村总量，本着生态优先、点轴集中、下山入川、近城入城、大取小舍、趋利避害 6 大原则，实现乡村居民点空间布局的优化整合。

规划期末撤乡并镇、撤乡建镇之后，兴县新的行政区划下分乡镇现有行政村数量表14－03。

（1）"近城入城"乡村居民规划

随着城镇建设用地范围扩大，部分近城村庄用地将逐步纳入城镇用地范围之内，相应乡村居民转化为城镇居民。结合兴县城镇人口发展规模和用地发展方向预测，确定兴县规划期末将纳入到城镇之内的 29 个城中村，如表 14－04。

表 14－03　兴县规划 10 镇现有行政村数量表

名称	行政村数量（个）
县城（蔚汾镇）	47
蔡家崖镇	58
魏家滩镇	53
大峪口镇	11
廿里铺镇	39
康宁镇	48
交楼申镇	39
罗峪口镇	23
蔡家会镇	14
孟家坪镇	40

表 14－04　兴县规划 10 镇入城行政村情况表

名称	数量（个）	行政村名称	并入城集镇
县城（蔚汾镇）	7	西关村、东关村、郭家峁、石盘头、下李家湾、上李家湾、圪洞	县城
蔡家崖镇	3	蔡家崖村、北坡村、刘家梁村	蔡家崖镇
魏家滩镇	5	沙沟庙、瓦塘村、黄家沟、马子寨、店上	魏家滩镇
廿里铺镇	1	廿里铺村	廿里铺镇
康宁镇	4	康宁村、寨牛湾、张家崖、李家湾	康宁镇
罗峪口镇	1	罗峪口村	罗峪口镇
大峪口镇	1	大峪口村	大峪口镇
蔡家会镇	2	柳林、唐堂宇	蔡家会镇
孟家坪镇	3	孟家坪村、孟家坡、尹家里	孟家坪镇
交楼申镇	2	交楼申村、崖窑上	交楼申镇
合　计	29		

（2）2020 年农村地区乡村居民点规划

结合分乡镇行政村数量，全县教育事业规划和"近城入城"乡村居民点规划，计算得出规划期末 10 镇中乡镇驻地之外农村地区行政村现有数量和规划控制数量。

规划确定至 2020 年完成对全县农村地区全部非行政村驻地自然村和全部人口小于 200 人的单门独户乡村居民点的撤并，10 镇撤并行政村规划详见表 14－05。

表 14－05　兴县 2020 年 10 镇行政村撤并表

名称	撤并数量（个）	其它撤并行政村
县城 （蔚汾镇）	15	后发达、河儿上、枣林、上李家湾、孔家沟、赤河、康家沟、杨塔、松石、官庄、下马家、柴沟梁、孟家沟、宋家塔、艾雨头
蔡家崖镇	27	刘家果、北坡、木栏岗、旭谷、五龙堂、池家梁、张家岔、北杏沟、继家岔、李家山、阎家山、白家梁、胡家山、焉头、弓家山、任家塔、西吉、北西洼、石阴村、王家塔、寨滩上、桑娥、唐家吉、东邬、沙焉、花元沟、宋家山
魏家滩镇	22	张家洼、常申、上虎梁、南崖、山庄、杨塔上、对宝、刘家圪坨、麻塔、东磁窑洞、马家沟、贝塔、薛家沟、王家畔、北梁、吕家沟、天洼、马家湾、苏家吉、尹家邬、孟家洼、高家洼
廿里铺镇	16	吕家庄、斜房山、炭烟沟、王家崖、孙家窑、石畔、阳塔、杏树塔、唐杏杏、安乐沟、阳会崖、郭家圪垴、李家庄、康录沟、庄儿上、王家沟
康宁镇	18	苇子沟、赵家沟、前红月、后红月、来世沟、交家湾、穆家焉、马门、薛家沟、杨家圪台村、永顺、郑家岔、王家沟、福胜村、田家会、曲享、贾家沟、进德
罗峪口镇	5	崖头吉、芦子坡、王家洼、大里上、关儿申
大峪口镇	3	杨角角、牛家川、河上
蔡家会镇	2	彩地邬、孙家畔、
孟家坪镇	12	山头、有仁、冯家圪台、小姜畔、碱河主坪、店邬上、子方头、岔上、寨洼、大军地、马圈沟、冯家邬
交楼申镇	17	新差窠、陈家圪台、人白家坪、大坪上、奥家滩、井沟渠、向阳、马家梁、木窑、王家庄、乔家沟、宜宜沟、王家坡、阳崖、庄上、安南沟、兴盛湾
合　计	137	

（3）乡村居民点撤并安排

规划至 2020 年，兴县完成对 10 镇中 29 个入城行政村和 137 个农村地区撤并行政村的撤并。撤村并点规划在全县总体协调的基础上，以 10 镇为执行主体分乡镇实施，本着先山区丘陵后平川、先小村后大村的原则分阶段实施。规划要求各乡镇在规划期内每年必须完成至少 2～3 个行政村的撤并任务。

3. 中心村建设规划

中心村建设目标：人口规模达到 1000 人以上，农业经济发展活跃，加工工业有所起步。公路、电力、电讯、给水等基础设施配套齐全，并建有中心小学、医疗室、文化体育活动场所等社会服务设施。村庄建设需经过一定的规划，道路畅通，住宅新颖，有一定面积的公共绿地，村庄面貌良好，居民生活环境得到显著改善，逐步形成新的生活观念和生活习惯。中心村人均建设用地控制在 120～150 平方米。

4. 基层村布局规划

规划将县域基层村分为积极发展、控制发展、撤并村三种类型进行调整。

积极发展的基层村46个，是重点建设的基层村，为新农村建设的治理村，乡村居民点，建设用地安排向这类村庄倾斜，积极促进人口集聚和村庄规模扩大，加强村庄综合环境整治与基础设计，与公共服务设施建设，与中心村共同构成县域村庄建设的重点。

控制发展的基层村79个，以内涵发展为主，不再安排乡村居民点建设用地，适当加强村庄环境综合整治与基础设施、公共服务设施建设，改善居住生活环境。

实施撤并的村庄共137个。城镇村庄布局调整数量表见14－06。

表 14－06　兴县各城镇村庄布局调整数量汇总表

名　称	城中村	中心村	积极发展村庄	控制发展村庄	撤并村庄
县城（蔚汾镇）	7	9	4	12	15
蔡家崖镇	3	9	6	13	27
魏家滩镇	5	13	5	8	22
廿里铺镇	1	5	7	10	16
康宁镇	4	12	3	11	18
罗峪口镇	1	7	7	3	5
大峪口镇	1	3	2	2	3
蔡家会镇	2	6	2	2	2
交楼申镇	3	7	5	7	17
孟家坪镇	2	10	5	11	12
合　计	29	81	46	79	137

第三节　综合交通规划

一、交通现状及综合评价

兴县境内有干线公路2条（省道2条），长137公里；县级公路3条，长122公里，乡村公路15条，长238公里；全县共有各级公路18条，总长497公里。全县公路网密度为每百平方公里15.7公里。仅为全省路网密度的41.2%。

二、综合交通发展规划

1. 总体布局

以点轴开发模式为指导，依托城镇布局交通路线，构建以公路干线和铁路为骨架，以县城和主要乡镇为交通结点，以县乡公路为网络的交通运输体系。同时在重点区域建设资源开发公路和旅游公路，密切经济发展与交通网络建设的关系，基本建成与经济社会和城镇发展相适应并适度超前的现代化综合运输体系。

进一步强化蔚汾镇作为全县综合交通中心的地位，构建铁路骨架，提高公路等级和完善公路网络，缩短县城至各乡镇、各乡镇驻地至各行政村之间的时距。规划以公路建设为主，结合产业发展建设五条铁路线，以沿黄航运作为补充。此外，建设各旅游景点的旅游公路，以带动全县旅游业的快速发展。

表 14-07　兴县公路通车里程、路面情况（省道）

道路名称	县境内起止点	境内长度（公里）	等级			路基宽度（米）	路面情况
			二级	三级	四级		
忻黑线	下会—黑峪口	53	53	—	—	8	良好
岢大线	青草沟—大武	84	40	34	10	10、8.5、6.5	良好
合计		137	93	34	10		

表 14-08　兴县公路通车里程、路面情况（县道）

路线名称	长度（公里）	等级		路基宽度（米）	路面情况
		三级	四级		
曹家坡—罗峪口	54.99	33	21.99	4~6	一般
枣岭坡—圪垯上	28.01	—	28.01	4~6	一般
交楼申—交口	18.0	—	18.0	6	一般
交楼申—马家梁	15.0	—	15.0	6	一般
东会—白文阳坡	6.0	—	6.0	6	一般
合计	122	33	89		

2. 公路网规划

第一层次：对外交通公路布局

通道型公路是县域与周边地区经济社会联系的主要通道，也是吸纳外来人口、吸引投资、输出产品、内外沟通的大动脉，规划具有较大的现实和长远意义，应与省交通部门沟通，在符合全省交通十一五规划的前提下进行规划。规划主要由以下公路组成：

——岢岚—裴家川口高速公路：东与忻保（忻州—保德）高速相连，西与神木县的神延高速连接，全长75公里，双向四车道，可控制23米断面。规划随西川循环经济综合示范基地的发展同期建设，建成后将作为西川循环经济综合示范基地与外部联系的主要通道。

——忻黑高速公路：与神延高速、大运高速相连接。全长281公里，其中兴县段53公里，双向四车道，可控制23米断面。建成后将成为兴县与外界联系的主要通道，对加速兴县经济腾飞将起到极大的推动作用。

——省道忻黑线：东起忻州，途经静乐、岚县西至兴县蔡家崖镇黑峪口村。规划期内公路等级提升为一级。

——省道岢大线：北起岢岚县城，经兴县、临县，南至方山县大武镇。规划期内改建瓦塘——白文段65公里，公路等级提升为一级。

——沿黄公路：兴县境内北起保德冯家川，南至大峪口。近期内全部完成93公里的建设，公路等级均为二级。规划期内沿黄公路将在全省贯通，建成后将极大地推动沿黄地区的红枣加工业，带动周边地区经济的快速发展。

另外，规划期内将打通瓦塘—西梁（保德）、交楼申—普明（岚县）、东会—马坊（方山）、贺家会—白文（临县）、蔡家会—开化（临县）等几个公路出县口。

第二层次：县域内部交通公路布局

以县城为中心，沟通蔡家崖新区、西川循环经济综合示范基地、康宁镇、交楼申镇等主要乡镇，加强各乡镇之间的联系。规划以县城为中心的县级交通路线有：

——杨家坪—裴家川口17公里二级公路。

——石佛则—白家沟—杨家坪—石盘头二级公路，全长60公里。

——木崖头、关家崖—廿里铺—交楼申—东会二级公路，全长110公里。

——圪洞—肖家洼—红月—刘家庄二级公路，全长30公里。

——曹罗线二级公路。

——枣林坡—蔡家会—圪垯上二级公路。

——圪垯上—大峪口二级公路。

——旅游路线：

在修建或改建县级道路的同时，要重点新修和完善县城至各旅游景点，如"四八"烈士纪念馆、千佛洞、晋绥军区司令部旧址、晋绥日报社旧址、裴家川口古会河县遗址等的旅游公路。

第三层次：乡、村网络型布局

乡、村公路网是在第一、二层次基础上，连接各个乡镇与村落之间、乡村居民点与公路干线之间的连接线。以乡村公路为主，现状技术等级为四级，规划逐步提高为三级，并改善路面情况，实现村村通公路。

专用线：

——新建郝家沟—白家沟二级公路专用线10公里。

——新建固贤—花子村10公里一级专用线。

3. 铁路线规划

从兴县长远的政治、经济发展考虑，结合现状及工业发展布局规划，规划修建以下铁路线：

——岢瓦铁路：东起岢岚，境内修至瓦塘并向西延伸接至神木，全段长56公里。

——岚原铁路：起点为蔚汾镇原家坪村，向东延伸至岚县，接入太古岚铁路，全长70公里。

——原神铁路：起点为蔚汾镇原家坪村，向西延伸至神木接入神延铁路（神木—延安），全长80公里。

——临兴（临县—兴县）铁路，起点为蔚汾镇原家坪村，向南经临县接入中卫铁路（太原—宁夏中卫），全长70公里。

——原魏铁路：由原家坪至魏家滩，接入岢瓦铁路，全长40公里。

以上铁路线建成后，将共同组成以原家坪、魏家滩为枢纽的兴县铁路的客、货运系统，解决长期困扰兴县的交通运输问题，全面提高兴县经济发展的速度。

4. 航运交通规划

兴县位于山西与陕西的交界处，但由于黄河的天然障碍，极大地限制了兴县与陕西的经济交流，在沿黄公路建成后，沿黄村镇的经济将得到前所未有的发展，急需增加与陕西的交流线路。结合现状，考虑到修建桥梁投资较大，宜在沿黄93公里的水域线上，修建后南会、裴家川口、黑峪口、黄家洼、罗峪口、牛家川、大峪口等7个标准化渡口码头。

第四节 县域旅游发展规划

一、旅游业布局规划

1. 旅游景点和景区规划

（1）景区规划

全县共划分为4个旅游景区。

◆黑茶山森林旅游景区

景区以"四八烈士"纪念馆所在地黑茶山为中心，位于交楼申镇南部，北达大坪头，东到大坪头山，南到二青山，西到黑茶山。景区由山、泉、林、馆等组成。

在黑茶山附近分布有县域内最大面积的再生林、原始森林，风光秀丽，具有开发自然生态旅游资源的绝佳条件，可以把红色革命纪念旅游与自然生态风光旅游结合起来，打造黑茶山革命纪念地森林旅游景区。

◆两山一洞自然生态旅游景区

"两山一洞"总面积约30平方公里。远景建设规模是集宗教旅游、革命传统教育、娱乐、休闲为一体的晋西北综合旅游场所。建设内容包括恢复石楼山寺庙、石猴山寺庙，新建120师战斗纪念馆、水上乐园、开发华北第一大溶洞——仙人洞。

仙人洞位于县城以东13公里处的桃花山下，与石楼山、石猴山遥相呼应，浑然一体，为华北第一大石灰岩溶洞。

◆革命传统教育基地景区

以晋绥边区革命纪念馆和晋绥解放区烈士陵园为代表，以革命传统教育为主题的旅游景区。

扩修晋绥革命纪念馆和晋绥解放区烈士陵园，按照全省红色旅游总体规划，绿化一馆一园周边环境，新建停车场，修筑通往景区的道路，重新布置展馆充实内容更新版面，进行广告宣传和景区标识。

◆黄河黄土风情游景区

重点在裴家川口到大峪口镇发展以黄土风情为主题，弘扬几千年黄河文化的黄河黄土风情游，开发红枣经济、挖掘民俗风情，体验风土人情，该景区与临县碛口、柳林、三交重点的黄河黄土风情游交相呼应，是对其补充与延伸。

（2）景点规划

在旅游景区之外，依据旅游资源开发潜力、交通条件、城镇和旅游景区分布、县域经济发展战略等规划确定8个旅游景点。分别是"四八"烈士纪念馆、晋绥革命纪念馆、晋绥解放区烈士陵园、石楼山、石猴山、仙人洞、沿黄景观、森林公园。

2. 旅游线路组织

（1）区域旅游线路的衔接

从旅游区位来看，兴县位于吕梁市黄河黄土风情旅游消费客源地的延伸区位，兴县旅游线路规划应做好与之的衔接问题，使兴县旅游资源更好地融入到吕梁地区的旅游开发之中，发挥规模效应，更好地吸引客源。结合岢大线、忻黑线省道建设改造，加强省道沿线各城镇静态交通和旅游服务设施建设。

强化吕梁市域范围内旅游线路的组织的合理化，加强兴县—临县—云山景区旅游线路的组织。

(2) 县域内旅游线路组织

以忻黑线、岢大线省道为主轴将兴县各旅游景区和旅游景点贯穿起来，组织区域旅游网络。

北部以蔡家崖镇的晋绥边区革命纪念馆，胡家沟明代砖塔和蔚汾镇晋绥解放区烈士陵园为对象组织旅游线路、旅游产业节点以及旅游综合服务中枢。

东部以石楼山、石猴山、仙人洞旅游景区、黑茶山革命纪念地森林景区两个旅游区为对象组织区域内的旅游线路、旅游产业节点以及旅游综合服务中枢，并积极建设交楼申——东会旅游联系公路网络的建设。

◆一日游项目

兴县城区—石楼山风景区

兴县城区—石猴山风景区

兴县城区—仙人洞风景区

◆二日游项目

兴县城区—石楼山风景区—石猴山风景区

兴县城区—石楼山风景区—仙人洞风景区

兴县城区—仙人洞风景区—黑茶山革命纪念地风景区

◆三日游项目

兴县城区—石楼山风景区—石猴山风景区—仙人洞风景区—黑茶山革命纪念地风景区

第五节 县域基础设施规划

一、给水工程规划

1. 现状

(1) 兴县全县的用水基本上都是用水井取地下水，通过水塔直接到用户，只有蔚汾镇有自来水厂。全县没有完善的供水设施，水处理比较简单，水质得不到保障。

(2) 对于蔚汾镇来说，随着城市的发展，需水量的增大，城市对供水水质和供水安全度要求的提高，现状水厂设备及城区分布的简单枝状管网已经不能满足要求；对于西川循环经济综合示范基地、蔡家崖镇等主要乡镇来说，简单的取水设施已经不能满足新型工业及新区发展的需要。

2. 给水工程规划原则

(1) 根据经济发展的需要，保障人们生活和生产所需的用水量及消防用水量，并满足水质和水压要求。

(2) 工业生产用水应尽量重复使用，节约用水。

(3) 既要根据近期的需要，也要考虑到远期发展，做到近远期结合。

3. 供水系统规划

根据兴县城镇分布、水资源特点、地形地貌特点及供水结构分析，兴县的供水系统按分片考虑，县城、蔡家崖镇、魏家滩镇、廿里铺镇、康宁镇采用统一供水，镇区建水厂向镇中心和附近中心村及基层供水，以改善给水质量和用水条件，其他乡镇和中心村可根据实际情况采用统一供水或自然取水。

4. 水源规划

从长远考虑，综合考虑兴县经济发展状况，采用多水源供水将是解决兴县缺水、地下水位下降的必然途径。规划水源由以下几部分组成：

（1）地表水：水源主要来自天古崖、明通沟、阁老湾、阳湾则等主要水库及一些小型蓄水工程经改造或新建后供给，分引水和提升两种方式，供水量约 4000 万立方米；

（2）地下水：分浅层地下水与深层地下水两种，供水量约 2000 万立方米；

（3）污水处理后回用：主要用于工业，供水量约 800 万立方米；

（4）黄河水：近期主要是沿黄地区枣树灌溉，远期考虑工业用水引用黄河水。

由以上供水结构可以看出，水源主要依靠地表水径流，如果遇到枯水年，存在较大的安全隐患，开挖深井近期内可解决供水问题，但从长远考虑，为防止地下水位的下降，应积极组织开展引用黄河水的可研工作。

表 14-09　**水库特性一览表**

库名	建库时间	控制流域面积（平方千米）	总库容（万立方米）	兴利库容（万立方米）	设计防洪标准
阁老湾水库	1976	47.5	1158	338	100 年一遇，1000 年一遇洪水校核
天古崖水库	1972	—	2409	785	50 年一遇，120 年一遇洪水校核
明通沟水库	1966	290	800	385	100 年一遇，500 年一遇洪水校核

5. 水源保护

规划水厂大多采用地下水，根据《饮用水源保护区防治污染管理规定》，一级保护区内的水质标准不得低于国家规定的《GB3838-88 地面水环境质量标准》Ⅱ类标准，必须符合国家规定的《GB5749-85 生活饮用水水源标准》的规定。二级保护区的水质标准不得低于国家规定的《GB3838-88 地面水环境质量标准》Ⅲ类标准，并保证一级保护区的水质能满足规定的要求。

6. 开源节流、合理利用水资源

规划要求工业用水推广先进技术，提高重复利用率；农业用水应推广节水型的喷灌、滴灌技术，节约农业用水；居民生活用水应采用定额管理，积极推广节水型器具。

二、排水工程规划

1. 污水排放现状

兴县县域内没有完备的排水系统，各类污水就近排入河流，严重污染了环境。兴县县城内没有污水处理厂，采用雨污合流的排水体制，排水多采用暗渠。

2. 规划原则

（1）根据县域排水现状，合理确定排水体制及污水处理厂的位置。

（2）加强对县城工业废水和生活污水的治理，以改善县域水环境，使之符合环保规划的总体要求。

（3）近远期结合，既要考虑近期建设的可行性，又要考虑远期总体布局的合理性，实行统一规划分步实施，使规划有较大的弹性。

3. 规划目标

至 2010 年，在县城和蔡家崖新区以及污染较严重的城镇建设污水处理厂，污水处理厂应布置在附近水体的下游并与居住区保持一定距离。污水处理深度达到二级。

至 2020 年，普遍将各中心镇及新增工业所在城镇污水收集处理，污水处理深度达到二级。

4. 污水治理工程

（1）排水体制

规划县城、蔡家崖新区、魏家滩镇西川循环经济综合示范基地采用雨污分流制，其他各乡镇随着新区的建设逐步改造成分流制，较小的镇可采用截流式合流制只铺设一套排水系统，雨水通过沟渠分散排放。

（2）污水处理厂规划

①在县城西侧选址建设一座中型污水处理厂，处理县城及附近的生活污水及部分工业污水。

②随着北部煤、电、铝、化、材主导产业的实施，同步配置专门的污水处理设施，对不同水质采用不同的处理设施；远期，随着规模的扩大化，考虑建设集中的污水处理厂。

③随着魏家滩、康宁、甘里铺、罗峪口等中心镇的建设，相应配套一些成套的污水处理装置，远期随着规模的扩大，逐步完善成小型污水处理厂。

三、供热工程规划

1. 供热现状

目前，兴县县域内没有集中供热设施，主要为小锅炉房和居民自制土暖气及小煤炉供热。

2. 热源规划

规划在魏家滩镇西川循环经济综合示范基地内建设 2×600 兆瓦＋2×135 兆瓦坑口发电厂，该电厂可向西川循环经济综合示范基地集中供热，实现热电联产。供热系统采用二级网系统。

在各乡镇建立区域性锅炉房，取代现状小型土锅炉，基本满足居民及公共建筑供热需求。

四、燃气工程规划

1. 现状

县域范围内没有煤气管道供应，主要有瓶装液化气供气。

2. 规划原则

节约能源、保护环境、方便群众生活、减少城市运输量，贯彻多种气源、多种途径、因地制宜、合理利用能源的方针。

3. 气源规划

陕京Ⅱ线天然气管道从兴县境内通过，远期将作为兴县县城的主要气源。

兴县县域将主要采用沼气和天然气，液化石油气将作为补充。规划期内将逐步普及沼气，发挥其短期投资、长期受益的特点，使之成为农村生活的主要气源。液化石油气将作为城市的补充气源，继续发挥其投资小、见效快、机动灵活的作用。

4. 燃气系统

（1）天然气

根据需要新建陕京Ⅱ线配套线路截断阀室三座，清管站一座。

（2）液化石油气

在规划设有液化石油气的区域内，液化石油气站的选址必须符合相关规范，严格执行防火规范所规定的内容。

五、电力工程规划

1. 供电现状

目前全县共有110KV变电站1座，总容量31500KVA；35KV变电站5座，总容量26600KVA；10KV以下变压器700余台，总容量5.4万KVA；110KV线路1条，35KV线路8条，10KV线路39条。2005年全县总用电量11536.8KWH。

2. 县域用电量预测

根据兴县县域近5年来用电量变化情况和县域镇体系发展规划，采用年平均递增进行用电量预测，取全县用电量年平均递增率为15%。预测至2010年，全县综合用电量为23204.6KWH；至2020年全县综合用电量为46672.8KWH。

3. 电力规划

（1）电厂

规划新建2×135兆瓦煤矸石发电厂一座，2×600兆瓦中煤发电厂两座。

（2）电源

规划期内，新建的瓦塘220KV站与现状110KV蔡家崖站作为电源点，满足兴县的用电负荷，兴县将告别单电源供电的历史。

（3）变电站

规划新建1个220KV变电站——瓦塘变电站，主变容量25000KVA，新建4个35KV变电站，分别为蔡家会变电站主变容量2×2000KVA，东会变电站，主变容量2×2500KVA，白家沟变电站，主变容量2×2500KVA，兴华变电站主变容量2×2000KVA。原35KV变电站单台主变的，均另增设一台主变。全县形成完整、可靠、稳定的电源结构。

（4）电网

规划期内，规划修建电厂——瓦塘站220KV线路一条。另沿现状蔡家崖——郑家塔110KV线新建1条110KV线路，并伸至规划220KV瓦塘站，形成双电源回路，新建35KV线路5条，即蔡家崖——化肥厂，蔡家崖——兴华站，张家坪——蔡家会，花子——东会站，蔡家崖——白家沟，同时改造农村10KV线路和低压配线，做到同网同价。

表14-10 兴县变电站情况一览表

变电站名称	主变容量（KVA）	电压等级（KV）	出线回路数（条）			进线回路数（条）		
			110KV	35KV	10KV	110KV	35KV	10KV
蔡家崖	1×31500	110		6		1	1	
城关	2×6300	35		1			1	
廿里铺	2×4000	35		1	7		1	2
郑家塔	1×2000	35			5		1	1
花子	1×2000	35			5		1	1
张家坪	1×2000	35			4		1	
魏家滩（自备）	2×8000	35		1			1	

六、电讯工程规划

1. 电信规划

各乡镇及县城逐步将电信架空线改造成地埋电信光缆，农话线路全部并入市话网，乡镇支局的中继线换成大容量的光缆线路，并联成环网，中国移动、中国联通继续加大覆盖率，加强信号质量。

2. 邮政规划

逐步完善邮政分支机构，在各乡镇结合公共设施的建设，布置新的邮政支局（所）。积极开办邮政电子商务业务，提高服务质量和投递时效，以适应不同层次、不同用户的需要。

3. 广播电视规划

以提高覆盖率，改善收听收视效果，提高制作水平，建设现代化多功能传播体系为目标，做到广播电视双入户的高科技网络。

七、环境卫生设施建设

按照生活垃圾处理减量化、资源化、无害化和产业化的原则，建成城乡兼顾、布局合理、技术先进、资源有效利用的现代化生活垃圾处理体系，建设清洁卫生城镇。

加快城镇综合垃圾综合处理及综合利用，危险废物安全处置等城区环保基础设施建设。建立垃圾分类收集、储运和处理系统，在优先进行垃圾、固体废物的减量化和资源化的基础上，推行垃圾无害化与危险废弃物集中安全处置。建立废旧电池回收处理体系。城镇医疗废物必须全部实现安全处置，鼓励医疗废物集中处置。

到规划期末，县城生活垃圾无害化处理率达到100%；粪便无害化处理率达到100%；医疗垃圾集中无害化处理率达到100%。

全县各镇生活垃圾无害化处理率达80%以上；粪便无害化处理率达80%以上；医疗垃圾集中无害化处理率达到100%。

在新建、扩建的居住区设置垃圾站，垃圾收集站的服务半径不超过0.8千米；城区每2平方千米设置垃圾中转站1座；城镇主要干道每隔800米设置公共厕所1座，人流较集中地带按每500米1座设置。

规划期内，县城内保留现状垃圾填埋场，新增垃圾填埋场1个、小型垃圾中转站10个、粪便无害化处理站 1 个、生活垃圾处理厂 1 个；其他城镇均新建垃圾填埋场 1 个、小型垃圾中转站 1 个、粪便无害化处理站 1 个、生活垃圾处理厂 1 个；在交楼申镇新建死禽处理厂 1 个。

八、综合防灾规划

1. 防洪规划

根据镇区所处地理位置及可能造成的危害程度，考虑蔚汾河、岚漪河按 50 年一遇洪水设防，100 年一遇洪峰流量校核，南川河、石楼河、湫水河等按 20 年一遇设防，50 年一遇洪峰流量校核。

蔚汾河：防洪标准：50 年一遇。主河道行洪宽度县城以上控制在 80～100 米，县城以下控制在 100～120 米，河坝高度控制为 6 米。

岚漪河：防洪标准：50 年一遇。主河道行洪宽度瓦塘上游控制在 80～100 米，瓦塘下游控制在 100～120 米，河坝高度控制为 5～6 米。

表 14-11 主要河流（流域面积≥100 平方千米）特性一览表

河流名称	流域面积（平方千米）	河道长度（千米）	防洪标准	多年平均径流量（万立方米）	多年平均洪水径流量（万立方米）
黄河		93 公里	—		
蔚汾河	1249.11	55	50 年一遇	6477	4885
岚漪河	373.9	28.5	50 年一遇	8089	4651
湫水河	245.8	20	20 年一遇	1910	—
南川河	390.42	56.3	20 年一遇	—	—
杨家坡沟	119.38	28.5	20 年一遇	291	—
岚尾沟	224	40.5	20 年一遇	324	—
孟家坪沟	176.25	40.5	20 年一遇	—	—
张家坪沟	237.15	36.5	20 年一遇	—	—
芦山沟	121.88	34	20 年一遇	—	—
固贤沟	131.57	25	20 年一遇	—	—

2. 消防规划

建立完善消防安全体制，合理进行消防站布局，提高人们消防意识，建立消防法制，完善消防设施。

建立县域范围内的消防通信中心和指挥中心。

各乡镇建立消防科。

3. 抗震规划

一般建筑按 6 度设防，重要建筑提高一度设防。

4. 人防规划

按照"全面规划，重点建设，长期坚守，平战结合、质量第一"的方针，建立人防工程。

第六节　县域生态环境保护规划

一、生态保护规划

生态保护的方针和目标

1. 生态保护的方针

坚持保护环境的基本国策，推行可持续发展战略，贯彻经济建设、城乡建设、环境建设同步规划、同步实施、同步发展的方针，促进经济体制和经济增长方式的转变，实现经济效益、社会效益、环境效益统一。将生态环境整治融入经济社会发展中，实施"生产过程控制与末端治理相结合"、"开发与治理相结合"、"集中治理与分散治理相结合"的对策。

2. 生态保护的目标

2020 年，全县环境污染和生态恶化将得到有效控制，环境质量进一步改善。饮用水源保护区水质不得低于国家规定的《GB3838-88 地面水环境质量标准》Ⅱ类标准，并须符合国家规定的《GB5749-85 生活饮用水卫生标准》工农业生产水质达到《GB3838-88 地面水环境质量标准》Ⅲ类；大气环境质量和噪声环境质量进一步提高，基本实现人口、资源、环境与经济社会的可持续发展。

3. 生态保护措施

搞好大环境绿化，加强全县低山、丘陵和河沿岸绿化。大力发展生态林、经济林；平川区建设农田防护林带，沿主要交通干线及河流两侧建设宽度不等的绿化带；加强村镇内部绿化，尤其是县城等重点城镇绿化。

二、环境保护规划

1. 大气环境规划

（1）规划目标

从大气环境的角度对兴县经济的可持续发展做必要的规范性要求，以从根本上改变"先污染后治理"的传统发展模式，在按期达到国家大气质量控制目标的前提下实现区域经济发展与环境保护的协调统一。

（2）规划的指导思想

在社会、经济可持续发展战略思想的指导下，坚持清洁生产和发展生态型产业的方针，贯彻区域污染总量控制与浓度控制相结合的原则，为全县整体发展创造条件。

（3）空气污染控制措施

按环境功能及各乡镇生态建设要求，调整产业布局。推行清洁生产，控制产生污染的环节。县城建成区周围禁止建设高污染企业，已有的高污染企业应搬迁或改产。扩大烟尘控制面积，积极发展集中供热，集中供气等，使用煤气化炉灶，控制面源污染。

2. 水污染控制措施

建设污水处理设施。对已有污染企业与新建企业要加强管理，减少废水排放量，做到循环利用与达标排放；在建与新建锅炉采用湿式除尘系统，应建沉淀池，做到除尘废水闭路循环；严禁在河道、水库附近倾倒和堆积各种固体污染物，严禁建污染企业。

3. 固体废弃物环境规划

（1）规划目标

以兴县的实际情况为基点，规划近期（至 2010 年）内各类污染源固废处置率达 100%。规划远期（至 2020 年），全县固废污染源排放各项指标均达到国家规定标准。

（2）固体废弃物污染控制措施

搞好固体废弃物的综合利用与资源化、无害化处理，基本消除固体废弃物污染。加强垃圾管理，推行垃圾分类，消除白色污染；积极建设符合要求的固体垃圾处置厂。

4. 噪声污染规定

制定规范措施，控制城镇交通噪声污染，通过城镇的各种机动车辆严禁鸣笛；加强对交通、建筑施工作业、工业噪声和商业娱乐场所等噪声源的监测与管理，确保区域环境噪声质量。

第七节 区域建设管制规划

一、区域管制区划与管制规则

对县域经济活动和开发建设活动实行有效的管制，是协调区域经济建设与资源、环境关系，促进区域可持续发展的重要调控手段。要依据区域和城乡发展战略，加强对县内空间资源开发利用的宏观调控，促进区县域和城镇人口、资源、经济、环境的协调和可持续发展。合理安排城镇、乡村及生态保护区域的空间开发强度和开发次序，优先鼓励对全区经济、社会发展牵动作用较大的城镇的空间开发。

为进一步完善以城市规划和土地利用规划为主体的空间资源开发利用规划，严格按规划调控空间资源的开发活动，对经济发展和建设活动实行分类引导，将全县空间划分为优先发展地区、控制开发地区和严格保护地区（包括，水源地保护区、生态敏感区、人文与自然景观保护区三种类型区）三种空间开发管制地域。

1. 适宜建设地区

本区域为城镇人口与二、三产业聚集区域，是以城镇建设和二、三产业为主导的区域，主要包括乡镇驻地、中心村、独立工业小区由总体规划确定的规划用地，以及规划兴县工业走廊中的独立工业据点。管制要求为：

强化城镇综合功能和聚集效益，加快人口向城镇的聚集。规划合理的城镇空间形态和结构，统一规划城镇各项基础设施，改善和提高环境质量，强化和完善城镇的功能。加强城镇土地资源的合理利用，高效利用建设用地。

严格实施村镇总体规划、控制性详细规划。一切建设用地和建设活动必须遵守和服从规划，各项建设必须依法办理"一书两证"。

对于历史文化保护区，坚持开发与保护相结合，保持原有风貌和环境，严禁随意拆建。

集中或独立布局的工业区、工业据点和养殖园区，应明确划定其用地界线、用地性质，统一规划、集中建设。独立布置的工业小区、工业据点和养殖园区不能布局生活服务区，配套居住小区与生活服务设施应集中到城镇建成区统一布局。

村镇建设、产业布局应注意协调用地形态与对外交通干线的关系，避免村镇、产业沿区域性交通干线线状布局和跨越交通干线布局，交通干线两侧应留出一定宽度的绿化带。

2. 限制建设地区

本类区域主要分布于全县中心村、乡镇驻地、独立工业小区、工业走廊以外的地域，是以农业为主的低密度开发区域。应以提高农牧业的综合效益为核心，控制非农类型用地，特别是工业企业、农村居民点的数量和用地规模，用地保持以自然环境和绿色植被为主的特征。管制要求为：

严格保护基本农田，保护区具体范围由《兴县基本农田保护规划》确定。区内用地应按照基本农田保护条例对耕地实行严格的保护措施，严格控制非农业建设用地占用。

严格控制乡村建设用地总量，各项建设用地控制在区内总用地的2%以下，严格控制农民宅基地建设规模，人均建设用地控制在150平方米以下。

以因地制宜的"迁村并点"等方式提高乡村建设用地利用效率和乡村建设的质量，控制村庄零散建筑的数量，引导"民宅进区"。固化村民宅基地，每户只能拥有一处宅基地。引导零散工业点向工业区转移，统一规划建设新村，对原村庄进行土地整理。

3. 禁止建设地区

本区域是指对生态环境质量要求较高，需严格限制开发建设活动的区域，主要包括：水源地保护区、生态敏感区、人文与自然景观保护区三类区域。

（1）水源地保护区，是指为村镇发展、经济发展和人民生活提供水资源的水源地分布区。规划禁止各类污染源进入水源地保护区和排放污染物；鼓励在区内进行植树种草，以净化环境、涵养水源；严格控制水源地保护区的开发强度，禁止建设油库、墓地、垃圾场等；严禁在水源地保护区及其附近地区进行矿产开采、搞地下建筑，以防地质构造和生态植被遭到破坏。水源地保护区内应按规定设置一级保护区。

（2）生态敏感区，是指区域生态环境脆弱，需严格进行生态环境保护和加强生态环境建设的区域，主要包括自然风景旅游区之外的所有山地生态地区。应大力实施退耕还林还草工程，全面恢复更新林草地；重点区域设置围栏封育，25度以上的山坡严禁任何开发活动；大力进行植树造林，严禁乱砍滥伐森林和放牧，不断提高绿化覆盖率；积极推进生态移民，减少区内居民点数量，实现人口外迁，降低人类活动的干扰，保护和恢复自然生态。

（3）人文与自然景观保护区，是指为保护人文景观资源、自然生态系统和物种资源而划定的区域，主要包括规划4个旅游景区和8个旅游景点控制区域。正确处理好资源保护与旅游开发的关系，遵循"适度开发"的原则，合理规划旅游业发展规模；严格控制开发建设活动，降低开发建设强度，禁止建设与资源保护和旅游事业无关的项目；保护区内影响人文和自然景观的建筑与用地应调整到其它适宜的区域，保护区周边的建设项目应与区内整体景观相协调。

二、城乡建设用地平衡

1. 土地资源及开发利用特点

全县土地资源3165平方千米，折合474.75万亩。2005年底人均拥有土地面积16.88亩，是山西省平均水平的 2.38 倍。其中耕地 124.8 万亩，占土地总面积的 26.3%，人均 4.44 亩，高于山西省 2.0/人的平均水平。

土地资源利用特征

（1）土地资源丰富，类型多样，土地利用率低。

土地资源丰富，人均占有量大。按 2005 年全县人口计算，人均占有土地为 16.88 亩，人均耕地 4.44 亩。土地类型多样，有利于开展多种经营，林牧业及养殖具有一定优势。另外，土地开发潜力很大，土地后备资源充足，但土地利用率低，因受地形限制，平原少，但 80% 以上的未利用土地宜林、宜牧，土地外延开发潜力很大。

（2）土地利用结构欠合理

农林牧用地结构为 26：24：0.5，林牧地特别是牧地比例小，与土地资源林牧优势很不相称。水土流失严重、生态环境恶化，自然灾害特别是旱灾发生频繁。

（3）土地资源地域差异较为明显，土地利用状况差别较大。

在 17 个乡镇中，年末耕地面积占土地总面积比重最大的为恶虎滩乡。达到 45.38%；最低的为固贤乡，仅为 6.58%。从水浇地占耕地比重来看，比重最大的为瓦塘镇，高达 10.08%，其次为高家村镇，达 10.08%；比重最小的为赵家坪乡和圪垯上乡分别为 0.88% 和 0.08%。

2. 城乡建设用地现状

根据兴县 2005 年土地统计资料，全县居民点及工矿用地 4340 公顷，占土地总面积的 0.19%。全县交通用地 873 公顷，占土地总面积的 0.28%。

表 14-12 兴县土地利用构成表 (2005)

类别	总面积	耕地	园地	林地	牧草地	城镇村及工矿用地	交通用地	水域
面积（万亩）	474.9	124.8	282.3	114.5	2.44	0.887	1.31	7.94
比重（%）	100.0	26.28	24	0.59	0.5	0.19	0.28	1.67
人均（亩/人）	16.88	4.44	0.1	4.1	0.001	0.0003	0.003	0.003

3. 城乡居民点建设用地预测

根据本次规划预测，2010 年、2020 年兴县总人口分别为 30.47 万人、35.66 万人，城镇人口分别为 12.6 万人、18.4 万人，农村人口分别为 17.87 万人、17.26 万人。城镇建设用地县城按人均用地 100 平方米计算，其它城镇按人均用地 120 平方米计算；农村居民点用地按人均 135 平方米计算，则近、远期村镇建设用地分别为：

2010 年：城镇建设用地 1386 公顷，乡村居民点用地 2412 公顷，城乡建设用地合计 3798 公顷。

2020 年：城镇建设用地 2024 公顷，乡村居民点用地 2336 公顷，城乡建设用地合计 4360 公顷。与 2005 年全县居民点及工矿用地 4340 公顷基本持平。

第十五章　城区发展规划

第一节　城市社会经济发展方向与目标

一、发展方向

1. 发挥区位优势，加快工业建设步伐，利用忻黑高速公路：与神延高速、大运高速相连接。岢岚—裴家川口高速公路：东与忻保（忻州——保德）高速相连，西与神木县的神延高速连接，全长75公里。规划随西川循环经济综合示范基地的发展同期建设，建成后将作为西川循环经济综合示范基地与外部联系的主要通道。

发展新兴工业和外向型工业，增强城市经济实力，加快区域经济工业化进程，提高城市在区域中的辐射能力。

2. 调整产业结构，在加快工业发展的同时，积极发展第三产业，重点发展现代商贸物流产业和旅游业，优化产业结构。

3. 加强城市基础设施建设，改善投资环境，增强竞争能力，真正做到基础设施先行，引导和促进城市社会和经济全面发展。

4. 确立以人为中心的可持续发展战略，把人置于发展的中心地位，以经济增长为手段而不作为目的，逐步改善和提高人民的生活质量，实现人的全面发展作为出发点和落脚点。

5. 形成合理的城市布局和规模，创造可持续发展的空间，利用交通、自然环境和人文景观，实现现代"宜居城市"。

二、城市发展的目标

1. 在规划近期内建立高效率、高效益的城市运行系统

（1）县域政治中心功能高效务实，能全面正确及时地发送现代建设与管理的信息与指令。

（2）生产效率高，产业结构合理，城市人均国内生产总值达到0.36万美元左右，第三产业占国内生产总值的45％左右。

（3）完善的基础设施，通畅便捷的内外交通网络，城市人均道路面积13平方米左右；先进的通讯设施，市话普及率达到50％；可靠的供电网络，人均生活用电量达1000KW·小时·年；高质量的供水条件，人均综合用水量达到300升/人·日；良好的供气条件，城市管道供气达到90％（规划期末可考虑使用天然气）；城市污水处理率达到90％以上，环卫作业机械化率、垃圾粪便无害化处理率达到100％。

（4）城市空间布局合理。

2. 高质量的城市生活环境

（1）利用自然地貌特色形成带型组团式城市结构。

（2）较高的居住水平，人均居住面积达到25平方米以上。

（3）良好的生态环境，保持自然风貌，绿地面积达到人均15平方米以上，人均公共绿地

达到 10 平方米。

（4）环境优美，空气清新，大气质量达到二级标准。

3. 高度的精神文明

（1）教育普及率高，文化生活丰富。

（2）社会公益事业发展，居民安居乐业。

（3）法制健全，道德风尚和社会风气良好，社会秩序井然。

第二节　城市性质

一、现状城市性质

城市性质是对城市主要职能的概述，是指其在区域分工中的地位、作用和承担的主要任务，以便为城市发展制定正确的方针策略。

2000 年确定县城性质为：全县政治、经济、文化中心，以农副产品加工和为煤铝工业服务的综合发展型城镇。

二、城市性质确定的依据

1. 县城位于县域中心，是全县的政治、经济、文化中心，随着城镇体系的完善，县城中心地位的加强，今后应进一步提高经济实力，加强文化教育，商贸旅游服务等职能建设。

2. 兴县土地、林牧业资源丰富，气候温和。兴县县委、政府近年来积极推广优良品种和先进的栽培技术，确立了四黑经济（黑支谷、黑芝麻、黑大豆、黑黍子）和大明绿豆、红芸豆等具有独特口味和特殊保健作用的农业发展思路。兴县位于中西部接壤地带，面对西部大开发的巨大市场，农副产品加工的发展不仅是对资源优势的发挥，而且可以协调城市建设中社会、经济、环境、效益的统一。要充分利用资源优势，区位优势，开发高质量、高档次、高附加值系列产品，主要包括小杂粮系列加工产品，果类加工系列产品，蔬菜及野生资源加工系列产品。

3. 兴县煤、铝资源丰富，是 21 世纪兴县经济的新的增长点。规划注重抓住国家开发大西部，需要大量煤、铝资源的机遇，发展适销对路的高科技含量、高附加值、高市场占有率的"三高"产品。

三、城市性质的发展

自 2000 年的总体规划之后，兴县的经济建设和城镇建设都有了较大的发展，各行各业步入城市化的轨道。随着对外交通的发展和西川循环经济示范区战略的实施，兴县的开发建设将进入新的转折时期，在新的市场经济形势下，兴县的城镇职能将在下述方面得到发展：

1. 兴县在"发挥地缘和人文优势，开辟内外经济市场"的战略思想指导下，地位进一步加强。

2. 现代化交通的形式、地理位置具备县域物资集散、物资中转优势，具有广阔发展前景。

4. 随着新的交通条件和城镇对外贸易的增强，县城贸易市场职能将日趋突出。

5. 良好的农业资源职能将会推动第三产业的发展。

6. 蔡家崖红色旅游基地与周边旅游资源整合形成兴县旅游文化产业。

三、城市性质

综上所述，规划确定兴县县城城市性质为：兴县县城是全县的政治、经济、文化中心；以商贸为依托，兼具旅游功能，适合人居的文明城市。

第三节　城市用地发展方向选择

一、城市用地评价

兴县县城的蔚汾河有较宽的川谷区，最宽处约1500米，最窄也有500～600米，河谷多为一级阶地和河漫滩。河谷地带较为平坦，主要由上更新统冲洪积物和全新统冲积层砂、石、黄土状亚砂土组成。

另外，蔚汾河由东向西纵贯全城，南山有支沟2条，北山有支沟4条。

根据地震地质，工程地质，水文地质和地形地貌等资料，对县城用地评价如下：

Ⅰ类城市建设用地

晋绥路以北的边山缓坡地带，场地中硬，土层分布较为均匀，地基承载力较高，地下水埋藏较深，洪水不易淹没，这类用地无需或稍需工程处理，可作为城市用地。

Ⅱ类城市建设用地

晋绥路以南，蔚汾河两岸护堤内，这一地带地下潜水埋藏浅，场地结构松散，地基承载力低，这类用地需工程处理方可为城市用地。

Ⅲ类城市建设用地

南北两山边山地带，冲沟较多，地面坡度大于10％。这类用地属不适宜城市建设用地，建设时需要较大的工程措施。

二、城市用地选择

城市发展方向的选择关系到城市整体结构，和城市未来能否健康有序地发展，须立足长远与未来。它受到城市的资金流、交通流和信息流的影响，同时受到城市自然地质条件的制约。本次规划提出城市向西发展是基于如下几点考虑：

城市用地选择的原则：合理利用土地，节约土地，在满足城市各类用地对自然条件、建设条件和其它条件要求的同时，对城市发展留有足够的余地，并且城市对外联系更方便。

根据城市用地评价、用地现状和城市发展的趋势，在规划期内城市用地不宜向东、向南发展，东面为水源保护区，南面为南山阻挡。因此，城市用地发展方向以西、北为主，适当向南发展。

表 15-01　用地发展方向分析表

	向西发展	向北发展	向东发展
用地条件	用地平坦、完整、地势开阔	地形坡度大，发展空间小，用地破碎	用地较完整、背离城市物流、交通流方向
交通条件	靠近忻黑公路、岢大公路，公路交通便捷	靠近忻黑公路，公路交通较便捷	靠近忻黑公路，公路交通较便捷，但远离岢大公路，南北向交通不便

	向西发展	向北发展	向东发展
环境条件	西部处于城市下游，为创造宜人环境，奠定了良好基础	受城市用地的限制无法创造良好环境	东部处于城市上游，工业用地受一定限制。
与老城区联系	脱开老城建新城，形成两个独立的中心	依托老城发展	依托老城发展，与老城联系密切
基础设施投资	发展西部地形无需大的改造，但市政设施投资大	地形需较大的改造，但市政设施投资较小	地形需适当改造，但市政设施投资大

根据以上三个方向的分析比较，确定城市重点向西发展、适当向南、北方向发展。

第四节　城市结构与规模

一、城市结构

为保证经济发展、城建发展有序、生态优化三者的协调，城市结构应在宏观上把握合理的用地发展方向与空间分配。

整体结构格局："两区、一廊、一带"，两区即：老城区、蔡家崖新区，一廊即：蔚汾河景观走廊，一带即：新区与旧区之间的生态绿带。

旧区规划结构为：一廊，两片，六组团。一廊为蔚汾河景观走廊，两片为河南片，河北片，六组团为三个居住组团、两个公园、一个工业组团。形成居住、商贸金融中心。

新区规划结构为：一心，一廊，三片。一心为公共服务中心，一廊为蔚汾河景观走廊，三片为河南片，河北片，河东片。新区规划为行政办公、商贸金融及文化娱乐中心。

二、城市规模分析

1. 城市人口现状

兴县城区 1999 年总人口为 4.2 万人，其中：非农业人口 2.1 万人，占总人口的 50%，农业人口 1.1 万人，占总人口的 26.2%，暂住人口 1.0 万人，占总人口的 23.8%。城区 2005 年总人口为 6.5 万人，其中：非农业人口 3.2 万人，占总人口的 49.2%，农业人口 2.1 万人，占总人口的 32.3%，暂住人口 1.21 万人，占总人口的 23.8%。根据以上六年统计结果城区人口综合增长率为 7.55%。

2. 中心城区人口增长机制

城区是城市化进程中非农业和从事非农业活动的人口不断聚集的场所，因此城区的人口增长有别于区域人口的增长，其人口增长取决于如下因素：

（1）城区人口的自然增长，按近几年统计资料分析，城区人口的自然增长率大致在 8‰ 左右。

（2）城区范围内农业人口的转移。由于近年来城市户籍制度的改革，这部分人口在近几年的城市人口增长中占很大的比重。

（3）城区范围的扩大，由于城市的快速发展引起城区范围的不断扩大。

（4）其他地区农业和非农业人口的迁入。由于中心城市具有集聚和辐射效应，城市具有对周边地人口的引力作用。就兴县城区来说，主要对本县行政区划内的其它城镇具有更明显的引力作用。

（5）城区人口预测

表 15－02 县城区人口及其变动情况（2000～2005 年）

项目 年度	总户数	总人口（人）	暂住人口数	自然增长率（%）	机械增长率（%）	非农业人口		农业人口	
						人数	占总人口（%）	人数	占总人口（%）
2000 年	12652	59910	9301	0.76%		22600	37.7%	28009	46.8%
2001 年	12750	60812	9810	0.77%	0.53%	24250	39.9%	26752	44.0%
2002 年	12875	61700	10200	0.97%	0.31%	25950	42.1%	25550	41.4%
2003 年	13000	62611	10610	0.97%	0.39%	27700	44.2%	24301	38.8%
2004 年	13100	63403	11000	0.77%	0.36%	29500	46.5%	22903	36.1%
2005 年	13232	65000	12072	1%	1%	32000	49.2%	20982	32.3%

1999 年城区人口为 4.2 万人，至 2005 年底城区人口为 6.5 万人，其综合增长率为 7.55％，其中包括流动人口 1.2 万人。规划中所预测的区域人口是指居住在或相当于居住在区内，享用和消费区内的水、电、气、路等基础设施的人口总数。它不仅仅含区域的非农业人口，还包括居住在区域内的农业人口和暂住期一年以上的人口。近年来兴县城区人口呈明显加快的趋势，主要因素是城区内农村人口的转移和外来人口的机械增长。

1. 综合平衡法

综合平衡法为按历年人口自然增长率和机械增长率的变化推算预测年份人口的方法，为目前城市人口预测方法中最为普遍的方法。通过对规划期内区域人口的自然增长和机械增长规律进行综合分析平衡，预测出近、远期区内城市人口数。

综合平衡公式如下：

$$P_n = P_0 [1 + (X+Y)]^n$$

P_n——测算期末区域人口

P_0——基准期区域人口

X——测算期内区域人口年均自然增长率

Y——测算期内区域人口年均机械增长率

$X+Y$——测算期内人口年均综合增长率

1999～2005 年兴县城区人口综合增长率为 7.55％，其中自然增长率为 9‰，机械增长率为 6.65％，考虑到前几年农村人口的转移占较大，预测近期（2010 年）城区机械增长率为 4.5‰，远期（2020 年）取 3.5‰。自然增长率近期为 7‰，远期（2020 年）取 5‰。

n——测算年数

计算结果为：

近期（2010 年）城区人口规模为：

$P_{2010} = 6.5 (1 + 7‰ + 4.5‰)^5 = 8.38$ 万人

远期（2020 年）城区人口规模为：

$$P_{2020} = 6.5 (1+6‰+3.5‰)^{15} = 11.87 \text{ 万人}$$

2. 劳动平衡法

$$P_n = \frac{P_0 (1+r)^n}{W}$$

P_n——规划期末总人口

P_0——基年基本人口

r——人口综合增长率，近期（2010年）取6.8‰，远期（2020年）取4.6‰。

w——规划区基本人口比重2010年取28%，远期2020年取33%。

2005年城区在工业，交通运输业单位中工作的人员为18086人。

$$P_{2010} = \frac{18086 (1+6.8‰)^5}{28\%} = 8.97 \text{ 万人}$$

$$P_{2020} = \frac{18086 (1+4.6‰)^{15}}{33\%} = 10.75 \text{ 万人}$$

3. 上位规划要求

根据兴县城镇体系规划预测城区2010年和2020年人口规模分别为8.7万人和11万人。

表 15—03 **综合分析**

分析方法		2010 年		2020 年	
常规分析	综合平衡法	8.38 万	推荐值 8.7 万	11.87 万	推荐值 11.0 万
	劳动平衡法	8.97 万		10.75 万	
	上位规划要求	8.7 万		11.0 万	

综合上述计算，考虑到国家西部大开发，发展西部经济带动中部的方针政策，同时考虑到流动人口的因素。兴县城区2010年取8.7万人，2020年取11.0万人，远景控制12.0万人。

三、城市用地规模

2005年县城建成区总用地412.66公顷，各类用地构成详见现状用地平衡表。现状人均建设用地63.49平方米/人，属Ⅰ级（60.1～75.0）水平。

现状建成区用地构成上，存在用地结构不合理的问题，特别是城市绿化用地过分集中，城市居住用地比重较大，这主要是住宅层数较低和自建住宅用地较多的原因。现状建成区用地布局上主要问题是各类用地混杂、功能分区不明显：另外沿公路建设较快，基础设施配套跟不上，造成交通阻塞等问题。

本次规划期城区人2005年为6.5万人，2010年为8.7万人，2020年为11.0万人。规划城区建设用地2005年为412.66公顷，2010年为737.5公顷，2020年为956.07公顷，人均用地分别为63.49平方米/人、84.77平方米/人，86.92平方米/人，控制在Ⅱ级水平内，考虑到工业用地主要布置在西川循环经济示范区，本次规划除布置少量无污染工业外，尽量压缩工业用地，因此，规划人均用地指标偏低。

规划建设用地增加主要是为适应城市社会经济的发展，逐步调整城市用地结构，改善城市生态环境。规划城市建设用地发展本着节约用地原则，主要采取以下措施：

（1）脱开旧区建新城。现状建成区居住密度很高，居住环境较差，其周边用地狭窄、无法满足城区进一步发展需要。

（2）增加绿地广场。主要是沿河流水系开辟公共绿地及防护绿地，设置绿化广场、公园，改善城市环境，绿地广场布置尽可能做到小、均、匀。

（3）转化村民住房用地。城区周边村民住房用地，随着此部分人口的城市化，其住房用地将逐步转化为城市建设用地，严格控制自建房用地。

（4）预留城市发展用地130公顷。

表15-04 现状城区建设用地平衡表（2005年）

序号	用地代码		用地名称	面积（万平方米）	占城市建设用地的比重（%）	人均（平方米/人）
1	R		居住用地	219.02	53.08	33.69
	其中		住宅用地	211.8	51.33	32.58
			中小学	7.22	1.75	1.11
2	C		公共设施用地	21.82	5.29	3.36
	其中	C1	行政办公用地	9.73	2.36	1.50
		C2	商业金融用地	6.81	1.65	1.05
		C3	文化娱乐用地	0.44	0.11	0.07
		C4	体育设施用地	1.25	0.30	0.19
		C5	医疗卫生用地	2.12	0.51	0.33
		C25	接待用地	0.78	0.02	0.12
		C7	文物古迹用地	0.69	0.02	0.11
3	M		工业用地	14.08	3.41	2.17
4	W		仓储用地	1.87	0.45	0.29
5	T		对外交通用地	2.72	0.66	0.42
6	S		道路广场用地	35.08	8.50	5.40
7	U		市政公用设施用地	1.30	0.32	0.20
8	G		绿地	92.75	22.48	14.27
	其中	G1	公共绿地	53.58	12.98	8.24
		G2	菜地	39.17	9.49	6.03
9	E1		河流	23.52	5.70	3.62
10	D		特殊用地	0.50	0.01	0.08
	合计		城市建设用地	412.66	100.0	63.49

（注：2005年兴县城区人口规模为6.5万人）

第十六章 城市土地利用与空间布局规划

第一节 城市总体布局结构

从现状用地分布态势分析，交通对城区发展起着决定性作用，城市将老城区演变成核心的同时，向西发展，核心的不断扩大充满向外放射的距离也在不断增长，直至达到双心结构。

一、布局结构

城市布局强调轴向分片成组团发展，形成适当分工并相对独立的具有综合型功能的片区结构形式。分片区根据水系划界为主，以及城市集中成片发展的原则，将城市总体规划范围内的建设用地发展成相对独立的"一带双心"结构形态。

二、用地布局原则

1. 建设完善的公共设施和配套服务设施体系。
2. 完善城市道路交通系统，在建立系统的前提下，形成可识别的城市界面。
3. 综合考虑城市景观和生态系统的要求，完善城市绿地开放空间。

三、城市用地现状及存在问题

1. 用地指标

2005 年兴县城区城市建设用地 412.66 公顷，人均建设用地 63.49 平方米。根据国家《城市用地分类与规划建设用地标准》，处于规划人均建设用地指标分级的第Ⅰ级（人均用地 60.1~75.0 平方米）。人均用地明显偏低。

2. 现状用地结构和布局特点

城市结构呈单中心格局，城市形态表现为沿河道指状延伸。城市结构松散，分区不明确。

城市中道路广场、市政公共设施等用地所占比例和人均指标均低于国家标准，绿化用地分布不均匀，说明兴县城市发展仍处于较低的层次，基础设施薄弱，城市经济欠发达。

城市主要商业设施、行政中心等均集中于老城区，城市结构呈单中心格局，针对兴县城区山水分隔的自然状态和发展扩大的趋势，城市单中心格局制约了城市的发展和城市框架的展开。

四、用地布局结构

城市建设要发挥全县交通枢纽和政治经济文化中心的优势，构建"一带双心"沿河发展的框架，要在旧城改造的基础上，主要以新区建设为主。形成"两横多纵"的城市道路主框架。

第二节 居住用地规划

一、现状问题

1. 目前，居住用地分布状态以老城区为主，西、南、东三个方向零星分布。居住用地分散，与工业用地混杂布局。主要原因之一是现状大多数住宅是由老百姓自己修建，没有经过规划。另一个原因是由于行政范围划分使一部分农民住宅划入市区范围。

2. 城区现有住宅质量较差，形式单一，缺乏规划，并多以私人住房为主，造成住宅形式单一，居住环境差。

3. 没有完整的居住区，居住区的配套设施极不完善。

二、规划原则

1. 面向二十一世纪，坚持居住区规划建设的高标准、高起点，结合不同区位、不同自然条件，建设不同类型的现代化居住区和居住小区。

2. 新区建设与旧区改造相区别。新区建设以配套完善、环境优美为目标，各项设施应争取一步到位。旧区以完善路网及配套设施、改善环境增加绿地为基本目标，争取在本规划期内使旧区交通及公共设施配套问题得到解决。

3. 加强对村民点的改造，逐步使村镇住宅向城市型居住区方向转变，增加公共设施用地，逐步提高土地利用率，增加绿地，改善环境。

4. 按居民的不同生活需求，分级配置各级公共服务设施，形成相对集中的综合服务中心，使生活居住区功能明确，建设有序、方便生活、便于管理。

5. 住宅建设与居住区环境建设同步进行，居住区开发建设应做到统一规划设计、统一施工、统一管理。因地制宜组织生活居住区内各种建筑物、绿化植物和自然环境条件。

三、居住用地发展趋势

在新的体制下，我国住宅建设在规划、设计方面出现了许多新的趋势，其中突出的特点为：

1. 由单一化的较为呆板的自上而下的计划模式，逐步向多元化、民间化转化。

2. 住宅的商品化趋势日趋明显，住宅建设已成为房地产的一个主要组成部分，住宅商品的市场营运吸引了群众参与住宅商品流通。

3. 住宅的社会供求与分配已开始多方位运作，即在继续解决"有无"的同时，使居民有较多的自我选择机会。

4. 居住用地设计在选址、标准，尤其是营利性设施的设置等方面，更多地受到市场的指导。

5. 居住环境建设更多的开始注重文化、生态质量。

四、居住用地布局

1. 近期（2010 年）规划居住用地 278.83 公顷，占城市总建设用地的 37.8%，人均居住用地 32.05 平方米。

2. 远期（2020 年）规划居住用地 403.14 公顷，占城市总建设用地的 42.14%，人均 36.65 平方米。

综合考虑居民的不同居住消费层次的需要，以及房地产开发对城市住宅建设的影响等因素，远期居住用地分两种类型：

◆一类为居住用地：主要为多层住宅区，局部地段结合城市景观可考虑建部分小高层，居住环境优美、安静、舒适、交通便捷。容积率控制在1.0左右，绿地率在35％以上。小高层类居住用地主要考虑布置在新区。

◆二类为商住用地：主要在沿街部分地段，底层作为商业使用，其它几层为住宅，容积率控制在1.5以下，绿地率30％以上。

3. 住宅建设应充分利用自然地形，在避免破坏场地自然生态环境的基础上，按照整体布局合理、场地之间风格协调、空间连续、便于邻里交往、有利于物业管理的原则编制详细规划，以住宅小区和组团形式开发建设。住宅日照间距按新区不低于1：1.60，旧区改造不低于1：1.50。

住宅小区按规模配备公共服务设施。商业设施布置在居住小区外围的临街入口地段。其它设施布置在小区内部，像公共厕所、垃圾桶等附属设施应避免与主要人流活动场地产生矛盾，在其周围用绿地作屏障。住宅用地宜根据居民的使用功能划分动区和静区，动静分离，中心设置绿地并进行功能分区，提供休闲及活动的设施和场地。新建住宅的公共绿地率不应低于35％。旧区改造的公共绿地率不应低于30％。在城市规划区范围内的村庄，必须严格执行城市用地标准。

第三节 公共设施用地规划

一、规划原则

1. 根据兴县现状城区的特点，对原有的公共设施进行改造，城区各组团依据各自所处的地位和不同的发展侧重点，配套相应的公共设施，形成紧密结合的各级中心区，强化城区的中心职能，反映时代特征。

2. 建立多级公共设施系统，使城区各级公共设施形成层次分明、相对完整的体系。

3. 城区公共设施规划从积极发展城区第三产业的层面出发，在总体规划中将城区各项设施建设纳入城区经济发展战略的大框架之中，统筹考虑各项公共设施的规模与内容，布局应与城区向现代化生活迈进相适应。

4. 合理布置各类公共设施，使其与居民生活、就业协调一致，同时又相对集中，便于经营管理和联系。

5. 重视对公共建筑群的城市设计，注意塑造富有地方特色的公共建筑景观区，丰富城区市容景观。

6. 公共建筑的分布及内容和规模的配置应与不同建设阶段的城区规模、居民生活条件的改善过程相结合，合理安排好城区公共建筑项目的建设时序，预留后期发展的用地。

二、规划布局

1. 存在问题

旧城区内部分道路路边乱设摊点现象较为严重，办公、商业、交通混杂，互相干扰，行政办公用地过于分散，与其作为兴县核心机构所在地不相协调。城区政府办公楼设施较为陈旧，用地不足，需另选址新建。

2. 行政办公用地布局

规划近期行政办公用地 12.97 公顷，占城市总建设用地的 1.76%，人均 1.49 平方米；远期用地 12.97 公顷，占城市总建设用地的 1.36%，人均 1.18 平方米。行政办公用地现状布局比较分散，不利于日常联系。

为改善办公环境，在蔡家崖新区北侧台地上规划集中的行政办公区，形成一个相对集中的行政办公区，以适应建立公共财政报帐制、行政单位联合集中审批制度和行政办公信息化制度的推广，使政府真正成为公开、高效、廉洁、快速的运行体制，提高办事效率。逐步将办公集中，远期可考虑建设集中办公大厦，便于各种行政审批一楼完成。该地段背山面水，视线开阔，处于新区的视觉中心。旧城区可保留少量办公用房，其它办公用地可改作商业或接待用地。

3. 商业金融用地

规划近期商业用地 59.34 公顷，占城市总建设用地的 8.0%，人均 6.82 平方米；远期用地 76.57 公顷，占城市总建设用地的 8.0%，人均 6.96 平方米。旧城区现状商贸金融用地主要分布于晋绥路、人民路，形成县级商贸中心。规划保留商贸金融用地。晋绥路重点是要加强和提高服务质量，改造人民路，形成商贸服务步行街，在居住区内规划布置相应规模的商业服务设施，方便居民生活。

人民路应注重营造商业气氛，形成连续营业面，合理组织人流，建立连续的步行系统。商业街场地的灯光、标志、招牌设施应整体有序，注重整体形象和商业气氛。现状商业金融主要是沿城市主干道布置，这种布局随着城市规模的不断扩大，会对城市交通造成较大干扰，蔡家崖新区规划将商业、文化娱乐、体育用地适当集中，形成较大的商业组团，在商业组团周边留足公共停车场，商业建筑形成点、线、面相结合的布局形式，这既利于形成重要街区的景观效果，又避免人流对交通的过度干扰。

在新区蔚汾河南岸规划集中的商贸批发市场，该地段紧邻长途客运站，对内对外交通便捷，该用地相对开阔且独立，留有足够停车场及市场管理用地。

4. 文化娱乐用地

规划近期文化娱乐用地 54.82 公顷，占城市总建设用地的 7.43%，人均 6.30 平方米；远期用地 56.65 公顷，占城市总建设用地的 5.93%，人均 5.15 平方米。县城现有电影院、图书馆、职工俱乐部，文化馆各一处。针对现有文化设施落后，陈旧和不配套的状况，为提高社会科学文化水平，给市民、青少年的科学文化活动提供一定的场所，规划在新区中心部位规划集中的文化娱乐用地，周边布置青少年活动中心、中老年活动中心、歌舞厅、健身房等文化娱乐设施，以对内服务为主，同时兼有对外服务的功能。提高档次，健全服务功能，满足群众文化活动对空间的各种需求。

5. 教育科研用地

规划近期教育科研用地 28.87 公顷，占城市总建设用地的 3.90%，人均 3.31 平方米；远期用地 34.67 公顷，占城市总建设用地的 3.63%，人均 3.15 平方米。兴县城区现有职业学校 2 所，有中学 4 所，小学 6 所。随着城市规模不断扩大，规划除保留晋绥中学外，还将在新区规划高中一所，其服务范围除城区外，还将服务于整个县域。保留旧区高中一所，规划中学 4 所，其中新区 2 所，旧区 2 所，小学 7 所，其中新区 3 所，旧区 4 所。在新区和旧区各规划一处成人教育用地。

6. 医疗卫生用地

规划近期医疗卫生用地 3.43 公顷,占城市总建设用地的 0.47%,人均 0.39 平方米;远期用地 3.43 公顷,占城市总建设用地的 0.36%,人均 0.31 平方米。县城现有医院、防疫站五所,对现有的医疗卫生机构予以保留,旧区主要改造现有的陈旧建筑及落后的医疗设施,随着城区的不断扩大,其用地面积需有所扩大,并做到医疗资源平衡利用。在新区西北侧规划一处综合医院,规划用地 2.0 公顷。

7. 体育设施用地

规划近期体育设施用地 3.73 公顷,占城市总建设用地的 0.51%,人均 0.43 平方米;远期用地 9.12 公顷,占城市总建设用地的 0.95%,人均 0.83 平方米。现有体育设施由于所投入的体育经费相对较少,从而影响了体育事业的发展,体育竞技方面也相对受到了影响,体育设施水平有待提高。县城内尚无大型室内运动场,体育设施数量不足,缺乏如游泳池、溜冰场等,规划在新区蔚汾河北岸布置一处体育用地,占地 2.24 公顷,要求设施完善,设备齐全,建成集体育训练与居民日常活动使用一体的体育中心,包括田径场、体育馆、游泳馆和健身房,要求现代化水平较高,配置一批先进的运动器材。各居住片区配备一套规模的体育运动器材。沿蔚汾河两侧绿带可作为居民健身活动之地。

8. 接待用地

规划近期接待用地 7.84 公顷,占城市总建设用地的 1.06%,人均 0.90 平方米;远期用地 8.77 公顷,占城市总建设用地的 0.92%,人均 0.80 平方米。现有接待用地 0.78 公顷,占城市总建设用地的 0.02%,人均 0.12 平方米,接待用地不足,不能满足兴县旅游发展需要,规划除对现有设施进行改造外,将县政府搬迁后的用地作为接待用地,在新区结合规划的长途车站及公共服务中心布置两处接待用地。

第四节 工业仓储用地规划

一、存在的问题

(1)产业低层次化:工业集中度低,污染严重,传统产业占主导地位,中小企业占主体。

(2)企业发展缓慢,设施陈旧。

(3)企业管理模式低下,工业区位环境差。

(4)部分工业企业与居住用地混杂布置,影响居民的居住环境。

二、规划原则

(1)结合产业结构调整,实施规模化生产、集约化经营,推进工业园区化。

(2)充分考虑工业区生态环境,坚持工业发展与城市环境保护并重的原则。

(3)合理安排生产和生活之间的关系,通过工业区与居住区合理布局,一方面减少两者之间的相互干扰,同时,考虑居民上下班的便捷性,有效解决上下班高峰期交通拥挤的问题。

(4)工业区具有便捷的内外交通的联系,并注意节约用地。对老城区的工业企业效益差、污染大的企业单位逐步搬迁改造到西川工业区。

三、工业用地布局

建成区现状工业是以冶炼、化肥、副食品加工等工业类型为主的重工业结构。现状工业用地14.08公顷，占城市建设用地的3.41%，人均用地2.17平方米。工业用地的主要问题是布局分散、混乱，分布于建成区东、西两头，部分工业位于城市的上风向和城市生活饮用水水源地，对城区污染十分严重。

规划近期工业用地共计23.74公顷，占城市总建设用地的3.22%，人均2.73平方米。规划远期工业用地共计23.74公顷，占城市总建设用地的2.48%，人均2.16平方米。根据兴县城市经济发展战略和城市总体布局的要求，针对城市工业现状存在的问题，规划期内对处在城市上风向且污染严重的工业予以撤迁和关闭。工业发展的方向是调整和优化产业结构，着重发展占地少、污染轻、低耗能、低耗水的农副产品深加工，积极发展技术含量高的科技型企业。将现有有污染企业逐步搬迁，在旧城区西部规划少量工业用地，主要是小杂粮或农产品加工等无污染企业，这有利于新区、旧区居民上下班，规划工业用地集中布置在西川循环经济示范区，用地适当集中，形成积聚效益，且该地段有丰富的水、电能源，通过区内交通将工业区、蔡家崖新区、旧城区相连接。

四、仓储物流用地规划

1. 存在问题
（1）仓储用地面积不足，无法满足城区发展的需要。
（2）目前仓库多为产业企业单位内部自用库房或堆场，专用仓储用地匮乏。
（3）现有仓库设施水平普遍较落后，须继续改造更新，建设现代化物流仓储中心。

2. 规划原则
（1）强化仓储用地与对外交通设施及城市道路交通的联系，便于货物的储运、中转和流通。
（2）仓储用地与服务对象相联系，依据经济发展和城市结构的调整，配置足够的仓储用地。
（3）对燃气危险品设立专门仓库，保证城区的安全性。

3. 仓储物流用地布局
近期规划仓储用地2.29公顷，占城市总建设用地的0.03%，人均0.26平方米。
远期规划仓储用地2.29公顷，占城市建设用地的比例0.02%，人均0.21平方米。
结合旧城区工业用地布置仓储用地，城区内不规划大规模仓储用地。蔡家崖新区结合批发市场规划物流用地。

表 16-01 城区远期规划用地平衡表（2020年）

序号	用地代码	用地名称	面积（万平方米）	占城市建设用地的比重（%）	人均（平方米/人）
1	R	居住用地	403.14	42.14	36.65
	其中	住宅用地	390.02	40.79	35.46
		中小学	13.12	1.37	1.19

序号	用地代码		用地名称	面积（万平方米）	占城市建设用地的比重（%）	人均（平方米/人）
2	C		公共设施用地	202.95	21.23	18.45
	其中	C1	行政办公用地	12.97	1.36	1.18
		C2	商业金融用地	76.57	8.0	6.96
		C3	文化娱乐用地	56.65	5.93	5.15
		C4	体育设施用地	9.12	0.95	0.83
		C5	医疗卫生用地	3.43	0.36	0.31
		C25	接待用地	8.77	0.92	0.80
		C6	教育科研用地	34.67	3.63	3.15
		C7	文物古迹用地	0.77	0.08	0.07
3	M		工业用地	23.74	2.48	2.16
4	W		仓储用地	2.29	0.02	0.21
5	T		对外交通用地	26.07	2.73	2.37
6	S		道路广场用地	143.41	15.0	13.04
	S1		道路用地	131.83	13.79	11.98
	S3		社会停车场用地	11.58	1.21	1.08
7	U		市政公用设施用地	14.85	1.55	1.35
8	G		绿地	138.62	14.5	12.60
	其中	G1	公共绿地	82.04	8.58	7.46
		G2	防护绿地	56.58	5.92	5.14
9	D		特殊用地	1.0	0.01	0.09
			城市建设用地	956.07	100.0	86.92
	E		河流	62.87		
			合计	1018.94		

（注：2020年兴县城区人口规模为11.0万人）

第五节　旧城改造

一、现状

　　旧城是城市建设发展的历史遗迹，旧城区的形成，反映了各个不同历史阶段发展的轨迹，同时也积累了历史遗留下来的种种矛盾和弊端，它与现代化城市的要求相差甚远。

　　兴县旧城主要集中在城区的中心部位，旧城区普遍存在着"脏、乱、差、挤"的现象。

　　（1）脏：由于房屋简陋，无卫生设施，道路高低不平，下水道小而不畅，排水系统为雨污合流，加重了对蔚汾河的污染，卫生条件难以改善；

（2）乱：工厂和住宅混杂，公共设施小而分散在住宅群中，城区所有各村均无规划可循，呈"自由式"的无序建设，由于从根本上忽视了建筑日照、消防间距等要求，致使多数地带存在消防隐患。道路狭窄，人车不分，犬牙交错，功能布局不合理，交通状况混乱；

（3）差：老宅大都为二、三层砖石结构，年久失修，成了危房；村民用房凌乱不堪，配套设施匮乏；

（4）挤：道路狭窄，交通拥挤，住宅缺少卫生和消防设施。小学、托幼等基础教育设施规模偏小，停车场基本为零，许多地段消防车不能通行，建筑密度甚高。

二、改造原则与办法

1. 原则

（1）加强维护、合理利用、统一规划、分期建设、逐步改善的原则；

（2）坚持"以路带房、以房养路、统一规划、综合开发"的方针，充分发挥各方面的积极性，分期实施，滚动发展，量力而行，优先对危房进行统一改造；

（3）完善城市基础设施，加大基础设施的投入，以适应建设现代化城市的需要；

（4）保护和挖掘有价值的文物古迹和人文景观，保护具有晋绥地方特色的建筑风格。

2. 改造办法

（1）旧城的改造不仅是改变旧城面貌的需要，更是强化中心区职能的需要，应是中、远期建设的主要目标。要加强开发的力度和广度，利用区位优势，通过土地级差和容积率优惠等措施，鼓励开发商投资公益事业、基础设施建设和道路绿化工程。蔚汾河两岸绿化可与中心文化广场、沿街地块结合开发，并给予政策优惠。要严格按城市布局结构中有关城区中心片的规划，调整用地布局，成片改造。

（2）旧城区的住宅，在统一规划的前提下，有步骤地分期分批进行改造，要动员各方力量，鼓励开发住宅微利房，并以改善居住环境为重，禁止私搭乱建、随意加层。

（3）加强旧城改造管理的力度，成立旧城改造指挥部，统盘考虑改造实施计划、土地批租出让和城市基础设施的建设，使房地产开发建设顺利有序地进行。未能成片改造的地区，应加强维修力量，改善居住质量和环境质量。

三、文物保护

1. 历史文化村落的保护

历史文化遗存富集的蔡家崖镇属省级历史文化名村，古村落应控制建设，保留特色，发扬光大。

近期要根据村落的现状用地规模、地形、地貌及周围环境影响因素，确定它们的保护范围、层次、界线和面积；根据保护范围内建筑的现状风貌、规模年限、考古价值等情况，对建筑特色进行保护整治；根据村落的街巷现状格局形态，在保持原有历史风貌的前提下，对街巷的空间尺度、街巷立面和铺地形式提出保护整治要求；针对核心保护区内重点地段和空间节点采取具体保护整治措施；基于保护角度，对村落建设规划中与历史环境保护有影响的规划内容进行适当深化调整。

2. "一馆一园"革命历史文化保护区的保护

（1）处理好保护与利用的关系，充分利用保护区内的建筑和设施，使保护区与城镇功能发展相适应。

（2）调整历史文化保护区的用地结构，减少居住用地，增加三产用地，晋绥边区革命纪念馆和晋绥解放军区烈士陵园都属国家级文物，其用地范围外 100 米为建设控制区，胡家沟明代砖塔属省级文物，其用地范围外 50 米为建设控制区。

（3）保护空间视廊。对文物保护点与城区制高点、城市公园等视线通廊区域的建筑要控制其高度。

第十七章　城市绿地景观规划

第一节　园林绿化系统规划

一、城区园林绿地现状分析

兴县城区现状绿地总面积为 69.01 公顷，人均绿地面积为 8.24 平方米/人，城区绿化主要构成为公园和苗圃等，整个城区绿化属于低档水平。

表 17-01　**中心城区城市绿地规划指标**

项目		现状	近期（2010 年）	远期（2020 年）
城市绿地总面积（公顷）		92.75	121.86	138.62
其中	公共绿地	53.58	78.44	82.04
	防护绿地	39.17	43.42	56.58
人均公共绿地面积（平方米/人）		8.24	9.01	7.46
人均防护绿地面积（平方米/人）		6.03	4.99	5.14

1. 公共绿地

兴县城区较大的公园仅有一个，无广场和街头小绿地。公园位于城区南部，主要为自然绿化，活动设施较少。

2. 生产防护绿地

兴县城区现有生产菜地约 39.17 公顷，主要分布于城区的边缘地带。

城区现有防护林绿地面积 3.54 公顷，主要集中在蔚汾河两侧。

二、主要存在问题

1. 现状绿化基础差，技术设施落后

兴县园林绿化事业的落后状态主要表现在园林绿化标准很低，维护管理水平不高，园林绿地质量差，效益不好。城区绿化不成体系，由于基础较差，绿化发展不平衡。

2. 园林经济单一，维护建设资金困难

长期以来，园林绿化作为公益事业，缺乏有力的财政支持。园林经济单一，城市绿化维护只有投入，苗木花卉在目前情况下多为计划生产，供城市绿化美化需要，商品率低，也需补贴。园林绿化事业资金短缺，难以达到城市配套均衡发展的要求。

3. 破坏绿化成果，侵占绿地之风相当普遍

在兴办第三产业时缺乏必要的规划，形成城区重要道路两旁家家破墙、户户开店的局面，造成沿街绿化的破坏，破坏了城市绿化的完整性。

三、城区园林绿地系统规划

1. 园林绿化指导思想与原则

以改善城区生态环境为宗旨，以提高城市居民的生活质量和投资环境为目标，以园林城市为标准，加强各层次绿地系统的建设，全面整体提升公共绿地、专用绿地、街坊庭院绿地、街道绿地、园林生产防护绿地的标准、质量和水平。

规划原则是：

（1）形成完整的园林绿地系统

根据不同绿地的使用功能，做到点（分布面广的小块绿地）、线（街道绿化、滨河绿带、林荫道）、面（公园、花园、小游园）相结合，使各类绿地连接成为一个完整的系统，以发挥园林绿地的最大效用。

（2）公共绿地建设结合居民生活

公共绿地的建设选址应在城区均匀分布。在提供良好游憩环境为主的前提下，逐步实现绿化与文化娱乐、生产科研、科普教育设施的结合。

（3）注重小游园的建设

小型游园有着用地小、投资少、建设期短、便于居民就近活动、休息的优势，因此其利用率高，建设相对较为灵活，是短期内提高城市人均绿化水平的捷径。建设时尤其应当注重与居住区设计和道路绿化的联系。

（4）丰富道路绿化

城市道路不仅是交通联系的通道，同时又是展示城市形象的窗口。道路绿化既起着优化道路环境质量、隔离噪声和烟尘的作用，还是道路及城市美化的主要承担者，对提高城市绿化覆盖率有重要作用。因此，在道路绿化建设时，一方面，应根据道路上的交通性质采用相应的树草种；另一方面，按照道路在城市整体、局部地区的各自作用，同时结合道路两侧的用地性质选择树种和种植方式。

（5）因地制宜，和自然环境协调

充分利用城区内现有的各类自然山体、水体、破碎地形以及不宜建筑的地段，争取用相对较少的投入，将它们组织到园林绿地系统中去，构成丰富多彩各具特色的绿地空间。

2. 规划布局

点面绿化：是指各级公园、街边绿地、游园。

公园：

市区内规划建设大中型公园 6 个，公共活动广场 6 个，保证每一个片区居住组团内都至少有一座公园，服务半径为 800 米的步行距离；并通过生活性绿色通道相连接，绿地系统形成一廊带多点的结构，由蔚汾河形成的绿廊串起各个绿化结点。

小型公共绿地：

小型公共绿地应统一部署安排，严格控制用地，从而保证园林城市应当具备的水平。目标是建设一批面积大约为 0.4 公顷的小型绿地，兼有休憩与娱乐场地，配备老年健身和儿童娱乐设施，布局基本接近居住小区的中心，使居民步行 300～400 米就可到达。考虑到兴县的房地产在居住区层面的大规模开发较少，零星小量开发会比较多，单个房地产商不可能按照居住区规划的要求进行完整的绿地系统建设。因此，这类街区小绿地的建设用地应当给于充分的重视和保证。

根据居住区规划定额指标，居住区类绿地以每人 2～4 平方米规划，并按照居住区——居住小区——组团三级布置。此类绿地以植物造景为主，小品为辅，严格控制建筑物体量，给居民提供更多展现自然景观的绿树成荫和色彩缤纷的鲜花草地。规划设计时，应尽量能与邻近的道路绿化及公共绿地体系联系起来。

（1）滨河绿化：滨河绿化是城区绿化体系的一大特色，可以作为近期建设的重头。尤其是蔚汾河两侧沿河大道的带形绿地，作为生活性岸线的一部分，功能上可大致分为生态防护、休闲、景观游乐等功能。

（2）环状绿化体系：是指在道路红线内以及道路两侧红线外对道路环境、安全、景观发生明显作用的绿地。根据不同的道路性质、断面形式、在城市整体或局部地区发挥的作用，结合道路两侧的用地性质，营造实用美观、各具特色、整体统一的街道环境。

防护为主：

规划中的忻黑公路。由于货运与过境交通对环境与居民生活的影响，在此类道路红线以外控制 10～20 米的绿带。绿带种植对粉尘噪音有较好隔绝作用的防护性绿化，兼有美观性，整体上形成城市外围的第一层绿环。

景观为主：

城区内的城北路、忻黑路主要定性为连接各组团片区间、生活区与工业区间交通的生活性道路。在道路红线以外，控制 8～10 米的绿化带。绿化带兼顾观赏性与休闲娱乐的结合。一来可以提供优良的步行环境，二来美化城市景观，造就城市特色空间。因而，在设计上可以偏重于观赏性绿化的种植，同时结合各种街角街边小游园的穿插分布，优化人行道环境，形成步行系统。

（3）生态绿地（风景林地）：指对城市生态环境质量、居民休闲游憩、城市景观和生物多样性保护有直接影响的区域。

规划建成区内的生态绿地主要集中于南、北两侧的山地区域，应尽量保持其原有的林地风貌以及物种资源，但允许结合小游园的建设进行适当的改造。使其能在改善城市生态环境、增添城市风景、丰富人民生活中发挥积极的作用。

蔚汾河两岸沿线河滩各控制约 15 米左右宽的生态保护带，应进行严格的管理，使其不受滨河绿带中各类活动的影响。

（4）生产防护绿地体系：是指包括苗圃、花圃、果园、林场、各类防护林带（卫生、风沙、水土等防护林）。主要做好滩涂的利用。

3. 园林城市建设标准

按照 1996 年建设部修订的《园林城市评选标准》，要实现城区园林化的目标。

（1）规划得到严格管理和实施，城市公共绿地、居住区绿地、单位附属绿地、保护绿地、生产绿地、风景林地及道路绿地布局合理、功能齐全，形成统一完整的系统，取得良好的生态、环境效益。

（2）充分保护和利用城市依托的自然山川地貌和郊区林地、农业用地，将城市绿地系统同国土绿化紧密联系，把城市当成一个大园林进行规划、建设和管理，形成城乡一体的优良环境。改善城市生态、组成城市良性的气流循环，促使物种多样性趋于丰富。突出城市文化和民族传统，文物古迹及其所处环境得到保护，保护古树名木，形成城市的自然、文化风貌特色。

（3）城市绿化覆盖率不低于 35％，建成区绿地率不低于 30％，人均公共绿地面积不低于 6平方米。

（4）城市公园绿地布局合理，分布均匀，设施齐全，维护良好，特色鲜明。各区间的指标差距逐年缩小。公园设计突出植物景观，绿化面积应占陆地总面积的 70％以上，绿化种植维护管理正常，能够满足人民休息、观赏及文化活动需要，社会评价良好。逐步推选按绿地生物量考核绿地质量，不断提高绿化水平。城市重点园林的设计、建设、管理达到全国先进水平。

（5）城市街道绿化普及率达 95％以上，城区干道绿化带不少于道路总用地面积的 25％。

（6）居住区绿化普及。新建居住小区绿化面积占总用地面积的 30％以上，辟有休息活动园地，改造旧居住区绿化面积也不少于总用地面积的 25％。城区出现一批园林式居住区。居住区园林绿化养护管理资金落实，措施得当，绿化种植维护落实，设施保持完善，方便居民，反映良好。

（7）市内各单位普遍搞好绿化美化工作。开展"花园式单位"、"园林化单位"或"绿化美化先进单位"评选活动。标准科学合理，制度严格。涌现出大批先进单位，绿化达标单位占 50％以上，先进单位占 20％以上。各单位和居民个人积极开展庭院、阳台、屋顶、墙面和市内的绿化美化活动，水平不断提高，取得良好效果。

（8）按照城市卫生、安全、防灾、环保等要求建设防护绿地，落实维护管理措施，城市热岛将得以缓解，环境效益良好。搞好城市环境综合治理，大气、水环境良好，各项环保监测指标均不超过规定标准。

（9）全市年年完成义务植树绿化任务，成果显著。植树成活率及保存率均不低于 85％。

（10）城区园林绿化行政主管部门的机构完善，职能明确，管理法规、制度健全、配套，管理落实、有效。园林绿化维护管理队伍和资金落实，绿地维护良好，杜绝侵占绿地、破坏绿化成果的严重事件。

（11）城市领导重视绿化美化城市环境，改善城市生态工作，指导思想明确，实施措施有力。

第二节　景观系统规划

一、城区景观现状评价

兴县城区背山面水，有丰富的自然景观资源，现状城区建设还未形成一定的景观体系。因未经过详细规划设计、体现地形特色的景观节点仍然缺乏。

沿蔚汾河两岸，建筑、绿化相结合，以远处的山体为背景，以地势的高低起伏为条件，构成较为优美的景观界面和天际轮廓线，一定程度上体现了兴县的城市特色。旧城区中沿晋绥路与福胜街布置了主要的公共建筑，是两条体现兴县城市建设风貌的景观轴线。

现状城区景观体系主要有以下不足：

（1）景观要素缺乏合理的组织和协调，不成体系。

（2）晋绥路和紫石街是城区的重要轴线，但是建筑布局缺乏统一的组织，其重要性没有得到很好的体现。城区中重要标志物的周边地段景观也有待于进一步的完善。

（3）城区绿地缺乏，尤其是公共绿地，不利于创造良好的城市景观。

（4）城市中的山体和水面，尤其是蔚汾河沿岸地段没有相应景观组织，城区中良好的自然景观资源没有得到很好的利用。

表 17-02　兴县城区主要公共绿地规划一览表

	名　称	面积（公顷）	级　别	性　质
城市公园	南山公园	47.05	县级	综合公园
	植物园	9.61	县级	专题性
	儿童公园	6.63	县级	专题公园
	体育公园	2.89	县级	综合性公园
	雕塑公园	1.44	区级	专题公园
	红色文化公园	2.31	区级	专题公园
绿地广场	行政广场	1.62	区级	休闲广场
	市民广场	3.46	区级	休闲广场
	科技广场	0.68	区级	休闲广场
	文化广场	0.40	区级	休闲广场
	商业广场	0.69	区级	休闲广场
	纪念广场	1.10	区级	休闲广场

二、市区景观系统规划

1. 规划原则

（1）景观建设与经济、适用的统一

城市景观建设必须在适用、经济的前提下来考虑。如果牺牲适用、经济的要求，单纯追求视觉效果，则只会给城市建设带来压力。

（2）整体与局部、重点与非重点的统一

城市景观布局应是一完整的有机整体，局部服从整体，整体综合局部，重点突出，又能"点"（指城市景观布局的构图中心，如城区中心及主要活动中心等。）、"线"（指道路、河流、绿带等）、"面"（指园林绿化地区和居住区等）相结合。处理好构图中心的"点"，能使整个城市或城市中某一地区的面貌，获得良好的变化。点、线、面结合起来，形成系统，互相衬托，能获得完整的艺术效果。

（3）景观建设与施工技术条件的统一

景观设施的建设必须遵循现有的技术条件，使施工简便，节约投资。

（4）景观建设与地方特色的统一

景观创造应尽量结合原有的自然人文条件，通过保留、利用、改造多种手段，塑造加强城市整体和局部的鲜明特征。

2. 规划目标

紧密结合兴县生态园林城市的目标，充分利用和发扬兴县原有的自然人文特色，以城市绿化建设为骨架，高质量的特色街区建设为主要内容，新颖的节点地标建设为点缀，形成亲水依山，以绿为主，内容充实，形象鲜明的城市整体印象。

3. 规划布局

（1）城市自然景观特色

城市的景观风貌是自然景观与人文景观的有机结合，通过城市的建筑、街道、广场和绿地等体现，使城市具有优美的景观、宜人的环境和鲜明的特点。城区南北为山，东西沿蔚汾河生长，城市得山之气势，水之灵性自然条件十分优越。规划中充分利用南北向的多条冲沟"绿楔"，结合沿河绿化、广场绿化、林网、公园绿地等与城市道路绿化相通，使整个城市绿地成为一个整体，让人们与自然息息相通，使绿色风貌与现代城市多情多致，相互映衬。

（2）特色街区

特色街区是城市景观的主角。如商业街、文化中心、行政中心等地段，是公共活动最为集中的地方，同时也是最能展示城市面貌给人以深刻印象的中心。集中力量进行特色街区的建设往往可以对整个城市的景观与生活起到积极的推进作用。

商业街：晋绥路与紫石街这两条商业街是目前区内商业发展相对发达的街区，拥有一定的行业基础与知名度。在位置上，它们均位于旧城区的中心地带，这两条商业街有条件吸引整个城区以及外来的消费者，从而发展成为城区内最主要的商业街和引导进入城市中心的标志。因此，商业街两侧的建筑及构筑物面貌应作统一的要求，使造型与色彩整体协调，空间收放有序，富于节奏和韵律。商业街在道路设计方面更应加强步行环境的营造，绿化、街道设施的设计选型布置都应作统一的规划。

商业中心：行政中心南侧为全区商业活动最为集中的点。这里的建筑群体无论从心理认知还是从视觉景观认知上讲，作为城市中心的地位毫无疑问会得到不断加强。因此，考虑到中心作为城市的标志，其建设应在考虑经济效益的同时加强其在整个城市景观功能方面的地位和作用。

文化中心：文化中心位于蔡家崖新区的中心部位，南接滨河绿化、北接体育公园。成为城区文化生活最为集中的街区，形成文化气息浓郁、环境优美的特色地段。设计与建设时应注重各文化设施及其周围空间、环境的综合统一布置，既形成相互独立的功能区，又使各个分散的空间得到整合与有效利用。

行政中心：行政中心规划位于蔡家崖新区的台地上。与行政广场、居住区商业中心、体育中心、停车场等公共设施，一起形成新区的公共活动集中场所。中心在设计上，应考虑开放性与公共性的特点，使之更接近市民生活。

滨河休闲区：蔚汾河是城区景观的最宝贵资源，位于河畔的绿化景观与休闲活动是展示城市景观与活力的又一特色片区。根据园林绿化系统的规划，滨河绿地在功能上分为不同地段，因此在景观处理上应结合各段的功能，在统一中寻求变化。绿化休闲带串联着文化中心、公园、滨河广场多项公共活动场所，因此在建设以绿色为主环境基调的同时，还需对步行空间作系统的设计，使得人们可以舒适方便地使用沿线各公共设施。设计时尤其应注重防汛墙的艺术处理，最好能使其与整个环境融为一体，成为可以供日常使用、视觉美观的一个部分，防止显得过于突兀。

滩涂休闲区：在绿化系统规划中，对于滩涂的利用已有谈及。从景观上讲，滩涂区并不要求在视觉上取得非常优美的效果，但对滩涂地有效利用的本身也是城市的一种特色。

（3）道路景观组织

道路在城市中不仅起着交通联系的作用，同时还是城市景观的重要组成要素。道路的方向、城市路网的形式、道路沿线的建筑、树木等要素等，都对城市形象发生重要的影响。

景观道路：景观道路在这里指的是在其沿线有较多的景观绿化，通过道路，可以将各种景观有序地组织起来，并能有效地展现出来的城市道路。新区内的几条主要道路有条件发展成为景观道路。首先，它们都拥有良好的对外交通条件；同时它们位于城区的中心位置，是主要的生活性联系道路。其次，它们沿线的景观资源丰富。城北大道由西向东依次经由规划中的山体住宅区、商业街、自然山体，结束于滨河广场。行政中心西侧的规划路自南至北依次经过接待区、商业街、文化娱乐中心、体育中心，结束于行政广场。在这些道路上行进，可以产生移步换景的效果。根据景观片区的不同功能特色，道路绿化、设施在整体统一原则下局部可作相应的变化，采取必要的控制措施等。例如，山体住宅区以欣赏优美的山地形状、绿化与房屋建筑的关系为主，因此在沿线就需控制对视觉形成严重干扰的广告牌或构筑物等。商业街是繁荣的地段，也要有统一的沿线建筑物、构筑物、广告设施、街道设施等的控制规划，以营造舒适的步行空间与视觉环境。

（4）地标

地标是人们认识城市、观察城市、形成印象、便于记忆的外向型标志物。人们一般将具有明显个性的建筑物、构筑物、雕塑、标志牌等作为认识城市的标志。对外交通进入城市的主要入口应当作为城市地标的设置地点。城区南部长途客运站建筑以其独特的地里区位、绿化与建筑间的关系处理，可依此作为一个地区的标志。河道主要转折处两侧的绿地，可以设计一些雕塑、小品、作为出入城区的标志性识别点。还有商业中心的建筑群，行政中心的建筑，都可以建设成为全市性的标志。各个片区也可以结合片区中心或在片区入口建设雕塑小品等类似设施，以作为该片区的形象标志。

（5）节点

节点是观察者可以进入、能够使人留下深刻印象的关键点。城市中典型的节点主要有道路的交叉口、广场等组成。规划中以城市广场形成兴县城区的主要节点：一是旧区滨河广场及几处小广场，二是新区市民广场，作为公共活动集中场所，与滨河广场遥相呼应。

（6）建筑风格

目前，城区内建成的建筑形式还相对单一，排布较为凌乱，不能形成片区特色。因此必须在不同地区作相应的控制。为保证滨河休闲带拥有较为宽阔的视觉景观，蔚汾河沿岸建筑体量不宜过大（一般低于 10 层）。建筑群体应体现层次感，自河畔向外逐渐升高。

居住建筑的数量最多，对城市建筑整体风格的影响也最大。整体上可以延续晋绥居住建筑特点，配合城市绿化、蔚汾河、山地绿化等景观，形成以绿色为主基调的城市风貌。不同的居住片区由于开发上的需要可以变化各自的形式与色彩，这样做也有助于人们对各地段的认知，但是相邻片区间必须通过规划管理防止出现极为强烈的风格反差。

商业中心的建筑在风格形式上可以较为自由，材料也可以变化得多一些，以帮助形成活泼的商业气氛，刺激开发与经营。

文化中心与民俗风情街区的建筑群整体上应能体现中国传统建筑的风格，但也应结合现代潮流、地方特色和市民要求，取之于民，用之于民。

山体建筑应结合地形条件建造，依山造势，以获得有机的融合，产生丰富的视觉变化。建筑体量不宜过大（一般控制在 5 层以下），以免压过山体绿化，失去自然融合感。

第十八章　道路交通系统规划

第一节　城市对外交通规划

一、对外交通现状及综合评价

兴县境内有干线公路2条（省道2条）分别为忻黑线和岢大线，长137公里，分别从城区的南侧和西侧通过。

区内有长途客运站两处，一处位于晋绥路南侧，城区内部商业街的东部，对城区内部交通影响较大。另一处位于城区东部属在建状态，目前尚未启用。

目前，兴县城区对外交通道路南北向主要靠岢大公路解决，东西向对外交通道路主要为忻黑线。

表 18—01　**兴县公路通车里程、路面情况（省道）**

道路名称	县境内起止点	境内长度（公里）	等级			路基宽度（米）	路面情况
			二级	三级	四级		
忻黑线	下会—黑峪口	53	53	—	—	8	良好
岢大线	青草沟—大武	84	40	34	10	10、8.5、6.5	良好
合计		137	93	34	10		

二、存在的问题

1. 交通设施的布局受自然环境制约，布局很不平衡。交通设施落后，对外联系非常不便。交通仍是制约地区自然资源开发和经济社会发展的瓶颈。

2. 公路路网密度小，公路技术等级低。全县公路网密度仅为15.7公里/百平方公里，远低于山西省（38.1公里/百平方公里）的平均水平。且其公路等级偏低，三、四级及等外公路合计占全县公路里程的65.7%，受自然条件影响较大。作为全县主要的交通途径，公路的发展现状导致县城对外联系滞后，各乡、镇联系不便，人口、资源的流动受到制约，各级城镇难以发挥集聚作用，经济发展和经济功能发育受到严重影响。

3. 忻黑公路穿越城区，对外交通与市区道路混杂，对外交通不成系统，交通混杂。对外交通道路缺少防护绿化，道路景观较差。

4. 对外交通设施不配套，容量不足，道路通行能力不高，老客运站用地狭小，不能满足发展需要。公路客货运站，停车场的建设较为滞后。

三、规划原则

1. 积极开辟和改造对外公路干线，提高公路等级，建立完善、快速、便捷的现代化公路网。对外交通的组织方式突出外快内顺。

2. 加强与周边地区的交通联系，整合区域交通干线公路，提升交通区位，将潜在的交通区位优势转化为事实的交通区位优势。

3. 合理布局对外交通设施，尽量减少对外交通的干扰，避免穿越中心城区，将过境交通对城市干道交叉口的影响降至最低。加强对外交通设施与城区道路系统的衔接，提高道路交通的综合效率。

4. 增加对外交通道路防护绿化，改善道路景观，综合联运原则。

四、对外交通规划

1. 对外公路

建成区对外交通形式主要为公路，出入口有三个，向东至岚县、忻州、太原，向西至陕西省神木县、向南至临县、离石。

建成区现状对外公路只有一条：忻黑线（与岢大线在新区重叠），该线路在城区沿晋绥路通过，穿越城区，对城市干扰大，规划结合忻黑线的扩建改造，将忻黑线在旧城区北侧而过，到建城区西侧通过蔚汾河大桥以西绕新城区南侧通过，与岢大线相交处城区内采用互通式立交桥。

2. 客货运站场

现状旧区内的长途汽车站，由于受晋绥路拓宽的影响，其停车设施面积很小，难以满足要求，保留在建的西关桥长途汽车客运站，兼货运站场。在新区南入口规划一处长途客运站，在新区西侧规划一处货运站，形成兴县城区客货周转中心。

3. 铁路

配合西川循环经济示范区的建设，为提高全县货、客运体系水平，相应地开展铁路建设，做到同步规划、同步发展、同步利用。综合周边地区的铁路网现状及吕梁市交通发展规划，相应在兴县境内修建配套铁路，完善县域的对外交通体系，市内交通主要是完成与主要站场的对接。

第二节　城区道路交通规划

一、现状

兴县城区道路现有沥青混凝土路面破坏严重，坑洼、沉陷、啃边随处可见。

现有桥梁三座，一座为新近修建，质量较好，另两座为 80 年代前后修建的混凝土结构拱桥，桥梁养护欠佳。现状道路广场用地 35.08 公顷，占总用地的 8.50%。

二、存在问题

1. 忻黑线兼有对内、对外交通功能，对城区交通影响较大。

2. 现有道路密度低，部分地段不满足消防要求。道路红线宽度不够，造成堵头、卡口较多；且受道路建设时序影响，有不少断头路。

3. 城区道路市政设施简陋，而且不配套、不完善；城区缺乏城市广场，不能满足市民日常文化活动和休闲活动的需要。

4. 机动车停车场地不足，布局不当。交通管理滞后，交通标志较少，居民交通意识差，

违章开车和乱停车的现象相当普遍;

5. 道路选线和修筑缺乏对山体、地形的因势利用。

三、规划原则

1. 区分道路功能、等级,建立通畅的城市路网系统,提高城市道路的通行能力。减少畸形、错位交叉口和丁字路口,贯通道路网,完善网络,提高道路的可靠性。

2. 解决好动态交通和静态交通的关系。静态交通设施的布局、规模与交通源、交通量和交通主流方向一致。

3. 确定合理的道路网密度和道路宽度,满足城市交通发展需要。

4. 在路网上为城市的远景发展提供可继续向外延伸的生长点,有利于中心区的疏解。

5. 从努力提高城市环境品质出发,道路线型、断面设计、广场设置应注重体现城市品位及特点。

6. 处理好西川循环经济示范区开发引起的交通问题。

四、城市路网规划

1. 道路网等级

规划道路等级分为主干道(包括交通性主干道、生活性主干道、综合性主干道)、次干道和支路三级。以城市主、次干道构成城市的基本路网骨架,便捷联系各功能分区,形成城市的骨干道路交通系统。其中主干道由大片区组团之间的联系道路组成,每两个片区之间保证有两条城市干道联系;根据自然地形片区内部由干道和支路构成不规则的路网。

城市干道路网间距为 400~600 米左右,支路间距 200 米~300 米,主干道红线宽度为 24~36 米,次干道红线宽度为 18~20 米,支路红线宽度为 16~18 米。

主干道应尽量利用平行道路或创造其他道路条件,实行机动车与非机动车分流。新区与旧区的联系主要靠两条道路解决,一条原忻黑线改为城市内部路,宽度为 20 米,另一条是蔚汾河北岸的城北路,城区段道路红线 36 米,新旧区联络段红线宽度 23 米,双向六车道。进入机动车道的开口间距控制在 200~300 米以上。部分道路机动车道可设中央分隔带,道路分隔带宽度为 1.5~3 米,中央分隔带开口控制在 200~300 米以上。路段上行人过街相隔间距不宜太大。在交通量大的平交路口应进行渠化设计。主干路功能的实现还有赖于沿街两侧用地出入口的严格控制,出入口宜开在次干道或支路上,减少人流跨越城市主干道。

次干道是主干道和支路之间联系的主要道路,主要解决生活性机动车流和非机动车车流。有条件的路段可作成三幅路,两侧可设置吸引大量车流、人流的公共建筑物出入口、机动车和非机动车的停车场。行人过街应有人行横道线,设置过街信号灯;路幅较宽时,应设行人过街安全岛。

支路是进出街坊、居住小区,汇集街坊非机动车流和机动车流,承担近距离交通(主要指非机动车)的主要道路。城区支路的平均密度应在 2.5~3.5 公里/平方公里。主、次干路应设置公交线路,方便公交车的通行。旧城内的支路应方便进出旧城和旧城内近距离交通,而避免外来交通穿越旧城。新区规划中,支路网密度需提高,以利于公交线路的进入与站点设置和自行车近距离出行,在分区规划中应予以足够的重视和解决。城区道路断面详见城市道路一览表。

道路断面:根据规划道路的功能,等级及未来的交通量预测,需对城市道路断面、红线宽度和车道数进行安排和适当调整。

2. 建筑后退

规划城市主干道建筑后退红线 8～10 米，次干道建筑后退红线 5～8 米，支路建筑后退红线 3～5 米；从城市景观和人流集散需要考虑，规划若沿主次干道布置的是大型公共建筑或高层建筑后退道路红线 10 米以上。

3. 交叉口

交叉口是决定城市道路网通行能力的关键，交叉口通行能力必须与路段通行能力相适应，否则将制约整个道路网的通行能力。根据城市道路网的功能和等级划分，交叉口相交道路通行的优先次序是：主干路、次干路、支路。中心区内道路交叉口分为以下几类：

展宽式信号灯管理平面交叉口

信号灯管理平面交叉口

不设信号灯平面交叉口

主、次、支道路相交时，交叉口形式如表：

表 18－02　主要交叉口形式

相交道路	主干路	次干路	支路
主干路	A，B	A，B	E
次干路		B，C	B，C
支路			B，D

注：A——展宽式灯控平面交叉；B——平面环形交叉；C——灯控平面交叉；D——平面交叉；E——只准右转或通过辅路联系。

在平面交叉口交通控制和管理上，机动车交通优先次序是主干路，次干路，最后才是支路。在遇到较多灯控平面交叉口时，首先应展宽主干路交叉口，实现主干路上绿波交通；即主干路机动车驶过第一个绿灯，以后都能遇到绿灯信号。交叉口渠化，目的是提高交叉口的通行能力，使它与路段的通行能力相匹配，发挥道路网的效能。增加进口道的车道数有多种措施：展宽交叉口车行道，中央分隔线偏移至交叉口出口道一侧，缩小进口每条车道的宽度，较宽的中央分隔带到交叉口改为停车道。适当在交通性干道网中设置单行线，解决机动车和非机动车分流问题。

4. 社会停车场

在城市入口和城中心地段共设大型停车场 14 个，其中旧区规划 6 个停车场，新区规划 8 个停车场，每处停车场规模 100～150 辆，停车场面积为 2500～4000 平方米。市中心地段如果没有条件设置大型停车场，应结合大型公共设施和城市广场设置中小型停车场，新区规划在体育用地和文化娱乐用地之间设置市民广场及大型停车场，考虑到地形标高的关系，新区河北片区可布置地下停车场。其它一般地段可结合大型公建设置50～100 辆的中小型社会公共停车场，同时，按照公安部门的要求，所有公共设施和办公设施按相关的国家和地方要求配建停车场。城市自行车停车场（库）结合城市商业中心、大型公建布置。

5. 桥梁

规划在旧区除保留现有的三座桥梁外，作为对外交通的联络点，在旧区西侧忻黑线与蔚汾河的交汇处规划一座新桥，在蔡家崖新区规划三座新桥，改造拓宽蔡家崖大桥，为使河北片、河南片、河东片三片紧密相连，另规划两座人行景观桥，既起到方便行人的作用，又起到丰富景观的作用，另外在规划忻黑线与岢大线交叉口远期建互通式立交桥。

6. 公共交通设施规划

兴县城区目前公交系统基本上处于空白，居民出行很不方便。规划需完善区内公交车辆，基础设施等基础条件及加大公交网密度。提高公共交通服务水平，大力提高公共交通出行比例。

规划近期按城市人口的 1000～1200 人一辆的标准增加公交车辆。公共交通的出行比例近期（2010 年）达到 6％，远期（2020 年）达到 6％以上。

组织两个层次上的公共交通线网：市区线、至经济园区线，二个层次上的公共交通线网互相紧密衔接，站点设置与主要客流集散点紧密结合。市区站距控制在 500～800 米，保证公共交通站服务面积以 300 米计算，不小于规划用地面积的 50％，以 500 米半径计算，不小于80％，市区公交线网密度达到 3～5 千米/平方千米，至经济园区线站距控制在靠近村庄位置布设。

规划公交首末站 2 座，新区一座，旧区一座，总用地面积为 2.0 公顷，结合规划的客运站场规划设置 3 条市区公交线路。

规模线路组织应以新城城区与旧区、西川循环经济示范区三大片区之间的联系为主，线路设置应尽量从居住区、商业中心穿过，选择城市次干路、支路。

公交始末站的主要功能是为城市内客流集散与换乘服务，并具有部分停车及调度管理功能，公交始末站应设置在线路汇集的地方。公交始末站宜结合交通广场进行统一规划设计。大型始末站旁应建足够的公共停车设施，供自行车的停车和少量社会客车停放，以便于公交换乘，同时还要考虑出租车的停放的地方。应根据运营线路的具体分布，在区内均衡设置公交首末站。

保养场用于公交车维修，停车场用于夜间公交停车，为节约造价，结合具体条件，以露天停车为主。为减少公交车行驶里程，停车场和保养场宜一块设置。但考虑到集中保养有利于提高维修效率及保养质量，也应设一个保养场。

规划道路广场用地 143.41 平方米，占建设总用地 15.0％，人均 13.04 平方米。

表 18—03 兴县城区道路规划一览表

名 称	起止点	性质	长度(m)	红线(m)	其中		面积(公顷)
					人行道(m)	车行道(m)	
晋绥路新区段	蔡家崖—西关桥	主干	7600	36	2×7.5	21	14.4
北环路	西关桥—关木线	主干	2900	30	2×7	16	8.7
蔚汾北路	西关桥—关木广场	主干	3500	24	2×5	14	7.8
蔚汾南路新区段拓宽	关木线—蔡家崖	主干	10800	24	2×5	14	21.6
紫石街	北环路—蔚汾北路	次干	1200	16	2×4.5	7	2.9
玉春街	北环路—蔚汾北路	次干	500	24	2×5	14	1.0

续表

| 名　称 | 起止点 | 性质 | 长度
(m) | 红线
(m) | 其中 | | 面积
(公顷) |
					人行道 (m)	车行道 (m)	
福胜街	忻黑公路—蔚汾北路	主干	921	18	2×3.5	11	1.29
水泉街	南大街—蔚汾北路	次干	500	24	2×5	14	1.0
南环路	化塔沟—西关桥	次干	1300	16	2×4.5	7	1.56
新区河北片道路		主次干	7126				14.0
文化路	福胜街—关木线	支路	2258	16	2×4.5	7	2.71

第十九章　市政工程设施规划

第一节　给水工程规划

一、供水现状

兴县县城供水主要靠城市自来水水厂供给，最高日供水量 4000 吨/日，年供水能力为 146 万吨。在县城以东 3 公里的乔家沟和原家坪各有深井一眼，供水量分别为 1700 吨/日和 2300 吨/日。在城北高地上有一座水厂，占地 5.4 亩，设 1000 立方米清水池两座，城市配水管网沿街呈树枝状布置，管网总长度约 13.3 公里。

二、用水量标准和预测

1. 用水量标准

规划近期，兴县县城人均综合生活用水量为 150 升每人每天，由于本区工业很少，人均综合用水量定为 200 升每人每天。规划远期，兴县县城人均综合生活用水量为 250 升每人每天。

2. 用水量预测

（1）按综合指标预测，规划至 2010 年兴县城区总用水量为 1.74 万立方米每天。2020 年兴县城区总用水量为 2.75 万立方米每天。

（2）生活用水量与工业和公建用水量预测

2020 年综合生活用水量 Q_1

人均日用水量 200 升每人每天，普及率 100%

$Q_1 = 0.20 \times 110000 \times 1.0 = 2.2$ 万立方米/天

工业用水量 Q_2

取工业用水量为生活用水量的 15%

$Q_2 = 2.2 \times 15\% = 0.33$ 万立方米/天

流动人口用水量及水损耗 Q_3

按总人口的 15％计

$Q_3 = 110000 \times 0.15 \times 0.20 = 0.33$ 万立方米/天

◆总用水量 $\Sigma Q = Q_1 + Q_2 + Q_3 = 2.2 + 0.33 + 0.33 = 2.86$ 万立方米/天

综上比较，规划兴县城区用水量近期为 1.75 万立方米/天，近期为 2.80 万立方米/天

3. 给水工程规划

保留兴县城区现有水厂并扩大水厂供水能力，在蔡家崖新区五龙堂村以东菜地的北山上规划一座新给水厂，规模为日供水量 2.0 万吨的水厂。

4. 给水输水管网规划

逐步加以完善现状给水管网。新建的管道应建立完整的环网体系。管道布置在道路西侧、北侧。

水管出厂管径 DN400。主干管（考虑消防）＞DN250。

第二节 排水工程规划

一、排水工程规划

规划年限内结合改造工程，新建的排水工程系统，实行雨污分流。雨水经雨水管网收集后直接排入蔚汾河。污水管收集城区污水后经蔚汾河两侧的污水干管汇入城市下游的污水处理厂，经处理达标后排入河道。在规划期内，污水设施普及率达到 90％以上，城市污水处理率达到 80％。

二、污水处理厂位置选择

规划将污水处理厂布置在新区以西，蔚汾河南岸绿化带中，使其位于城市下风向，和城市水源地下游，在西关大桥西侧蔚汾河以北建污水泵站一座，对城市环境景观影响较小，污水处理厂近期日处理能力为 1.4 万吨，远期日处理能力为 2.3 万吨。

三、污水处理指标和污水量的预测

1. 污水处理

处理要求达到《污水综合排放标准 GB8978-1996》城市污水处理厂二级排放标准。

规划期末人均生活污水量为 160 升/人·d，人均综合污水量 200 升/人·d。

2. 污水量的预测

取供排比 0.8，规划污水量为 2.24 万立方米/d。

按人均综合污水量指标计算，规划污水量为 2.2 万立方米/d。

综上比较，污水处理厂近期日处理能力为 1.4 万吨，远期污水量为 2.3 万立方米/d。

3. 污水工程规划

兴县城区规划新建一座污水厂，污水厂场地设在新区以西，蔚汾河南岸绿化带中，位于蔚汾河下游。

4. 污水管网规划

污水管网：采用有组织的地下管道的收集形式收集，汇集至污水处理厂。规划污水主干管设在滨河两侧，污水管干管管径＞DN600，小区内管径 DN500-DN300。

5. 雨水管网规划

（1）发展目标

与城市防洪紧密结合，完善雨水排放设施，确保城区雨水及时顺利地排入蔚汾河。

（2）暴雨强度公式：

规划选用与兴县县城气候条件相似的离石市区暴雨强度公式

$$q=\frac{1045.4\times(1+0.8\mathrm{Lg}T)}{(t+7.46)^{0.7}}\ (L/s\cdot ha)$$

式中：q—暴雨强度指单位时间内单位面积产生的暴雨

T—重现期取 T＝1 年

t—集水时间取 t＝20 分钟

则

$$q=\frac{1045.4\times(1+0.8\mathrm{Lg}1)}{(10+7.64)^{0.7}}=140.195\ (L/s\cdot ha)$$

（3）雨水管网

雨水管网设计流量按公式 Q＝q.F.g 确定

式中：Q：管渠设计流量（L/s）；

　　　F：汇水面积；

q：地面径流系数，取 0.6；

则：兴县城区每公顷雨水设计流量为：

$$0.6\times1\times140.195=84.117\ (L/s\cdot ha)$$

根据适当集中，就近排放原则，结合地形特点，把雨水管分成若干个独立的排水系统，就近排入边山支沟和蔚汾河。

第三节　电力工程规划

一、电力现状

目前兴县电网分为两块。一块由兴县电冶集团所属的发电分公司和冶炼分公司形成的小电网，兴县发电分公司现有发电机组 3000KW 两台、6000KW 两台、经两回 35KV 线路供冶炼分公司用电，用电总容量为（2x3200＋315＋1x6000＋315）KVA，形成自发、自供、自用小电网，该电网独立运行，年供电量为 9000 万 KWH，现已停运。另一块以 2001 年 7 月 18 日投产运行的兴县蔡家崖 110KV 输变电工程为枢纽，形成的兴县主电网，由兴县电力公司运营管理。现有三蔡110KV 线路一条，导线 LCJ-I85 全长 82.733KM，110KV 变电站一座，主变容量 31500KVA。该站 110KV 进线一回；35KV 进线一回，出线 6 回，其中用户一回；10KV 进线一回；出线 7 回，有 35KV 变电站 5 座。

表 19－01 兴县变电站情况一览表

变电站名称	主变容量（KVA）	电压等级（KV）	出线回路数（条）			进线回路数（条）		
			110KV	35KV	10KV	110KV	35KV	10KV
蔡家崖	1×31500	110		6		1	1	
城关	2×6300	35		1			1	
廿里铺	2×4000	35		1	7		1	2
郑家塔	1×2000	35			5		1	1
花子	1×2000	35			5		1	1
张家坪	1×2000	35			4		1	
魏家滩（自备）	2×8000	35		1			1	

兴县县域现有一处 110KV 变电站，即蔡家崖 110KV，另有 6 座 35KV 变电站分布在下辖镇域内，详见表二。

表 19－02 兴县变电能力一览表

交电所名称	主变容量（KVA）	台数（台）	总容量（KVA）	变压比（KV）	电压等级
蔡家崖	1×40000	1	40000	110/35	110KV
花 子	1×2000	1	1800	35/10	35KV
张家坪	1×2000	1	1000	35/10	35KV
郑家塔	1×3200	1	3200	35/10	35KV
胡家沟	1×1800	1	1800	35/10	35KV
廿里铺	2×4000	2	4000	35/10	35KV
城关站	2×6300	2	8000	35/10	35KV
魏家滩	2×8000	2		35/10	35KV
合 计		8	59800		

二、电力指标和负荷预测

1. 电力指标

规划 2010 年人均生活用电量 800 千瓦时/人·年，人均综合用电量 1250 千瓦时/人·年，县域供电负荷密度指标 0.001KW/平方公里。

规划 2020 年人均生活用电量 1000 千瓦时/人·年，人均综合用电量 2100 千瓦时/人·年，县域供电负荷密度指标 0.002W/平方公里。

利用综合供电负荷密度法和人均综合电量法两种方法进行预测。

2. 负荷预测

近期（2010 年）县域供电负荷密度指标：0.001 万 KW/平方公里，则电力负荷约为 3.17 万 KW

远期（2020 年）县域供电负荷密度指标：0.002KW/平方公里，则电力负荷约为 6.34 万 KW

3. 人均综合电量法

近期（2010 年）人均综合用电量 1250 千瓦时/人·年，则用电量为 1.09 亿 KWH，电力负荷为 2.97 万 KW。

远期（2020 年）人均综合用电量 2100 千瓦时/人·年，则用电量为 2.3 亿 KWH，电力负荷为 6.27 万 KW

综上所述，规划近期 2010 年用电负荷取 3.0 万 KW，规划远期 2020 年用电负荷取 6.3 万 KW。

三、供电主要设施规划

城区主要由城关 35KV 变电站和蔡家崖 110KV 变电站及新区规划一座 35KV 变电站三座主电源供电，其中城关 35KV 变电站出线城 I、城 II 二回，蔡家崖 110KV 变电站出线城西、城北、城南三回来满足县域范围供电。为了提高供电的可靠性采用了闭环结构，由城关站和蔡家崖站互供：城 I 与城北、城 II 与城西形成手拉手工程来解决由单电源供电的缺陷。供电范围以广场北为中心，广场以东由城关站城 I、城 II 供电，广场以西由蔡家崖站城西、城南、城北供电。其中城 I 与城北以紫沟为界、形成对口电源，城北供电范围从医院延伸到广场和枣沟；城 II 与城西以南沟门前管塔为界，以西由城西、城南供电，环城路、新建西路南面由城 II 供电，这样以来由东至西形成闭环式供电。城区供电架构由裸导线供电改为电缆敷设来改善城区供电环境。

第四节　信息工程规划

一、电信规划

1. 电信发展现状

目前本县拥有本地网交换机总容量 29338 门，实占容量 21348 门，实占率 77％。其中：局用交换机容量 23464 门，实占容量 17640 门，实占率 75.18％。固定电话用户累计为 21348 户，普及率达到 7.88％，其中：市话累计达到 10621 户，普及率达到 25.11％；农话累计达到 10657 户，普及率达到 4.66％。目前，已通固定电话的行政村有 162 个，未通固定电话的行政村有 290 个；已通固定电话的自然村有 158 个，未通固定电话的自然村有 426 个。无线市话（小灵通）用户发展 1704 户，累计达到 7693 户。宽带用户累计达到 1387 户。

2. 电信发展目标

参照吕梁市电信发展现状和山西省电信发展目标，规划拟完成本县电信发展目标如下：

表 19—03

年份	电话普及率（部/百人）	电话总用户（户）	交换机容量（门）
近期 2010 年	30	26100	26500
远期 2020 年	50	55000	60000

3. 电信发展规划

充分利用现有的县域电信网。规划期内设两处电信局，保留旧区原有电信局，在蔡家崖新区规划一处电信局，规划用地 0.5 公顷。

现状架空电信线路逐步向地下过渡，新铺电信电缆全部为地下铺设，地下电缆位置在城市道路的路南或路西，采用 6 孔管。规划在中心局和端局设置昼夜服务的公用电话中心；另在主要道路和主要人流集散处设 IP 卡公用电话。

二、邮政规划

县域内邮政设施规划拟以建制镇为单位分设邮政支局（所）。县城区内邮政局两处，保留旧区原有邮政局，在蔡家崖新区规划一处邮政局，与电信局合建。

三、广播电视系统规划

根据兴县广播电视发展现状，规划期内本县电视广播远期发展目标如下：

表 19－04

项目	单位	2010 年	2020 年
广播综合人口覆盖率	％	80	90
电视综合人口覆盖率	％	80	90
有线电视入户率	％	80	90
有线电视总用户数	万户	2.0	2.9

大力发展以有线广播、有线电视为主的广播电视事业，力争远期有线电视网覆盖全县各中心村、居民点。

在大力建设有线电视网的同时，利用资源优势开通 B-ISDN 宽带综合业务数据网。在完成传递电视节目信号的同时开通计算机网络、数据通信、可视电话图文信息等多功能服务项目。县城与吕梁市采用光缆联网。

第五节 燃气工程规划

一、燃气工程现状

兴县属于能源富裕地区，能源主要以煤为主，居民日常生活也以煤为主，污染较大。目前，县城燃气气源均为瓶装液化石油气，城市居民燃气化率不高。

二、规划原则

1. 贯彻城市燃气工程发展多种气源，多种途径，因地制宜，合理利用能源的方针。

2. 优先供应居民和公共福利户用气，适当发展工业用气，以平衡城市燃气的季节不均匀性和日高峰负荷，保证燃气生产和供应的稳定性。

三、气源

根据燃气工程的发展要求，结合兴县实际情况，规划近期气源为液化石油气；远期气源为天然气为主，液化石油气为辅，以"西气东输"作为主要气源，兴县地下蕴藏的煤层气作为辅助气源。

四、气量平衡调节

1. 气量平衡

以远期城市普通居民用户耗气定额取 0.5 立方米/日，根据兴县城区工业用地较少的实际情况，确定居民、公建、工业用气比为 1：0.3：0.2

表 19-05　气量平衡表

序号	项目	用气量（万立方米/d）	百分比（%）
1	居民生活	1.6	60.1
2	工业用户	0.32	12.1
3	公建	0.48	18.2
4	未预见量	0.24	9.1
4	合计	2.64	100

2. 气量调节

为解决城市燃气均衡生产和不均衡使用之间的矛盾，保证输配干管、制气或设备发生故障时一定程度的正常供气，规划在气源厂建燃气储配站和调压站。

五、燃气工程规划

县城燃气储备规模

根据《城镇燃气设计规范》（GB50028-93），液化石油气储配站应满足 15 天以上的用气量。根据兴县自身地理环境特色，近期储气站周期采用 15 天，中远期按 10 天计算。

城区内燃气在规划期内全部采用管道输送，气源以"西气东输"为主，利用已有的燃气门站，占地 0.6 公顷。其它村及居民点仍采用瓶装供气。

六、输配系统

规划采用中低压两级系统，中压管道呈环状布设，低压管道枝状布设。所有管道的铺设均应符合燃气规范要求。规划期内建中低压调压站 10 座，每座控制半径 0.5 千米范围。

第六节　热力工程规划

一、供热工程现状

兴县城区目前还没有实行集中供热，各家取暖靠自给式家用取暖炉，给居住环境带来较大污染。

二、规划原则

普及和发展区域集中供热，限制分散锅炉房供热，减少能耗，提高热效益，保护环境。

三、规划目标和热指标

兴县城区到 2020 年实现集中供热普及率为：居住 80%，公建 90%，单位面积热指标取 70 瓦/平方米。

1. 热负荷估算

根据国家对人居环境的发展目标，结合兴县城现状居住水平和发展趋势，规划确定至2020年，城区人均居住面积20平方米，居住总面积220万平方米，其中集中供热面积176万平方米。

公共建筑总面积根据各类公建容积率的不同，结合其规划用地分类估算，规划到2020年城区人均公建面积10平方米，公建总面积110万平方米，其中集中供热面积99万平方米。

工业热负荷由于新工业项目的不确定，规划区工业用地较少，规划对工业热负荷不进行估算。

生活热水负荷取集中供热负荷的20%。

至2020年，县城区总热负荷250兆瓦，其中集中供热负荷210兆瓦。

2. 热源

至规划期末全面普及区域锅炉房集中供热。

规划期内建区域锅炉房6座，每座锅炉房集中供热面积为20～30万平方米，每座锅炉房锅炉不宜超过4台。

3. 热力网

区域集中供热采用一级系统，由供热管道将95℃～71℃的低温水直接供给用户，供热管网呈树枝状布设。

第二十章　环境保护与环境卫生规划

第一节　城区现状环境质量评价

一、大气污染

城区的大气污染主要来自城区内工业企业的燃料燃烧废气以及生产工艺中产生的废气和居民日常生活中的燃料燃烧废气，排入大气中的有害物质主要是烟尘、二氧化硫、总悬浮物微粒、氮氧化物等。随着工业经济的不断发展，城区人口的增多，正朝着不利的方向发展。根据环保部门的历年监测表明，按国家标准（GB3095-82）城区内大气环境质量四项基本污染因子综合评价结果，大气环境质量总体超过一级，达到二级污染水平。

二、水环境污染

城区内有蔚汾河穿城而过，由于工业废水和居民生活污水治理设施不健全或运行不正常，大量未经处理的废水和污染物排入城区河流内，对其水质造成了不同程度的污染，不仅影响了城区的市容市貌，而且蔚汾河属季节性河流，在枯水季节部分水体发黑发臭，严重影响了居民的生活质量，并引起城区的地下水质下降。

三、噪声环境污染

随着经济的发展和大量基础设施的建设，交通噪声、建筑施工噪声等扰民问题日益突出，尤其是随着机动车辆数量的增加，而旧城区道路狭窄，交通管理设施滞后，使交通噪声污染日趋严重，加上第三产业的迅速发展，导致社会生活噪声上升，对居民生活影响较大。

四、固体废弃物环境污染

城区工业废弃垃圾、城市生活垃圾、建筑垃圾日益增加，现状垃圾处理设施滞后，造成污染严重，影响市容和生活环境。

第二节　环境保护规划

一、规划原则

1. 实行统一规划，遵循可持续发展原则，综合治理、化害为利、变废为宝，以环境保护促进城区发展，坚持建设"三同步"，达到效益"三统一"，以保护生态平衡，改善生活环境。

2. 加强环境综合整治，合理布局工业，采取多种措施改善城区环境质量，保护水体，限制噪声，提高绿地覆盖率，使城区生态系统进入良性循环，最终达到经济效益、社会效益、环境效益高度协调统一。规划近期主要抓好污染的治理，以保证城区内污染物排量冻结在现有水平上；远期有效控制污染物，使各环境功能区质量全面达到国家各项环境质量标准，区内环境状况全面好转。

3. 改变先污染后治理的经济发展的模式，实行可持续发展的战略，逐步使生态系统实现良性循环。建立一个舒适宜人的自然环境，高效先进的经济环境，文明和谐的社会环境。

二、规划目标

1. 总体目标

基本实现城乡环境清洁、优美、安静，生态环境呈良性循环。区内河流水质保持洁净。

2. 环境质量目标

规划期末地面水水质保持清洁，尤其是保证水源地的水质。

大气环境质量达到国家规定的二级标准，石楼山、石猴山、仙人洞等地区达到一级标准，声环境质量达到《区域环境噪声标准适应区域划分》的规定标准，绿地覆盖率达到35％。

3. 污染控制目标

新建工业企业三废必须达标排放，近期工业废水与工业废气年均处理率均大于85％，烟尘控制区覆盖率达到100％，噪声达标覆盖率达到85％，工业固体废气物综合利用率达到95％，生活垃圾无害化处理率达到100％，规划期末上述指标应尽可能达到100％。

表 20-01 环境保护区分类及标准

级别	分布类型	分布范围	分布面积（公顷）	大气应达标程度	噪声应达标程度
一类环境保护区	环境较好的居住区、文教科研区、行政办公区，体育用地和部分公共绿地	新区北部行政中心，行政办公、科教中心、及沿河居住区	305.2	符合一级标准	日间小于55分贝夜间小于45分贝
二类环境保护区	环境一般的居住区、文化娱乐用地，商业居住混合区及环境较好的部分工业区和仓储区	大部分居住区，西部仓储物流区及其他区域	640	保证二级以上标准	日间小于60分贝夜间小于50分贝
三类环境保护区	有一定污染的部分工业区和仓储区	旧区西部工业区仓储区	50.43	符合二级标准	日间小于60～65分贝夜间小于50～55分贝

三、环境质量分区

1. 水域环境质量分区

城区内部水域为二级保护区、其水质标准不低于《地面水环境质量标准》（GHZB1-1999）的Ⅱ类标准。

2. 大气环境功能质量

根据本区气象特征和国家大气环境质量的要求，将本区大气环境划分为不同的功能区域，执行大气质量标准（GB3095-1996）。规划的居住区、混合区、商业区为一类区，其大气质量执行二级标准；规划的一类工业集中区，交通干线两侧为三类区，其大气质量执行三级标准。

3. 声学环境功能分区

各声学环境功能分区执行《城市区域环境噪声标准》中相应的标准。文教区、居住区和休闲娱乐区执行一类标准，混合区、工业集中区、交通干线两侧分别属二、四类。

四、规划措施

1. 水环境保护措施

对工业主要污染源实行污水排放总量控制与浓度控制相结合的方法，使污水排放量和废物排放量控制在较低的水平。保护区内自然水体，严格禁止无计划占用，及时疏浚河道。同时结合分流制排水系统的建设逐步控制减少向自然水体的污染排放量。

2. 大气环境保护措施

严格控制区内工业企业的废气排放，提高区内烟尘治理率，扩大烟尘达标区覆盖率，逐步搬迁城区现有污染企业。加强绿化工作，重视公共绿地和防护绿地的建设。

3. 固体废弃物处理措施

加强对工业有害废物的控制与管理。对居民生活垃圾实行无害化处理，同时统一管理、统一处置，逐步建立城镇生活垃圾收集处理系统。城市化地区实行生活垃圾袋装化。

4. 声环境保护措施

加强区内主要公路两侧的防护绿地建设，避免在靠近居民生活的地区设置噪声污染较为严重的工业企业。对餐饮和娱乐业等易产生噪声的行业进行严格管理。

5. 农田湿地环境保护措施

充分保护区内现有农田，发挥其生态缓冲能力及自我调控能力；保证区内各类绿地的建设实施，营造良好生态环境；严格控制对区内空地及农田的开发建设活动。实行对基本农田耕地的动态平衡控制。

第三节　环境卫生规划

一、规划原则

实行"因地制宜、注重实效"的原则，以高起点、高标准促进环卫工作，力求达到"四化"标准，即：废弃物收集容器化，操作运输机械化，粪便排放管道化，废弃物处理无害化和再生资源化，建设一个整洁、文明、优美的环境。

二、环境卫生规划

1. 垃圾收集及转运

规划采用袋装化和密闭式垃圾屋的城市生活垃圾清运方式，由环卫车将垃圾从小型密闭式收集点运至垃圾中转站，然后用大型载重运输车运至垃圾处理场处理，以消灭二次污染，改善市容环境。保留现状垃圾处理厂，提高其处理工艺和水平，规划在城市南部的华塔沟布置一座垃圾处理厂。

2. 垃圾中转

规划设立 12 处垃圾中转站，占地面积不小于 150 平方米/座规划。小型垃圾收集点采用定点、密闭式收集方式，收集点服务半径不超过 70 米，配有生活垃圾容器间、活动垃圾箱（桶），生活垃圾容器内设通向污水窨井排水沟。医疗废弃物及其它特种垃圾单独存放于具有识别标志且密闭垃圾容器内并单独进行处理。废物箱在商业街间距约为 50 米/只，交通干道间距为 80 米/只，一般道路 100 米/只。

3. 公共厕所

商业街按间距 500 米/座设置，一般道路按 800 米/座设置。小区内不小于 3 座/平方公里，公厕全为水冲式，粪便进行无害化处理。

三、县城垃圾处理

规划区垃圾处理以深度填埋为主。规划于县城南部的化塔沟布置一座垃圾处理厂。距城市中心区约5公里，工程总规模为远期年处理垃圾5.7万吨，近期年处理处理垃圾4.5万吨。近期面积按1万平方米控制，远期应预留有2万平方米用地，并留有扩展余地。垃圾量按1～1.4公斤/人·日计。

四、县城殡葬设施规划

规划保留县殡仪馆，对其环境进行绿化整治。

第二十一章　防灾规划

第一节　防洪排涝工程规划

一、规划原则

从兴县实际情况出发，采用适当工程措施，提高城市防洪标准，确保蔚汾河及边山洪水排泄畅通。防洪工程与城区治涝工程统一规划，同步建设。防洪治涝工程与城市市政建设、城市美化、城市环境建设相结合，工程措施与非工程措施相结合，城区防洪工程与流域控制性防洪工程相结合，防洪治涝规划与河道整治、河道清障规划相结合、近期工程与远期工程相结合。

二、防洪治涝标准

自排采用年最大24小时降雨，设计频率P为50年的排涝标准。抽排采用年最大24小时降雨，设计频率P为20年的排涝标准。兴县城区防洪标准为50年一遇，蔚汾河城区段防洪标准为100年一遇。蔚汾河非城区段防洪标准为50年一遇，100年一遇洪峰流量校核，规划做好兴县河道的防洪设施工程，疏浚县城蔚汾河支流及现有的天然河道、水塘，提高河道过水能力，达到20年一遇防洪标准。

三、规划方案

1. 蔚汾河设计泄洪流量1450立方米/S，按"7.23"洪灾实测历史最大洪峰流量设计，相当于百年一遇洪水。设计断面为矩形，上游河道宽80米，设计堤高5米，下游河道宽90米，设计堤高5米。

2. 边山支沟

城区范围内有边山支沟7条，按照尽快排泄，尽可能利用现有排泄设施，改造原有设施，逐步达到20年一遇防洪排洪标准的原则，规划具体情况见表：

表 21—01　边山防洪规划一览表

沟名	设计流量 (立方米/s)	排洪形式	粗造系数 (n)	水深 (m)	断面尺寸 (b×h)
福胜沟	10.97	石拱涵洞	0.025	2.0	2.5×2.67
紫沟	17.31	石拱涵洞	0.025	2.0	2.5×2.67
玉春沟	12.58	石拱涵洞	0.025	2.0	2.5×2.67
郭家沟	6.22	石拱涵洞	0.025	2.0	2.0×2.5
南门沟	34.84	板涵洞	0.025	2.7	3.5×3.2
圪洞沟	287.0	明渠	0.025	3.0	3.0×3.5
关家崖沟	493.0	明渠	0.025	3.0	4.0×3.5

第二节　消防规划

一、消防站

规划将城区划分成两个消防责任区，以中间的永久绿化带为界分为东西两个区。新旧区内各设二级消防站一处：在新区西侧规划一处消防站，规划用地 0.25 公顷，保留旧区现有消防站。

城区内道路（尤其是老城区道路改造）要充分考虑预留消防通道；城区内消火栓等消防设施应严格按国家规范标准进行设置。规划消防指挥中心与各消防站有专线电话联系，设置四路以上的"119"火灾报警专用电话，与消防重点单位建立 119 专线。

二、消防水源

消防用水由城市给水管网提供，规划沿主要道路按 120 米间距设置市政消火栓，管网末端消火栓水压不应小于 0.15MPa，流量不应小于 15 升/秒。消防管网最小管径大于 150 毫米。消火栓应尽量靠近交叉路口，地下消火栓应有明显标志，各类建筑工程应根据规范要求设置室内、室外消火栓和其它消防水源。

新城区内的道路建设应考虑到消防车的通行要求，保证其能快速通过并顺利到达每一地块。所有建筑都应配备必要的消防设施，新建或改建的建筑物应满足国家颁布的防火规范，并满足防火间距。

加强消防通道管理，保证消防车辆通行，完善无线通讯网络，加强现代消防和警用系统的建设，实现报警、通讯、调度、指挥自动化。

三、消防装备及消防水源

城区消防站按 2～3 辆消防车配置，占地约 2500 平方米。消防水源主要靠消防管线和消火栓供水，蔚汾河城区段靠近主要路口处为辅助消防水源地。

第三节 人防规划

按照"长期坚持、平战结合、全面规划、重点建设"的总方针，服从国家经济建设大局和高科技局部战争的防空需要，加强城市建设与地下空间开发利用的结合，建立完整的人防体系。

规划在新区集中商业用地建地下防空设施，并在行政中心集中办公区建地下防空设施。在居住区规划中，在成片居住区内应按总建筑面积的2%设置防空工程。规划人均掩蔽工事面积达到0.8平方米的水平。

规划将主要交通道路作为人防疏散通道，人员通过城市主次干道向外疏散，规划区内的公园、广场等公共空间可作为人员疏散场所。

第四节 抗震

根据全国地震区划，规划区为烈度六度区，城市抗震体系按部颁规定七度设防建设，重点提高城市基础设施的抗震能力，建设完善的疏散系统，提高综合抗震能力。本区按基本烈度六度进行建设，在受到基本烈度七度地震影响时，要求本区的生活和日常工作能够正常进行。一般的工业与民用建筑，按《建筑抗震设计规范》（GBJ11-89）六度标准设防，本区内的供水、供电、交通、医疗、粮食供应、消防及防灾指挥部等生命线工程提高一度设防。同时，加强广场、绿地的建设，确保震区内广场、道路等开敞空间不被占用，为避震疏散提供交通及场地，消除次生灾害隐患。

规划结合行政中心设立防灾指挥部，设置相应无线通讯指挥设备。规划以公园绿地、体育场地、中小学校旷场地以及机关大型庭院作为主要的避震疏散场地，在个别人口密集、空旷场地少的地区，可合理选择生活居住区绿化用地、停车场、广场作为避难场地。

对危旧房屋通过抗震鉴定，提出加固和应急措施。提高城市基础设施的抗震标准和抗震能力，合理布局和调整易燃易爆和有剧毒物质的工厂、仓库等，对油罐区、煤气供应系统等，要按规定标准进行加固，减少城市次生灾害发生，保障城市临震安全。

第五节 生命线系统规划

生命线系统是指在灾害发生时危及人民生命安全及生命安全及生存环境的工程项目。人对灾害权重的选择顺序是生命、健康、生存环境、财产等；所以防灾的一个重要方面是生命线系统的防灾，即指那些维持市民生活的电、气、自来水供给等系统。

主要为四大网络：

（1）陆空交通运输系统

（2）水供应系统

（3）能源供给系统

（4）信息情报系统

电力是生命线系统的核心，主电网应形成环路，还应备有自发电及可移动的发电系统，以提高系统的稳定性。燃气供应系统应能关闭，最大限度地避免次生灾害。供水采取分区供应，设置多水源。电讯要求有线与无线相结合，保证防灾救灾信息的传播及告示的发布。

生命线系统是由长距离可连结设施组成，往往一处受灾，影响大片面积，因此应将生命线工程当作一个整体来规划和研究。

第二十二章　近期建设规划

第一节　近期建设规划基本原则

一、综合规划重点实施的原则

综合规划各项建设，按照总体实施方案，分阶段、有重点地推进；有重点抓好重点工程、标志性工程建设，避免全面开花、面面俱到；正确处理好近期建设、中期发展和远景规划的关系。

二、环境优先、基础先行的原则

环境建设是可持续发展的重要一环，也是建设最适宜居住城市的根本前提，环境建设将放在优先的地位；基础设施建设是建设的基础，基础设施先行建设符合城市发展建设的客观要求。

三、统筹兼顾、配套齐全的原则

城市建设是一项综合性的系统工程，有很强的程序性、相互制约性和关联性。建设中必须统筹兼顾，既要突出重点，又要兼顾全面，公共设施和基础设施应配套齐全。

四、政府推动、市场运作的原则

城市近期建设应当充分发挥市场经济的优势，按照市场经济规则运作；同时，应加强政府的宏观调控职能和管理协调职能，积极进行招商引资，加快城市新区的建设。

第二节　近期建设总体目标

一、近期建设规划年限与规模

根据总体规划，确定近期建设规划年限为 2006～2010 年。根据人口规模的预测分析，至2010 年城区人口规模为 8.7 万人。

近期是兴县县城城区建设的高峰期，城区发展骨架和主要片区均在这时期内形成雏形。特别是新区建设是近期建设的重点，应集中有限的财力、物力优先建设新区，近期规划建设用地面积为 737.5 公顷，人均建设用地为 84.77 平方米。

二、规划原则

1. 近期规划的制订是给城区的近期发展提供依据，使城区在规划近期内形成合理的空间布局形态和发展态势，为远期城区发展目标的实现提供坚实的基础和可靠保障。

2. 近期规划和远期规划一样，必须坚持合理和高标准的规划原则。在充分尊重现状的基础上，具有超前性，尤其是在城区基础设施的规划建设方面，近期应形成基本完善或接近完善的体系，为远期城区建设有效、合理打下基础。

3. 近期规划充分考虑实施的可行性，对于近期内不具备开发建设条件的地区、项目，做好规划控制工作暂缓开发建设，为时机成熟时各项建设活动的开展提供保障。尤其是对于绿地和文化教育、医疗卫生和体育设施用地，不得随意占为他用。

4. 近期建设坚持集中成片开发为主，应当做到新建一片、建成一片、收益一片，避免城区内零星分散开发和各自为政。

5. 近期建设的重点应放在基础设施，尤其是重大交通基础设施的建设上，做好各专项系统的控制工作，创造良好的投资环境。

6. 城区旧区的改造重点应放在道路系统的整理和基础设施的配套上，同时着手进行危旧房屋的改造，对于近期内没有能力进行改造的地区，应加以控制。防止大量的扩建和新建行为，避免远期改造时造成不必要的损失。

7. 在城区建设中注意城区景观特色的营造，保护和改善城区生态环境，禁止在城区范围内挖沙取土，使兴县"宜居城市"的景观特点在规划近期得以初步形成，为远期这一特色的加强打下基础。

第三节　近期建设主要内容

一、城市近期建设遵循的原则

1. 体现城市总体规划的连续性、顺序性，近期建设为后期建设打下良好基础。近期建设项目的选择和用地安排，应符合城市性质和总体规划布局。

2. 体现城市是一个多功能综合体的要求。城市生产性建设与生活性建设以及旅游、商贸等各项建设，统筹安排，达到城市整体有序协调发展。住宅与生活服务设施、道路工程与市政工程，坚持同步建设。

3. 大型建筑，特别是公共建筑和大型市政公用设施。坚持高标准、现代化。

4. 狠抓薄弱环节，突出重点。利用有限的建设资金，解决城市发展中急需解决的工程建设。

二、居住用地近期规划

近期（2010 年）规划生活居住用地 278.83 公顷，占城区总建设用地的 37.8%，人均居住用地 32.05 平方米。居住用地布局在综合考虑就业岗位分布、商业网点布局、道路交通等基础设施的容量等因素后。近期主要开发新区的河北片，开发居住用地 108.3 公顷，同时局部改造老城区危房区，主要是改造小中南海片区，开发居住用地 6.1 公顷。

三、公共设施用地

1. 改善行政中心的办公条件，在新区新建行政中心，规划总用地 9.95 公顷，一期建设约 20000 平方米。

2. 在新区新建体育中心，规划用地 2.24 公顷，一期建设游泳馆 4000 平方米；文化娱乐中心，规划用地 4.37 公顷；综合性医院一处，规划用地 2.0 公顷，新建医院 6000 平方米；结合体育中心、文化娱乐中心建设商业中心，规划用地 13.5 公顷，在蔚汾河南侧建一处批发市场，规划用地 2.46 公顷。

表 22-01 城区近期规划用地平衡表（2010 年）

序号	用地代码		用地名称	面积（万平方米）	占城市建设用地的比重（%）	人均（平方米/人）
1	R		居住用地	278.83	37.8	32.05
	其中		住宅用地	267.71	36.3	30.77
			中小学	11.12	1.5	1.28
2	C		公共设施用地	171.67	23.28	19.73
	其中	C1	行政办公用地	12.97	1.76	1.49
		C2	商业金融用地	59.34	8.0	6.82
		C3	文化娱乐用地	54.82	7.43	6.30
		C4	体育设施用地	3.73	0.51	0.43
		C5	医疗卫生用地	3.43	0.47	0.39
		C25	接待用地	7.84	1.06	0.90
		C6	教育科研用地	28.77	3.90	3.31
		C7	文物古迹用地	0.77	0.10	0.09
3	M		工业用地	23.74	3.22	2.73
4	W		仓储用地	2.29	0.31	0.26
5	T		对外交通用地	22.94	3.11	2.64
6	S		道路广场用地	101.46	13.76	11.66
	S1		道路用地	91.60	12.42	10.53
	S3		社会停车场用地	9.86	1.34	1.13
7	U		市政公用设施用地	13.72	1.86	1.58
8	G		绿地	121.86	16.52	14.0
	其中	G1	公共绿地	78.44	10.64	9.01
		G2	防护绿地	43.42	5.89	4.99
9	D		特殊用地	1.0	0.03	0.11
			城市建设用地	737.5	100.0	84.77
	E1		河流	55.96		
			合计	793.46		

（注：2010 年兴县城区人口规模为 8.7 万人）

3. 在新区新建高中一所，中学一所，小学一所。

4. 在旧区建设植物园规划用地 9.61 公顷，儿童公园规划用地 6.63 公顷，纪念广场规划用地 1.10 公顷。在新区建设红色文化园规划用地 2.31 公顷，健体园规划用地 0.51 公顷，市民广场规划用地 3.46 公顷。

5. 工业仓储区建设主要是结合旧城区西侧老工业区搬迁改造，规划无污染农产品加工业。

四、其它设施用地

1. 城市对外交通建设：公路建设，完成忻黑公路城区段建设。

2. 城市道路建设：完成晋绥路新区段、新区的河北片道路及蔚汾河南路新区段线的道路拓宽，完成紫石街、玉春街、水泉街的拓宽改造等。

3. 给水工程：完成新区自来水厂建设工程建设，完善新区的河北片给水管网。

4. 排污工程：完成城市污水厂一期工程和配套的城市污水干管工程，完善城区主要排污系统，基本控制市区水体污染。

5. 县城电力规划：在新区西北新建一座35KV变电所，占地规模为0.6公顷。

6. 电信发展规划：充分利用现有的一级汇接方式发展县域电信网。规划期内新区建设设一处电信局，一处邮政局，计划总用地为0.25公顷。

7. 广播电视系统规划

(1) 原则上本县不再增设无线广播和无线电视台设施。大力发展以有线广播、有线电视为主的广播电视事业，力争远期有线电视网覆盖全县各中心村、居民点。

(2) 在大力建设有线电视网的同时，利用资源优势开通 B-IDSN 宽带综合业务数据网。在完成传递电视节目信号的同时开通计算机网络、数据通信、可视电话图文信息等多功能服务项目。县城与吕梁市采用光缆联网。

8. 燃气工程规划

(1) 县城燃气储备规模：根据《城镇燃气设计规范》(GB50028-93)，液化石油气储配站应满足15天以上的用气量。根据兴县县城自身地理环境特色，近期储气站周期采用15天，中远期按10天计算。

(2) 县城内燃气在规划期内全部采用管道输送，气源以天然气为主，其它村及居民点仍采用瓶装供气。

五、环卫环保工程规划

(1) 规划原则：城市环境卫生设施设置应与城市总体规划布局相结合，合理布局，全面规划兼顾近远期需求。地区内环卫设施如公厕、垃圾容器、垃圾中转站等设施严格按规范要求设置。

(2) 县城垃圾处理：规划区垃圾处理以深度填埋为主。规划于县城南部化塔沟设垃圾填埋场，近期面积按1万平方米控制，远期应留有扩建余地。

1. 县城环卫规划

(1) 规划在城市开发建设的同时，严格按国家标准配置新建区环卫配套设施，完备现有环卫设施。

(2) 规划期内设垃圾转运站5处，每处150平方米，在城市新建区内垃圾中转站按0.7～1.0公里一处进行设置。垃圾中转站力求设备先进、机械化操作程度高。

(3) 城市公厕按300～500米服务半径设置，并安装冲洗设备。城市街道垃圾收集设备设施应按国家规划标准配置。

(4) 所有公共、民用建筑均应设相应容量的三级化粪池，并接入城市排污管道。

2. 环保工程规划

（1）规划控制县城内空气质量优于国家二级，主要饮用水源及近湖河水质保持稳定并且质量稳步提高。噪声达标区、烟光控制区覆盖率达 90% 以上。工业固体废弃物处理率大于 80%，生活垃圾处理率 100%，县城绿地覆盖率≥45%。城市环境清洁优美，生态良性循环。

（2）改善工业结构，积极推行清洁生产工艺，发展轻污染，无污染的技术密集型产业，严格控制重污染工业发展。

（3）注重县城大气环境综合治理；控制烟尘废气排放，改变能源结构。控制机动车辆尾气排放。

（4）注重水环境综合治理，加强水源附近企业管理，严格执行排放总量控制和达标排放，严禁在水源保护区内新建排污企业；疏通河道，提高地面水环境容量；城市污水集中处理，提高工业用水循环利用率。

（5）注重固体废弃物综合处理；城市生活垃圾及其它垃圾要分开处理，采取不同的处理方法。

（6）注重兴县河流的环境保护。加强对排入河内的陆上污染源综合防治，依照区域可容许纳污量及水质排放控制，制定近河污染整治及环境保护规划并建立相应的环境监测系统。

六、综合防灾规划

（1）规划将新建两消防站，一处位于新区西侧。县域消防指挥中心设在行政中心内。

（2）城区内道路（尤其是老城区道路改造）要充分考虑预留消防通道；城区内消火栓等消防设施应严格按国家规范标准进行设置。规划消防指挥中心与各消防站有专线电话联系，设置四路以上的"119"火灾报警专用电话，与消防重点单位建立 119 专线，建立 350 兆集群无线通讯。

（3）防洪：兴县县城防洪标准为 50 年一遇。规划做好蔚汾河的防洪设施工程，疏浚县城蔚汾河支流及现有的天然河道、水塘，提高河道过水能力，达到 20 年一遇防洪标准。

（4）防震

本县防震设为 6 度设防区。平时应做好震情监测与预报工作，一旦破坏性地震发生以后，各部门可迅速组织抢险救灾队伍，现场调查灾情，提出初步灾害损失评估报告，并报指挥部和吕梁市地震局，同时加强对地震现场和余震的监测。有效组织通讯保障、抢险抢救、医疗防疫、治安消防、物资保障及水电保障。

表 22-02 近期重点建设项目一览表（一）

建设单位	项目名称	建设时间	投资估算（万元）	建设地点	建设规模
居住	河北片居住区	2006~2009	8122	新区河北片	规划用地 108.3 公顷
	河南小区	2006~2010	686	新区河南	规划用地 9.15 公顷
	河东小区	2007~2009	355	新区河东	规划用地 4.74 公顷
	旧城区改造	2009~2010	457	旧区蔚汾河北路以北	规划用地 6.1 公顷

建设单位	项目名称	建设时间	投资估算（万元）	建设地点	建设规模
行政办公	行政中心一期	2006～2008	2746	新区河北片北部	规划用地 9.95 公顷
	局机关办公楼	2006～2007	800	新区河北片北部	规划用地 0.6 公顷
商贸金融	批发市场	2006～2007	1414	新区河南	规划用地 2.46 公顷
	商业	2006～2010	14362	新区河北片	规划用地面积 13.5 公顷
医疗卫生	县综合医院	2006～2009	1000	新区河北片	规划用地面积 2.0 公顷
学校	规划中小学	2008～2010	1000	新区河北片东部	规划用地面积 3.08 公顷
	高中	2007～2008	3000	新区河东片	规划用地面积 17.4 公顷
体育	新建体育中心	2007～2010	8000	新区河北片中部	规划用地 2.24 公顷

表 22-03 近期重点建设项目一览表（二）

建设单位	项目名称	建设时间	投资估算（万元）	建设地点	建设规模
文化娱乐	新建娱乐中心	2006～2008	1527	新区河北片中部	规划用地 4.37 公顷
道路交通	城市道路	2007～2010	7900		规划道路总长 17.75 公里
	桥梁	2007～2008	2500	新区中部	规划长度 200 米
	客、货运站	2006～2010	4500	蔚汾河南路北端、岢大路与滨河北路南交口	两处规划用地 2.1 公顷
市政设施	新建给水厂	2005～2010	2000	新区河北片北部	
	污水处理厂一期	2006～2007	1000	新区河南片西部	
	35KV 变电站	2006～2009	600	新区河北片北部	35KV 变电站
	电信局建设及城域光缆	2006～2008	1600	新区河北片北部	
公共绿地	广场、公园	2006～2009	300	行政广场、科技广场、文化公园	

第二十三章　城市远景发展构想

一、规划目标

在远期城市规划的基础上进行城市远景的轮廓性构思，使城市布局更趋合理，能够适应城市在较长时期内的社会经济发展要求，为城市的远景建设发展提供控制依据。

二、城市远景规模

兴县城区城市远景人口规模按 13 万～15 万人进行控制，远景城市建设用地控制规模约为 13 平方千米～16 平方千米。

三、城市远景发展方向

至规划期末，兴县城区将形成较完善的城市框架，道路网基本形成，公共设施与基础设施配套完善，各功能区有序协调发展。

远景继续向西发展，完善城市西部片区的用地结构，将蔡家崖驻地全区纳入规划区，以旅游功能为主，建设相应的生活居住配套用地。

远景将西川循环经济示范区纳入中心城区，其主要原因有：

促进城市向西发展的主要趋势，符合市域城镇发展要求；

西川循环经济示范区距离新区的距离仅为 15 公里，新区能够为示范区提供生活服务设施和劳动力资源；

能够有效整合城市空间，将蔡家崖的旅游资源、土地资源与城区紧密结合。

综上所述，兴县城市远景发展方向以向西发展为主。

四、城市远景用地布局结构

兴县城市远景将进一步完善已有的带状组团结构，旧区、新区、蔡家崖三大组团相应拓展、完善功能，同时将北部的西川循环经济示范区纳入城市建设范围，形成"L"型城市结构，共有四大组团。

西川循环经济示范区具有良好的发展前景，许多大项目正在落实中，具有可观的发展规模。远景将西川循环经济示范区入中心城区后，行政中心处于中心位置，在用地布局上更趋平衡，同时依托蔡家崖红色文化的知名度大力发展旅游及相关产业，提升兴县城市的中心地位，并进一步促进兴县城市产业的协调发展。

第二十四章 规划实施措施及建议

（1）完善有关的市场体系建设，尤其是建立健全房地产市场，大力发展房地产业，以推动城区的城市建设。小区开发要实行"统一规划、统一开发、统一管理"，提高城市居住环境质量。

（2）加强建设的经济研究，运用经济杠杆，促进规划的实施，为提高城市土地使用效率，小区住宅开发要以多层住宅为主。旧城区主要是疏解老城区密度，完善配套服务设施。对城区内及其周边村庄宅基地加强管理力度，禁止私搭乱建，提高周边村庄的生活水平，节约用地。

（3）加强城市规划管理，加强对各行政单元之间发展的协调。规划是一项综合性的指导城市建设的蓝图，是一定时期建设的主要依据。

（4）在规划的指导下，及时编制各层次规划和各项专业规划，深化规划内容，尤其应加强控制性详细规划和城市设计的编制和研究。

（5）应严格控制城市建设用地标准，并强化环境保护意识，坚持环境保护第一审批权的原则，应坚决制止与环境保护原则相违背的一切建设活动。

（6）加强规划管理队伍建设，提高规划管理水平，加强城市规划的宣传教育和公众参与城市规划管理，完善规划管理体制，加强规划宣传和执法检查，坚决查处违法审批、违法占地和违法建设，把城市规划的实施纳入法制轨道。

（7）贯彻落实《中华人民共和国城市规划法》，本规划经法定程序批准后，作为兴县城市建设的法规文件，城市各类建设项目必须服从本规划的规定。

（8）在兴县城区控制范围内进行的建设项目，必须严格执行"选址意见书"、"建设用地规划许可证"、"建设工程规划许可证"等审批管理制度。兴县城市规划行政主管部门有权对城市范围内的建设工程是否符合规划要求进行检查。兴县城市规划行政主管部门参加城市范围内重要建设工程的竣工验收，建设单位在竣工验收后六个月内，向兴县县城城市行政主管部门报送竣工资料。

（9）深化户籍制度改革，实行积极的人口迁移政策，放宽城区和城镇常住人口的农转非条件，实行按固定住所为主要依据申报户口，逐步用准入条件取代进入城市和城镇的计划审批制度，鼓励引进人才，鼓励投资移民，对高级人才和管理人员及具有大专以上学历人员，应积极引进，随调，随迁。鼓励农民进城镇从事非农业产业，对在城区和城镇购置住房，并有稳定生活来源的农民（包括配偶、子女）准予农转非，在就业、子女入学等方面与城镇居民一视同仁。

（10）搞好城市经营。控制土地一级市场，规范放活二级市场，经营好以土地为主的有利资产，实现土地资源向集约化转变。重点抓好新区用地的详细规划、开发和利用，加大对城区房地产清理整顿力度，对建设用地坚持招、拍、挂出让的原则，做到公开、公平、公正、透明，确保土地收益。

附件
规划图

图 纸 目 录

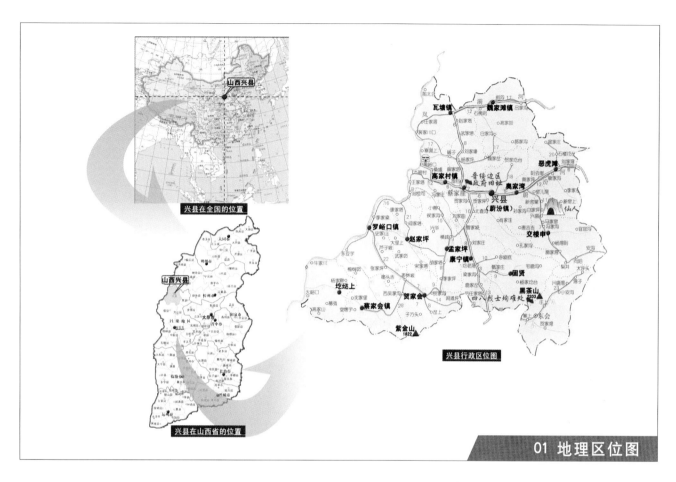

兴县在全国的位置

山西兴县

兴县在山西省的位置

兴县行政区位图

01 地理区位图

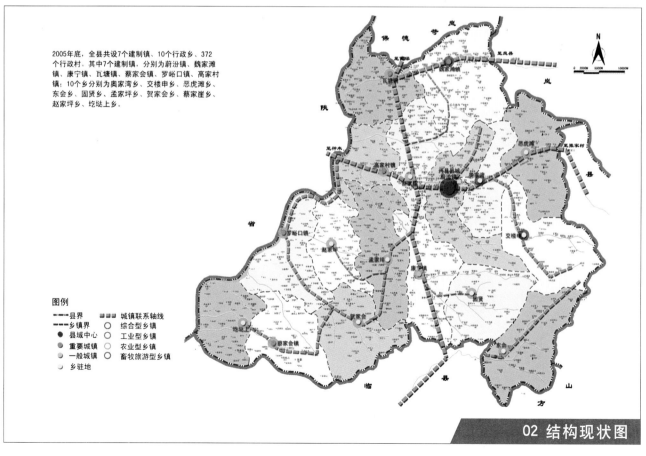

2005年底，全县共设7个建制镇、10个行政乡、372个行政村。其中7个建制镇，分别为蔚汾镇、魏家滩镇、康宁镇、瓦塘镇、蔡家会镇、罗峪口镇、高家村镇；10个乡分别为奥家湾乡、交楼申乡、恶虎滩乡、东会乡、固贤乡、孟家坪乡、贺家会乡、蔡家崖乡、赵家坪乡、圪垯上乡。

图例

━━━ 县界 ▦▦▦ 城镇联系轴线
┄┄ 乡镇界 ○ 综合型乡镇
● 县城中心 ○ 工业型乡镇
● 重要城镇 ○ 农业型乡镇
● 一般城镇 ○ 畜牧旅游型乡镇
○ 乡驻地

02 结构现状图

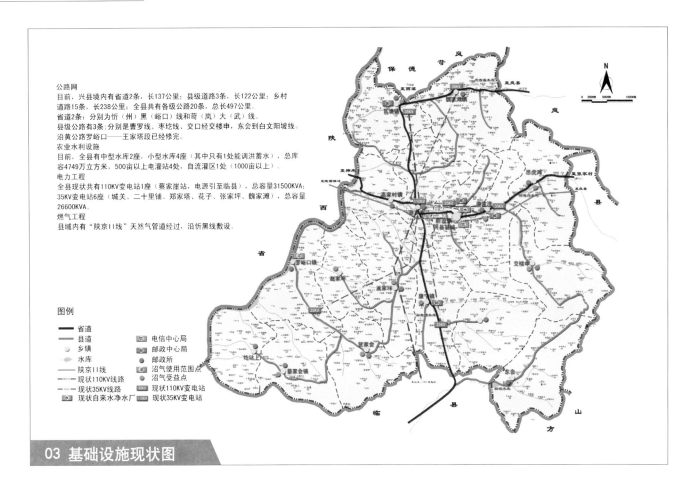

公路网
目前,兴县境内有省道2条,长137公里;县级道路3条,长122公里;乡村
道路15条,长238公里;全县共有各级公路20条,总长497公里。
省道2条:分别为忻(州)黑(峪口)线和苛(岚)大(武)线。
县级公路有3条:分别是曹罗线、枣圪线、交口经交楼申,东会到白文阳坡线。
沿黄公路罗峪口——王家塔段已经修完。
农业水利设施
目前,全县有中型水库2座,小型水库4座(其中只有1处能调洪蓄水),总库
容4749万立方米,500亩以上电灌站4处,自流灌区1处(1000亩以上)。
电力工程
全县现状共有110KV变电站1座(蔡家崖站,电源引至临县),总容量31500KVA;
35KV变电站6座(城关、二十里铺、郑家塔、花子、张家坪、魏家滩),总容量
26600KVA。
燃气工程
县域内有"陕京II线"天然气管道经过,沿忻黑线敷设。

图例
—— 省道
—— 县道
● 乡镇
◆ 水库
—— 陕京II线
—— 现状110KV线路
—— 现状35KV线路
□ 现状自来水净水厂
□ 电信中心局
□ 邮政中心局
□ 邮政所
□ 沼气使用范围点
● 沼气受益点
□ 现状110KV变电站
□ 现状35KV变电站

03 基础设施现状图

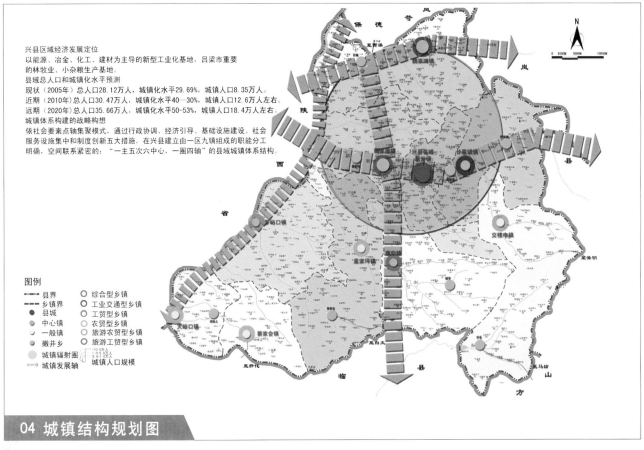

兴县区域经济发展定位
以能源、冶金、化工、建材为主导的新型工业化基地,吕梁市重要
的林牧业、小杂粮生产基地。
县域总人口和城镇化水平预测
现状(2005年)总人口28.12万人,城镇化水平29.69%,城镇人口8.35万人。
近期(2010年)总人口30.47万人,城镇化水平40—30%,城镇人口12.6万人左右。
远期(2020年)总人口35.66万人,城镇化水平50-53%,城镇人口18.4万人左右。
城镇体系构建的战略构想
依社会要素点轴集聚模式,通过行政协调、经济引导、基础设施建设、社会
服务设施集中和制度创新五大措施,在兴县建立由一区九镇组成的职能分工
明确,空间联系紧密的:"一主五次六中心,一圈四轴"的县域城镇体系结构。

图例
—— 县界
—— 乡镇界
● 县城
● 中心镇
● 一般镇
● 撤并乡
● 城镇辐射圈
—— 城镇发展轴
○ 综合型乡镇
○ 工业交通型乡镇
○ 工贸型乡镇
○ 农贸型乡镇
○ 旅游农贸型乡镇
○ 旅游工贸型乡镇
城镇人口规模

04 城镇结构规划图

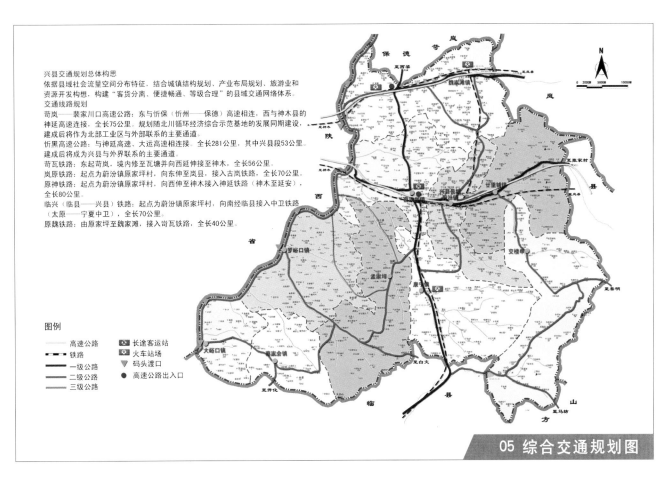

兴县交通规划总体构思

依据县域社会流量空间分布特征，结合城镇结构规划、产业布局规划、旅游业和资源开发构想，构建"客货分离、便捷畅通、等级合理"的县域交通网络体系。

交通线路规划

苛岚——裴家川口高速公路：东与忻保（忻州——保德）高速相连，西与神木县的神延高速连接，全长75公里。规划随北川循环经济综合示范基地的发展同期建设，建成后将作为北部工业区与外部联系的主要通道。

忻黑高速公路：与神延高速、大运高速相连接。全长281公里，其中兴县段53公里。建成后将成为兴县与外界联系的主要通道。

苛瓦铁路：东起苛岚，境内修至瓦塘并向西延伸至神木，全长56公里。

岚原铁路：起点为蔚汾镇原家坪村，向东伸至岚县，接入古岚铁路，全长70公里。

原神铁路：起点为蔚汾镇原家坪村，向西伸至神木接入神延铁路（神木至延安），全长80公里。

临兴（临县——兴县）铁路：起点为蔚汾镇原家坪村，向南经临县接入中卫铁路（太原——宁夏中卫），全长70公里。

原魏铁路：由原家坪至魏家滩，接入苛瓦铁路，全长40公里。

图例

—— 高速公路	长途客运站
─── 铁路	火车站场
──── 一级公路	码头渡口
══ 二级公路	高速公路出入口
—— 三级公路	

05 综合交通规划图

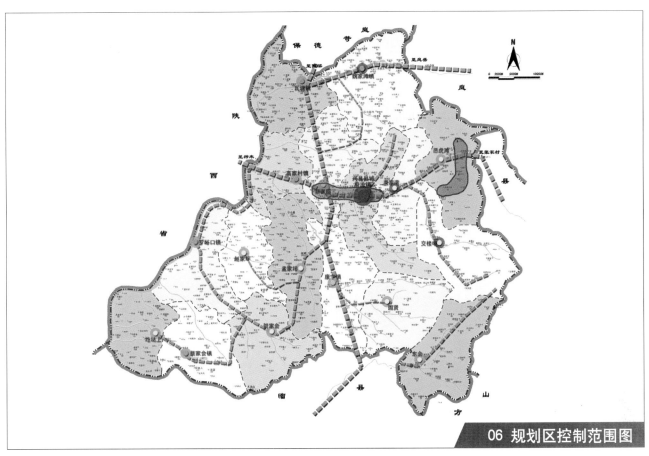

06 规划区控制范围图

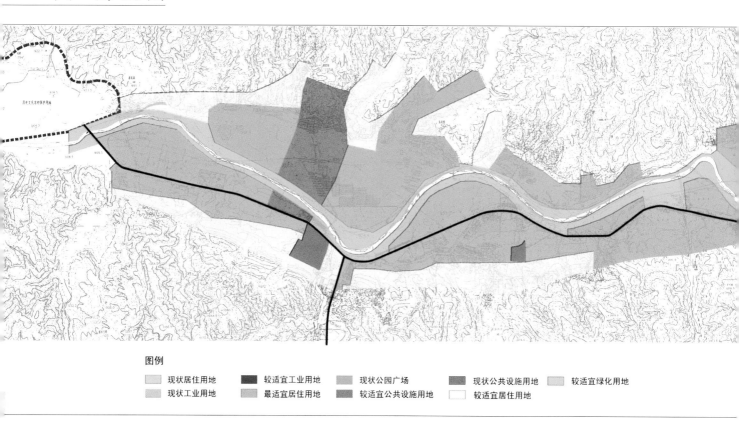

图例

现状居住用地	较适宜工业用地	现状公园广场	现状公共设施用地	较适宜绿化用地
现状工业用地	最适宜居住用地	较适宜公共设施用地	较适宜居住用地	

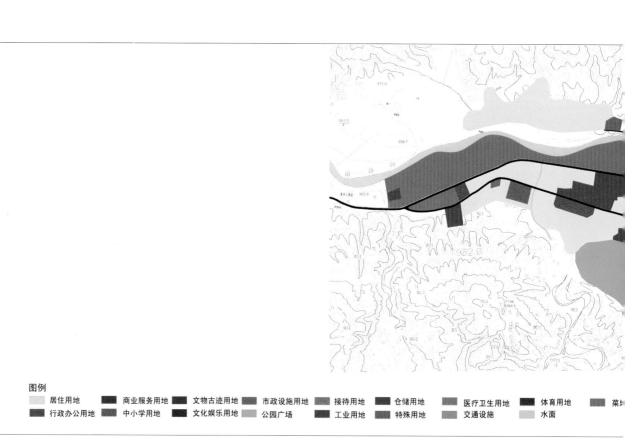

图例

居住用地	商业服务用地	文物古迹用地	市政设施用地	接待用地	仓储用地	医疗卫生用地	体育用地	菜地
行政办公用地	中小学用地	文化娱乐用地	公园广场	工业用地	特殊用地	交通设施	水面

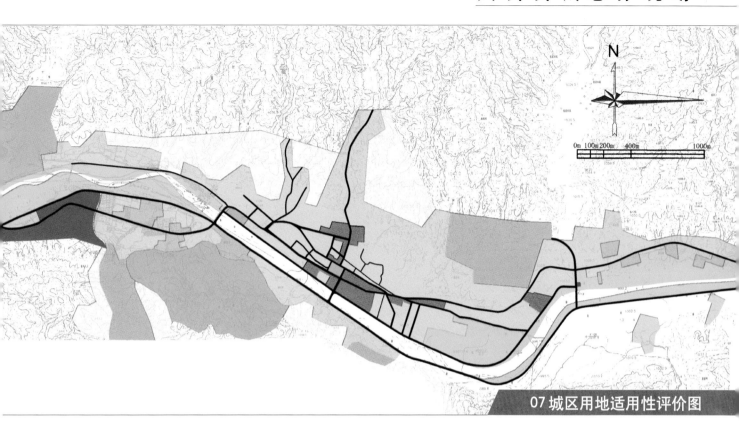

07 城区用地适用性评价图

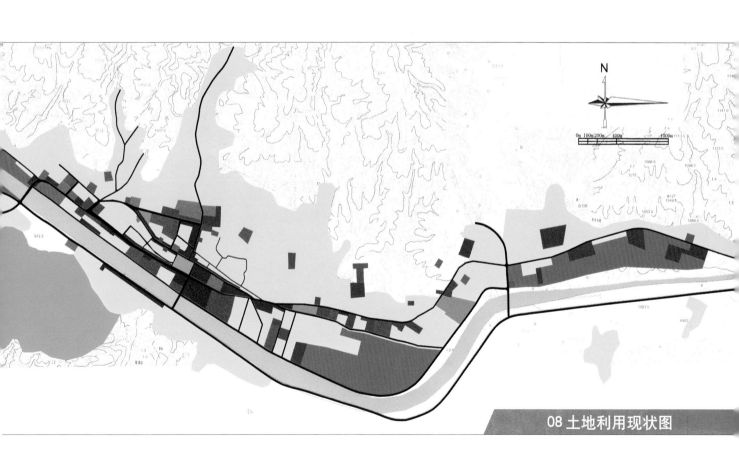

08 土地利用现状图

兴·县之城

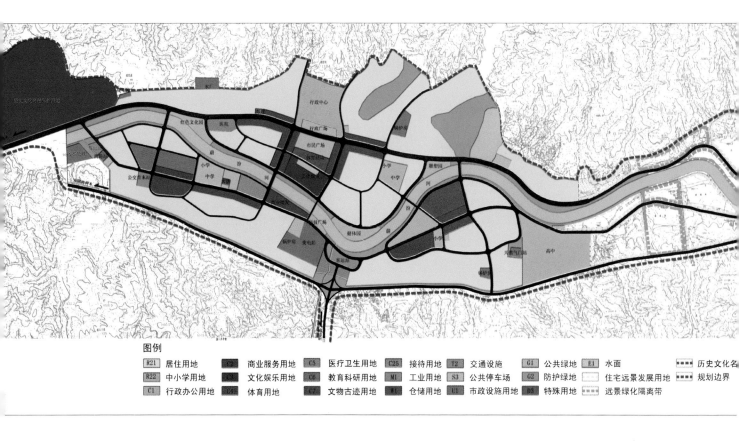

图例
R21 居住用地　C2 商业服务用地　C5 医疗卫生用地　C25 接待用地　T2 交通设施　G1 公共绿地　E1 水面　历史文化名
R22 中小学用地　C4 文化娱乐用地　C6 教育科研用地　M1 工业用地　S3 公共停车场　G2 防护绿地　住宅远景发展用地　规划边界
C1 行政办公用地　C4 体育用地　C7 文物古迹用地　W1 仓储用地　U1 市政设施用地　D3 特殊用地　远景绿化隔离带

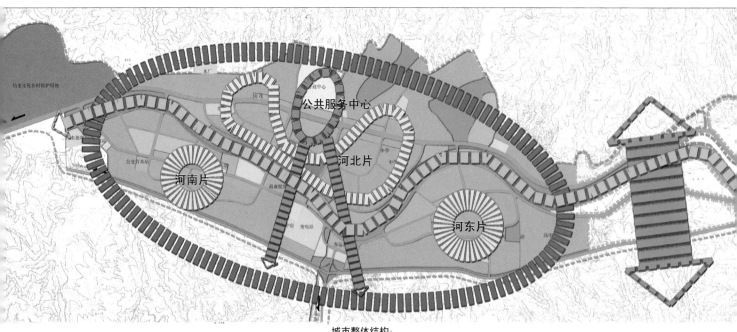

新区结构：　　　　　　　城市整体结构：　　　　　老区结构：
一心：公共服务中心　　　带型城市，组团式结构　　一廊：蔚汾河景观走廊
一廊：蔚汾河走廊　　　　一廊：蔚汾河景观走廊　　两片：河南片，河北片
三片：河东片，河南片，河北片　两区：新区，旧区　　　六组团：公共服务中心
　　　　　　　　　　　　一带：城市永久性绿化隔离带

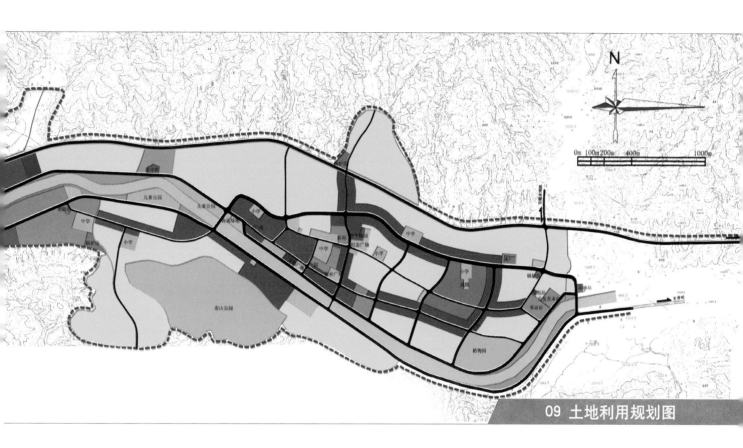

09 土地利用规划图

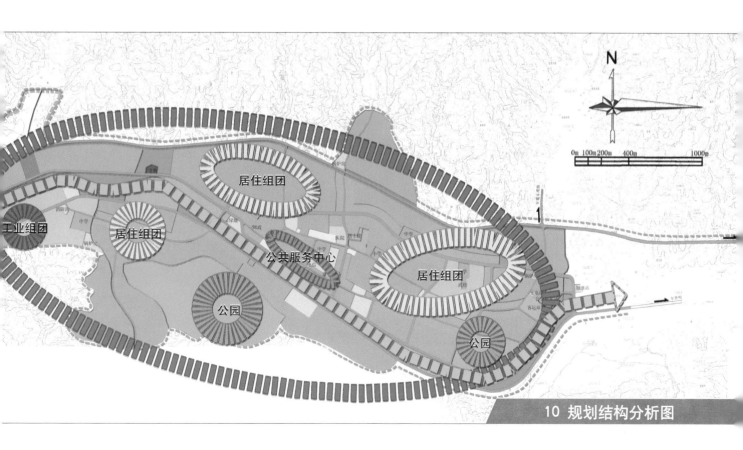

10 规划结构分析图

兴·县 之 城

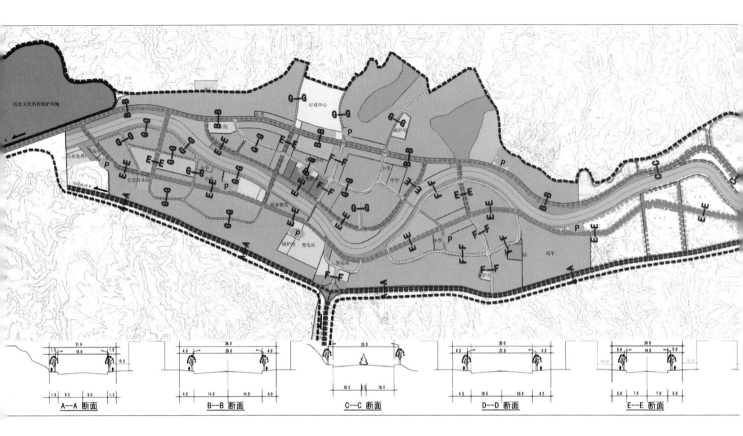

A—A 断面　　　　B—B 断面　　　　C—C 断面　　　　D—D 断面　　　　E—E 断面

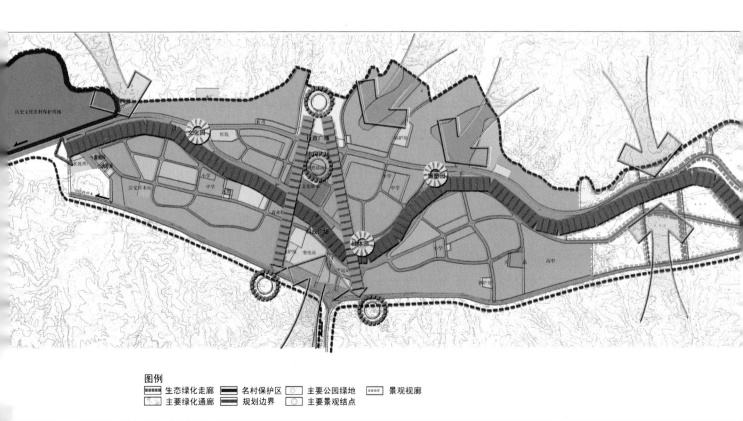

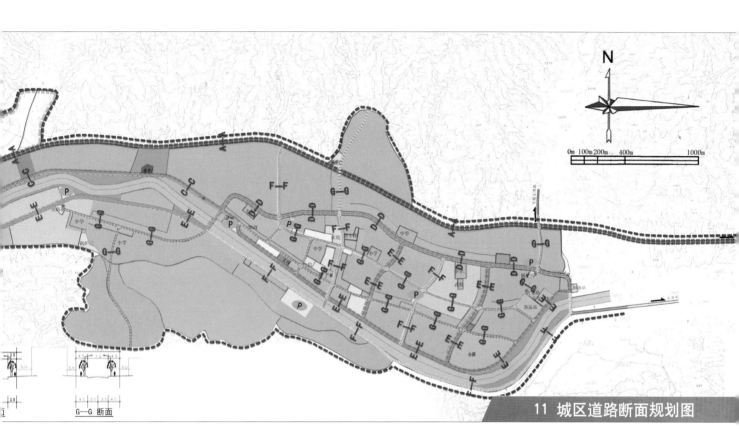

11 城区道路断面规划图

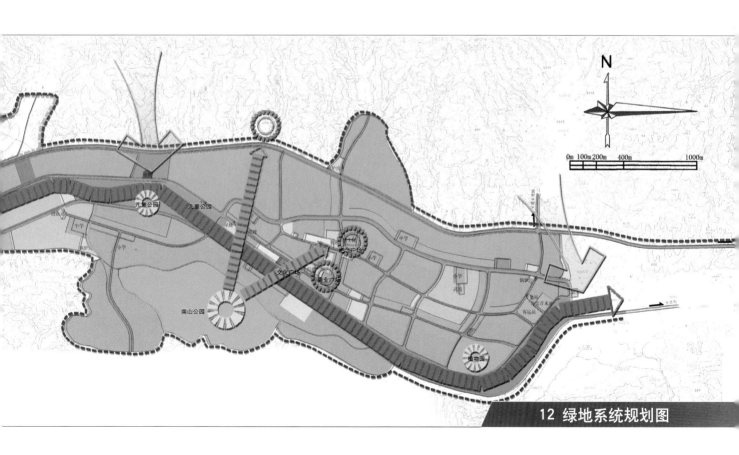

12 绿地系统规划图

兴·县之城

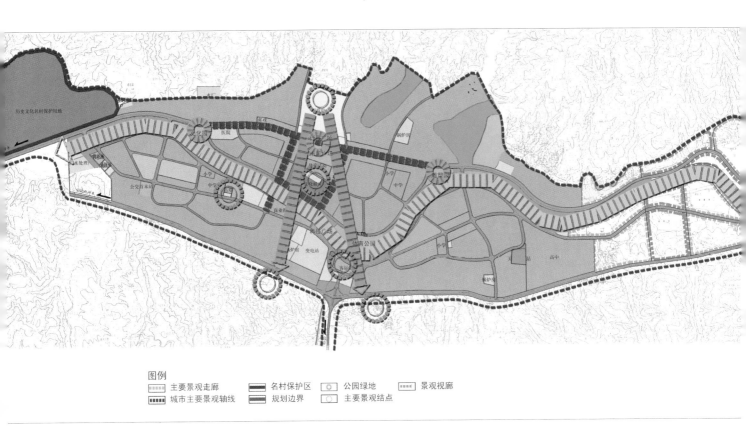

图例

主要景观走廊　名村保护区　公园绿地　景观视廊

城市主要景观轴线　规划边界　主要景观结点

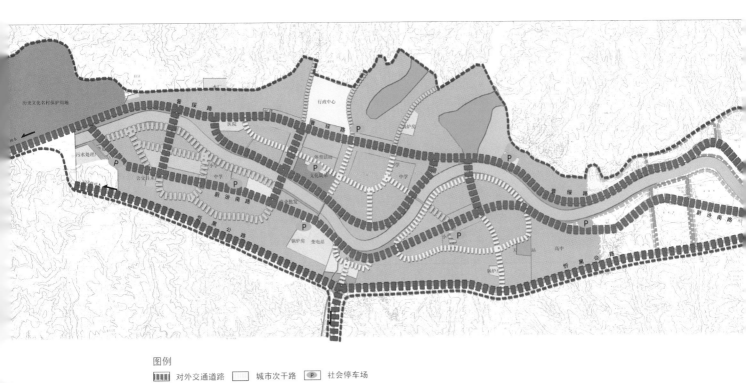

图例

对外交通道路　城市次干路　P　社会停车场

城市主干路　城市支路　规划边界

13 景观系统规划图

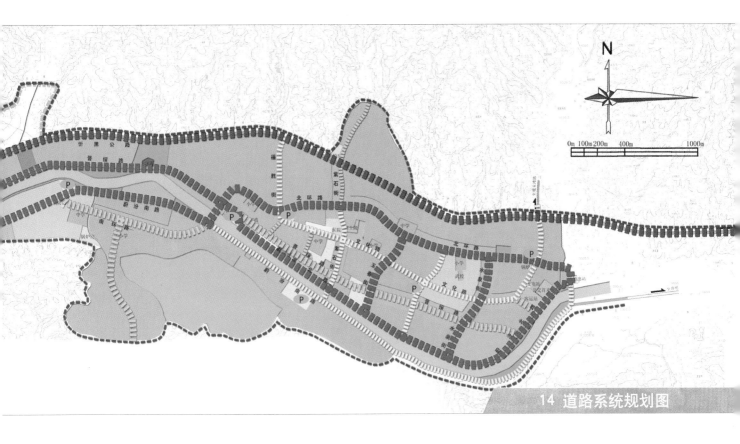

14 道路系统规划图

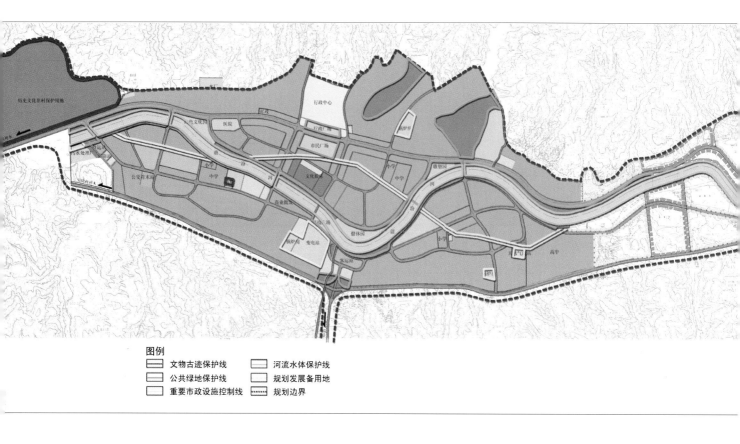

图例

文物古迹保护线		河流水体保护线	
公共绿地保护线		规划发展备用地	
重要市政设施控制线		规划边界	

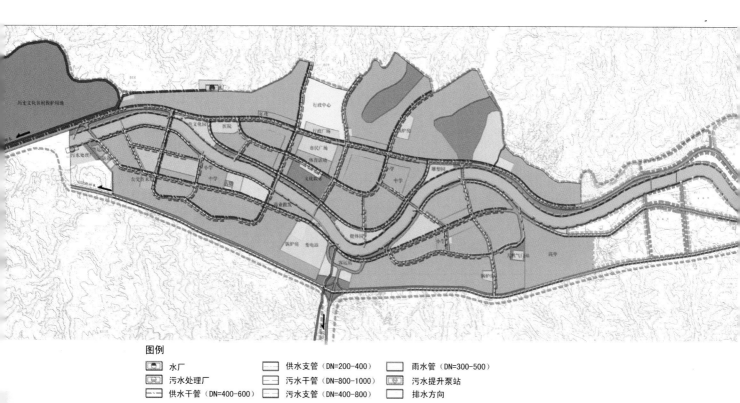

图例

水厂		供水支管（DN=200-400）		雨水管（DN=300-500）	
污水处理厂		污水干管（DN=800-1000）		污水提升泵站	
供水干管（DN=400-600）		污水支管（DN=400-800）		排水方向	

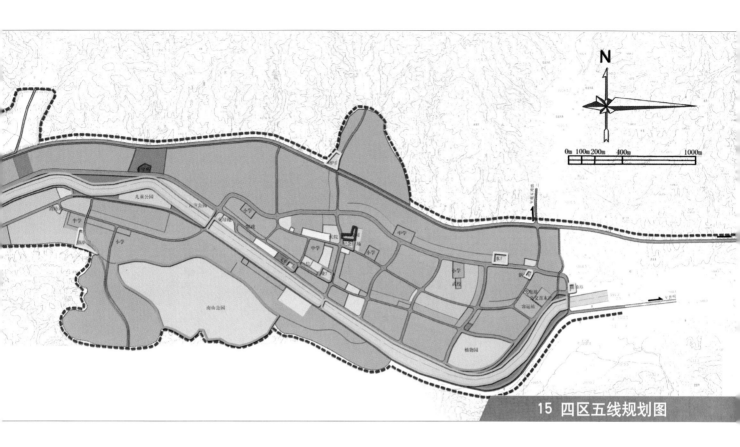

15 四区五线规划图

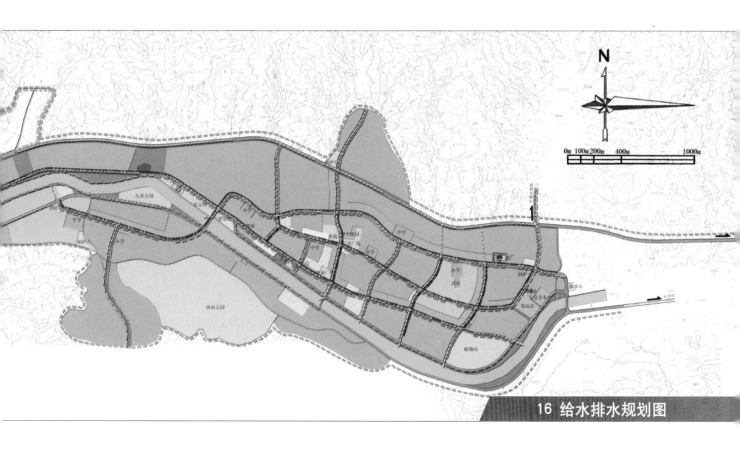

16 给水排水规划图

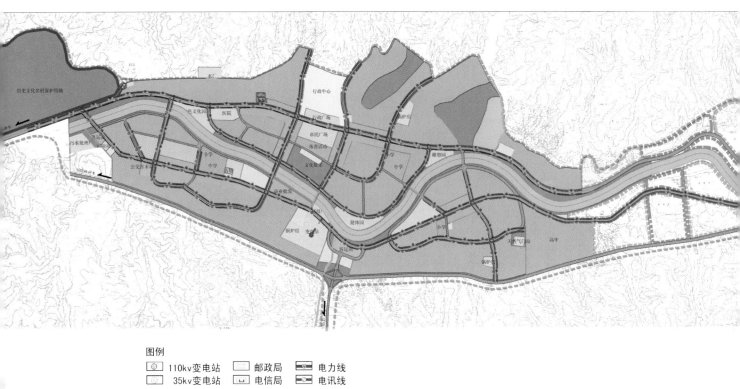

图例

- ⊙ 110kv变电站
- ⊡ 35kv变电站
- ▢ 邮政局
- ▢ 电信局
- ▦ 电力线
- ▦ 电讯线

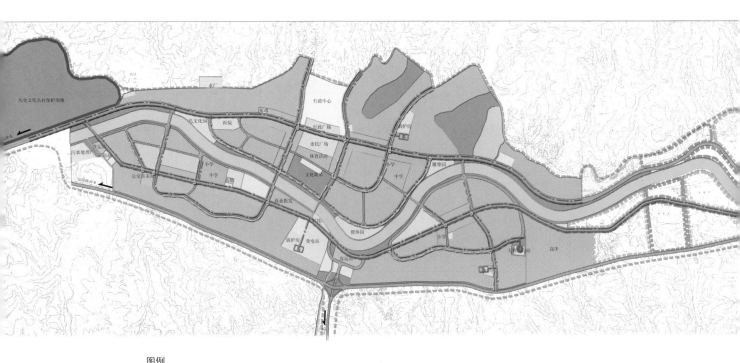

图例

- ① 天然气门站
- ⑩ 调压阀
- ▤ 然气主干管
- ▤ 然气支管
- ▤ 热力线
- ▢ 锅炉房

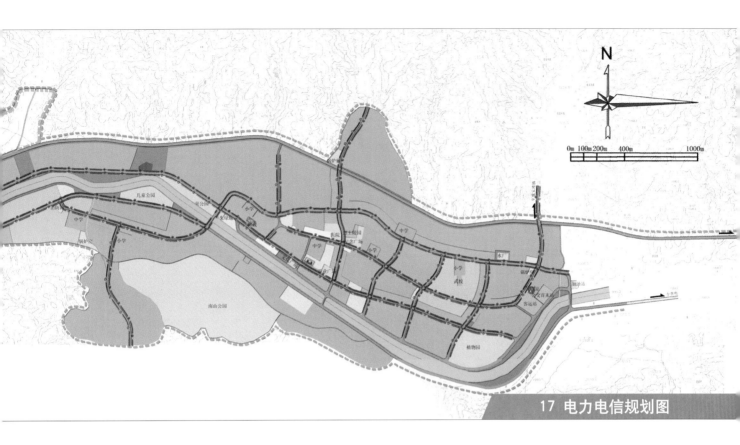

17 电力电信规划图

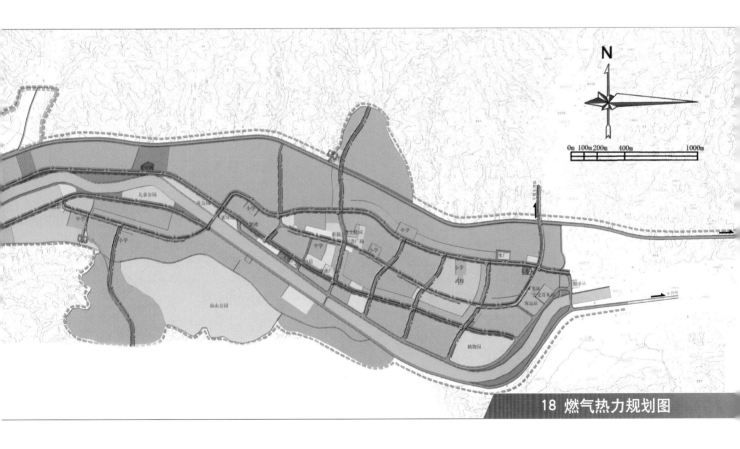

18 燃气热力规划图

兴·县之城

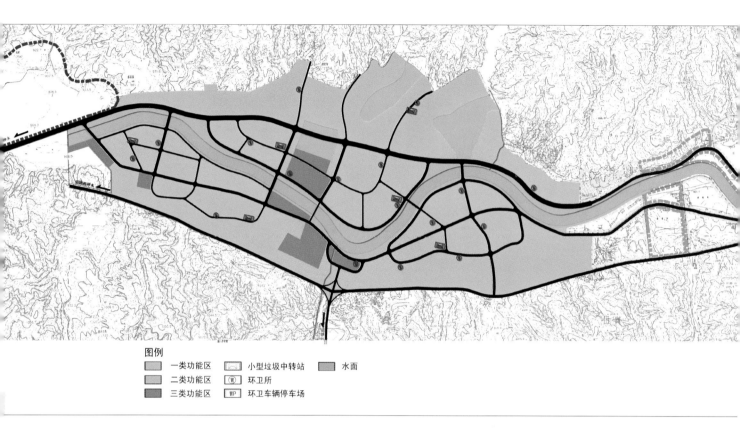

图例
一类功能区　小型垃圾中转站　水面
二类功能区　⑩环卫所
三类功能区　⑩环卫车辆停车场

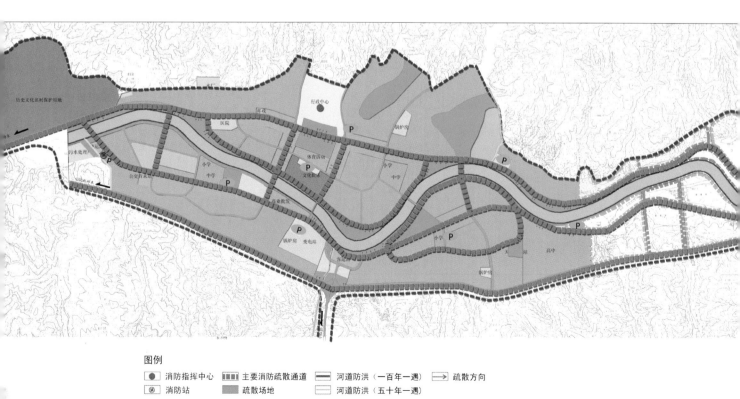

图例
⑩消防指挥中心　主要消防疏散通道　河道防洪（一百年一遇）　疏散方向
⑩消防站　疏散场地　河道防洪（五十年一遇）

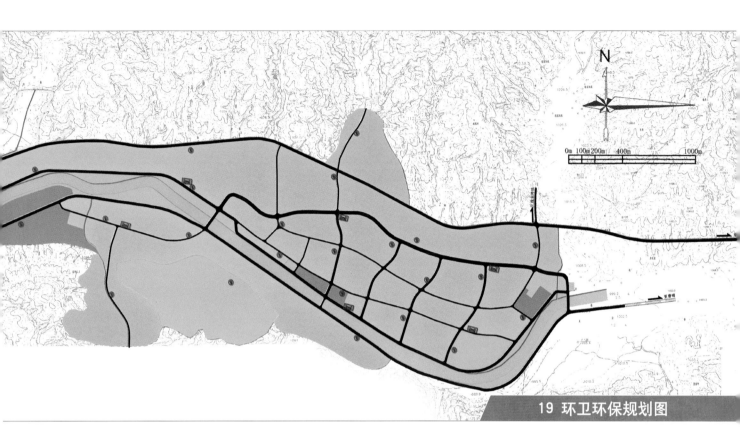

19 环卫环保规划图

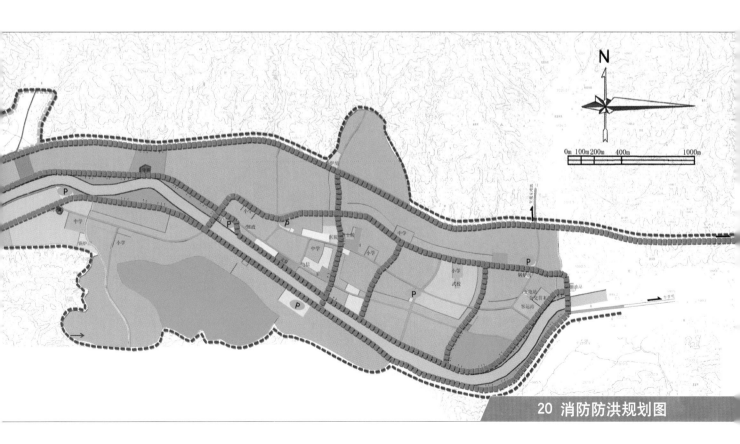

20 消防防洪规划图

兴·县之城

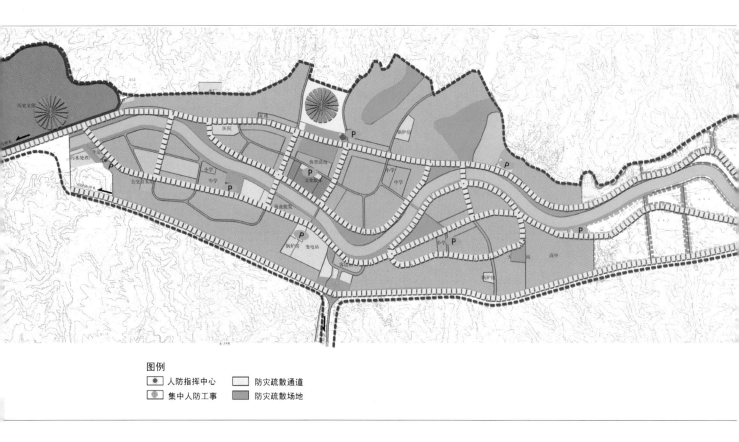

图例
- ◎ 人防指挥中心
- ◎ 集中人防工事
- □ 防灾疏散通道
- ■ 防灾疏散场地

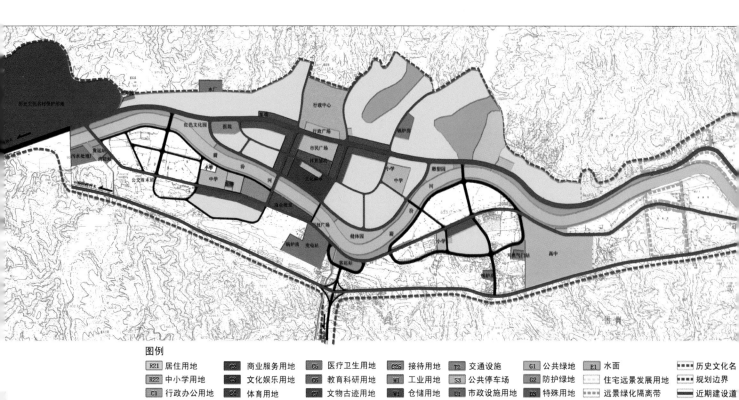

图例

R21 居住用地	C2 商业服务用地	C5 医疗卫生用地	C25 接待用地	T2 交通设施	G1 公共绿地	E1 水面
R22 中小学用地	C3 文化娱乐用地	C6 教育科研用地	M1 工业用地	S3 公共停车场	G2 防护绿地	历史文化名
C1 行政办公用地	C4 体育用地	C7 文物古迹用地	W1 仓储用地	D1 市政设施用地	D3 特殊用地	规划边界

住宅远景发展用地　远景绿化隔离带　近期建设道

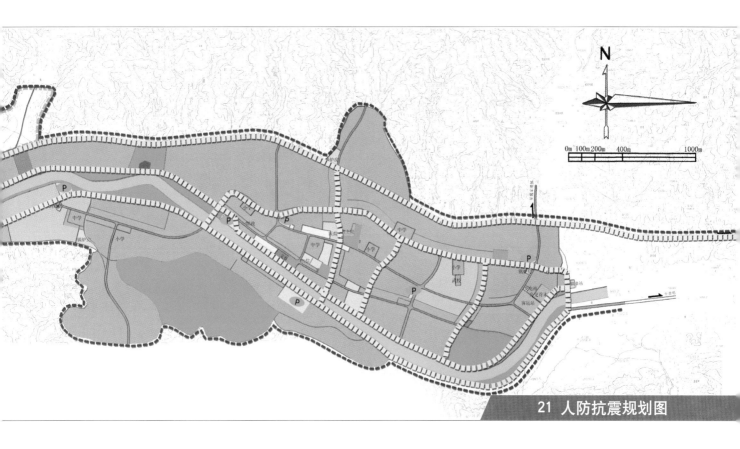

21 人防抗震规划图

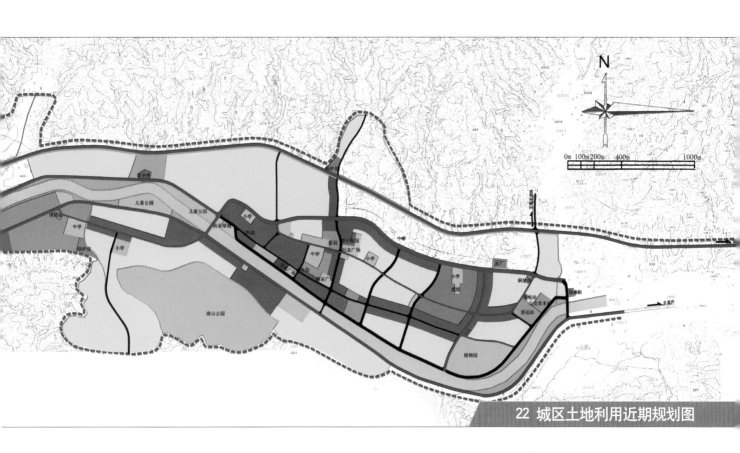

22 城区土地利用近期规划图

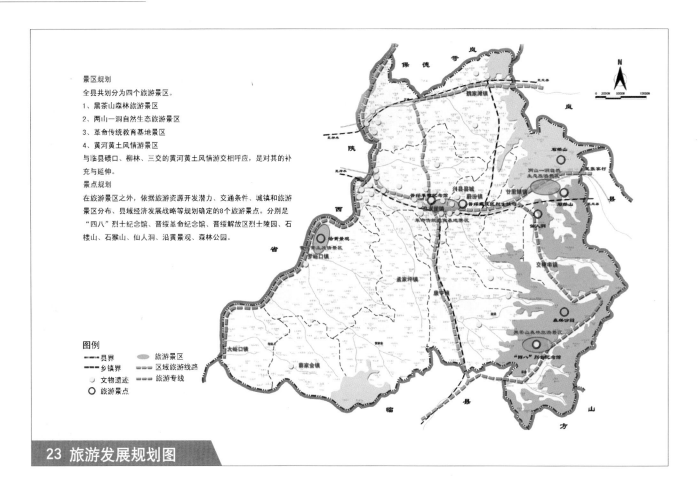

景区规划

全县共划分为四个旅游景区。

1、黑茶山森林旅游景区

2、两山一洞自然生态旅游景区

3、革命传统教育基地景区

4、黄河黄土风情游景区

与临县碛口、柳林、三交的黄河黄土风情游交相呼应，是对其的补充与延伸。

景点规划

在旅游景区之外，依据旅游资源开发潜力、交通条件、城镇和旅游景区分布、县域经济发展战略等规划确定的8个旅游景点。分别是"四八"烈士纪念馆、晋绥革命纪念馆、晋绥解放区烈士陵园、石楼山、石猴山、仙人洞、沿黄景观、森林公园。

图例

—— 县界　　　　旅游景区
--- 乡镇界　　　区域旅游线路
○ 文物遗迹　　　旅游专线
◎ 旅游景点

23 旅游发展规划图

24 新城区规划示意图